全国水利干部培训系列教材

节约用水管理

全国节约用水办公室　编著

中国水利水电出版社
www.waterpub.com.cn
·北京·

内 容 提 要

　　本书是全国水利干部培训系列教材之一。本书主要内容有：节约用水的概念、发展和措施；节水法规政策，包括法律法规、政策制度、节水规划；用水定额管理，包括定额编制、执行及管理要求；计划用水管理，包括计划用水管理的内容、管理要求和典型案例；节水评价，包括工作要求和典型案例；非常规水源利用，包括非常规水源利用的管理要求、开发利用及典型案例；县域节水型社会达标建设，包括评价标准、管理办法、进展情况及成效、经验做法；节水载体建设，包括节水型灌区、企业、单位和社区的节水型载体建设；节水市场机制，包括水权水市场改革、合同节水管理、水效标识建设、水效领跑和节水认证；节水科技创新，包括主要技术、推广应用和实践进展；节水宣传教育；节水监督管理与考核，包括监督管理、节水考核等。每章最后设计有思考题，方便读者有针对性地进行巩固和思考。

　　本书内容翔实、实用，案例丰富，可作为节约用水领域的管理、研究、技术人员的工具书或者培训教材。

图书在版编目（ＣＩＰ）数据

节约用水管理 / 全国节约用水办公室编著. -- 北京：
中国水利水电出版社，2023.9
　全国水利干部培训系列教材
　ISBN 978-7-5226-1807-4

Ⅰ．①节… Ⅱ．①全… Ⅲ．①节约用水－中国－干部
培训－教材 Ⅳ．①TU991.64

中国国家版本馆CIP数据核字(2023)第182909号

书　　　名	全国水利干部培训系列教材 **节约用水管理** JIEYUE YONGSHUI GUANLI
作　　　者	全国节约用水办公室　编著
出 版 发 行	中国水利水电出版社 （北京市海淀区玉渊潭南路1号D座　100038） 网址：www.waterpub.com.cn E-mail：sales@mwr.gov.cn 电话：（010）68545888（营销中心）
经　　　售	北京科水图书销售有限公司 电话：（010）68545874、63202643 全国各地新华书店和相关出版物销售网点
排　　　版	中国水利水电出版社微机排版中心
印　　　刷	天津嘉恒印务有限公司
规　　　格	170mm×240mm　16开本　21印张　323千字
版　　　次	2023年9月第1版　2023年9月第1次印刷
印　　　数	0001—3000册
定　　　价	**98.00元**

本书编委会

主　　任　许文海

副 主 任　杨国华　李　烽　张清勇　颜　勇　张玉山

　　　　　熊中才　刘金梅　张继群

委　　员　周哲宇　刘永攀　何兰超　任志远　陈　梅

　　　　　侯　坤　赵春红　董四方　刘　杰　袁建平

　　　　　娄　瑜　刘中一　张建功　李佳奇　罗　敏

　　　　　张树鑫　曹鹏飞　胡桂全　孙　美　赵　康

　　　　　樊　霖　崔婷婷　谭　韬　王若男　程帅龙

　　　　　吴　静

主编单位　全国节约用水办公室

参编单位　水利部节约用水促进中心

　　　　　水利部综合事业局

　　　　　水利部科技推广中心

　　　　　水利部水资源管理中心

前言

　　水是万物之母、生存之本、文明之源。随着经济社会不断发展，新老水问题相互交织，节水成为解决我国复杂水问题的根本出路。习近平总书记 2014 年 3 月 14 日在中央财经领导小组第五次会议上提出了"节水优先、空间均衡、系统治理、两手发力"治水思路，为新阶段水利高质量发展指明了方向。党的二十大强调"实施全面节约战略"，对新时代节水工作提出了更高要求。

　　水利部党组认真贯彻落实党中央、国务院决策部署，坚决贯彻"节水优先"思路，统筹协调有关部门和各地区齐抓共管，深入实施国家节水行动，大力推进总量强度双控、农业节水增效、工业节水减排、城镇节水降损、重点地区节水开源、科技创新引领六大重点行动，健全节水制度政策，完善节水定额标准，深化水价水资源税改革，加强用水计量统计，强化节水监督管理，推进水权水市场改革，推行水效标识建设，推动合同节水管理，实施水效领跑行动，加快节水信息化建设，节水型社会建设全面推进。

　　根据水利部工作部署，全国节约用水办公室组织水利部节约用水促进中心、水利部综合事业局、水利部科技推广中心、水利部水资源管理中心编著了《节约用水管理》，旨在加强新阶段水利人才队伍建设，提高水利干部节水管理服务水平。

　　本书共包含总论、节水法规政策、用水定额管理、计划用水管理、节水评价、非常规水源利用、县域节水型社会达标建设、节水载体建设、节水市场机制、节水科技创新、节水宣传教育、节水监督管理与考核等十二章内容，对近年来节水政策制度、工作进展、成效经验等进行了梳理总结，可作为各级水行政主管部门的节水培训教材和参考资料。

限于编者水平和认知，书中难免存在疏漏和不足之处，敬请读者批评指正。

本书编委会

2023 年 8 月

目录

第一章　总　　论

【本章概述】

　　本章介绍了国内外对节约用水的理解，阐述了节约用水的概念，总结了我国节约用水工作的发展历程和取得的主要成效，分析凝练了我国推进节约用水工作的主要做法措施。

第一节　节约用水的概念

　　万物有节，俭以养德。勤俭节约是中华民族传统美德。古人云，"物不可以终离，故受之以节""天地节而四时成"，认为"节"是世间重要的自然法则和行为规范。所谓"节"，即为"节制、节约、节度"；所谓"约"，即为"制约、契约、约定"。故"天地有节度才能常新，国家有节度才能安稳，个人有节度才能完美"。资源利用要"取之有度、用之有节"，拒绝浪费，厉行节约。同时，要适时节制、持正节约、节而有度，方可持续。

　　我国对节约用水的理解常从省水的角度，更多强调用水户在用水过程中对水的节约利用和高效利用。在《节水型城市目标导则》（1996 年）中，节约用水指通过行政、技术、经济等管理手段加强用水管理，调整用水结构，改进用水工艺，实行计划用水，杜绝用水浪费，运用先进的科学技术建立科学的用水体系，有效地使用水资源，保护水资源，适应城市经济和城市建设持续发展的需要。在《全国节水规划纲要（2001—2010年）》（2002 年）中，节水为"在不降低人民生活质量和经济社会发展能力的前提下，采取综合措施，减少取用水过程的损失、消耗和污染，杜绝浪费，提高水的利用效率，科学合理和高效利用水资源"。《开展节水型社会建设试点工作指导意见》（水资源〔2002〕558 号）将节水界定为"采取现实可行的综合措施，减少水资源的消耗、浪费和污染，提高水的利用效率，以保证经济社会发展对水资源的需求"。在《钢铁企业节水设计规范》（GB 50506—2009）中，节水是指采用技术和管理手段，减少用水量、节约水资源、提高水资源的利用效率，减少排污、保护水资源，保持水资源的可持续利用。在《电力名词》（第二版，2009 年）中，节水是指提高水的利用效率、减少水的使用量、增加废水的处理回用量、防止和杜绝水的浪费。在《水资源术语》（GB/T 30943—2014）中，节约用水是指为提高用水效率而科学合理地减少供、用水量。在《节约用水　术语》（GB/T 21534—2021）中，将节约用水定义为"采取经济、技术和管理等措施，减少水的消耗，提高用水效率的各类活动"。

国际上节约用水的表述大多为 Water Conservation，其要义是对水的维护、保护和持续利用。在《美国环境保护署水资源保护计划指南》（1998 年）中，节约用水是指水的损失、浪费、使用的任何有益减少。在公用事业规划的语境中，"有益"一词通常是指一项活动的益处超过成本。在《欧洲环境局术语》中，节水就是保护、开发和有效管理水资源以达到有益目的，"有益目的"指节水的益处超过成本。在《用水及节水手册》（2001 年）中，节水是指水资源消耗、浪费、使用的有益减少。在《欧盟节约用水潜力》（2007 年）中，节水是指减少流域内的总供水需求。在《科罗拉多州立大学术语表》中，节水是指在农场、家庭及工业上采取更有效的方法，通过蓄水或保护工程收集用水，合理使用水资源。在《水效联盟（词汇）》中，将节约用水定义为以下活动：减少对水的需求；减少水资源的损失和浪费；提高用水效率；改善土地管理以节约水。由此可见，国外对节约用水的定义主要结合土地管理改善、流域水资源管理等广义内容，通过一系列政策、战略与活动减少用水，更强调"有益"减少，是以满足当前和未来人类需求或确保人类和自然生态系统持续用水为目标的节水。

国内外对节水概念的理解，均强调要提高用水效率和用水效益，减少对水的无效、低效消耗和用水浪费，但对节约用水的界定存在差异，有的强调用水主体的节约用水，有的强调取、供、用、耗、排、回等全过程、各环节中水的节约与保护。前者可称为狭义节水，后者可称为广义节水。综合上述研究成果，节约用水可理解为：在满足经济社会可持续发展的前提下，采取法律、行政、技术、经济、工程等综合措施，减少取水和用水过程中的水量消耗和损失，提高水的利用效率和效益，科学开发、高效利用和有效保护水资源的行为。节约用水的重点是约束对水的无序与过度开发，规范用水行为，管好用水；手段是通过采取法律、行政、技术、经济、工程等综合措施，降低人类对水资源过度消耗，严格控制用水浪费；目的是推进水资源的节约集约利用，提高用水效率和用水效益，促进生态保护和高质量发展。节约用水包含三层含义：一是不能有浪费水的行为；二是在定额标准内合理用水；三是高效用水。

第二节　节约用水的发展

一、发展历程

我国一直高度重视节约用水工作，回顾新中国成立以来节水工作发展历程，可划分为四个阶段。

（一）农业节水萌芽期（1949—1978 年）

新中国成立时，国家贫穷落后，为尽快恢复生产，国家集中力量整修加固江河堤防、农田水利工程，开展了大规模的水利工程建设，取得了伟大成就。这期间，从普通居民到地方政府，大多认为水是一种取之不尽用之不竭的资源，无限制地开发利用水资源，节水意识淡薄。随着农田灌溉面积不断扩大和用水需求持续增加，水资源供需平衡问题逐步显现，节约用水开始受到关注。1961 年，中央转批农业部、水利电力部《关于加强水利管理工作的十条意见》，围绕灌区管理提出节约用水要求，这是我国现代最早的节约用水相关的水管理政策。20 世纪 60 年代初，开始探索研究农业节水灌溉技术，一些灌区推行了沟灌、畦灌和计划配水等相对节水的灌溉模式。20 世纪 70 年代初，一些地区对自流灌区土质渠道进行防渗衬砌。20 世纪 70 年代中期，北方地区试验推行喷灌、滴灌等高效节水灌溉技术。

（二）城市节水推进期（1978—1998 年）

党的十一届三中全会后，我国进入改革开放和社会主义现代化建设的历史新时期，水利的重要地位和作用日益为全社会所认识。国家从20世纪70年代后期开始把厉行节约用水作为一项基本政策。1980年，国务院印发《关于节约用水的通知》，召开了"京津用水紧急会议"和25个城市用水会议。1981年，国务院转批了京津地区用水紧急会议纪要，提出"解决城市用水既要开源，又要节流；既要解决当前用水问题，又要解决长远用水问题"的城市用水方针。1981年，原国家经委、计委、城建三部门发布《关于加强节约用水管理的通知》，推动节约用水摆上政府重要议程。1984年，国务院印发《关于大力开展城市节约用水的通知》，各级地方人民政府陆续成立了城市节约用水管理机构，组织制定了一系列法规、规章和标准规范，陆续颁布了有关城市节约用水管理办法和城市地下水资源管理办法等文件，初步形成了城市节水管理制度体系。1988年1月，六届全国人大常委会第二十四次会议通过《中华人民共和国水法》，提出国家实行计划用水，厉行节约用水，各级人民政府应当加强对节约用水的管理，各单位应当采用节约用水的先进技术，将节约用水的规定提升到国家法律层面。20世纪90年代，国务院出台了《取水许可制度实施办法》，全国开始推进节水型城市建设。这一时期，受工业缺水和水污染问题驱动，我国工业节水与循环利用也取得了发展。

（三）全面节水建设期（1998—2012年）

世纪之交，我国经济社会发生深刻变化，社会主义市场经济体制初步建立，经济发展方式加快转变。同时水资源条件变化明显，人与自然矛盾突出，水资源短缺和生态环境恶化形势日益严峻。这一时期，为了应对区域性、系统性水问题，国家全面开展了节水型社会建设。1998年，中央提出把推广节水灌溉作为一项革命性措施来抓，并在水利部设立全国节约用水办公室，启动"跨世纪节水行动"。2000年，中央在关于制定国民经济和社会发展第10个五年计划建议中，首次提出"建立节水型社会"。2001年3月，水利部确定甘肃省张掖市为全国首个节水型社会建设试点。2002年，《中华人民共和国水法》把节约用水放在突出位置，把建设节水型社会目标写入总则第八条，明确了"单位和个人有节约用水的义务"，建立了总量控制与定额管理相结合的节约用水管理制度，并提出了"节水三同时"要求。2004年中央人口资源环境工作座谈会强调"要把节水作为一项必须长期坚持的战略方针",把节水工作贯穿于国民经济发展和群众生产生活的全过程。2011 年中央一号文件《中共中央 国务院关于加快水利改革发展的决定》,把节水工作作为最严格水资源管理制度的重要内容。2012 年,国务院发布《关于实行最严格水资源管理制度的意见》,要求全面加强节约用水管理,并确立了水资源管理"三条红线",节约用水重要性不断提升。

(四)深度节水发展期(2012 年以来)

党的十八大将"建设节水型社会"纳入生态文明建设战略部署,党的十八届三中全会强调要"健全能源、水、土地节约集约使用制度"。2014 年 3 月,习近平总书记提出了"节水优先、空间均衡、系统治理、两手发力"治水思路,要求从观念、意识、措施等各方面都要把节水放在优先位置,强调节约用水意义重大,对历史、对民族功德无量。节约用水从认识上实现了飞跃,达到了前所未有的高度,具有里程碑意义。党的十九大报告中明确提出实施国家节水行动,标志着节水成为国家意志和重要战略。2018 年,党和国家机构改革中,水利部节约用水职能和机构得到突出强化。2019 年 4 月,经中央全面深化改革委员会审议通过,国家发展改革委、水利部联合印发了《国家节水行动方案》。2020 年 11月,党的十九届五中全会再次强调实施国家节水行动,推动绿色发展,建设人与自然和谐共生的现代化。2021 年 4 月,水利部、国家发展改革委等 20 个部门建立节约用水工作部际协调机制。2021 年 5 月,习近平总书记在推进南水北调后续工程高质量发展座谈会上强调,坚持节水优先,把节水作为受水区的根本出路,长期深入做好节水工作。2021 年 10月,习近平总书记在深入推动黄河流域生态保护和高质量发展工作座谈会上强调,打好深度节水控水攻坚战,大力推动全社会节约用水,走好水安全有效保障、水资源高效利用、水生态明显改善的集约节约发展之路。同年,《"十四五"节水型社会建设规划》印发实施。2022 年 10 月,党的二十大报告明确提出实施全面节约战略,推进各类资源节约集约利用。这一时期,党中央对节约用水作出一系列重大决策部署,国家相关部门出台了与节约用水相关的一系列重大政策文件,节约用水制度框架体系基本建成,节约用水工作进入深度发展新阶段。

二、主要成效

我国水资源总量约 2.84 万亿 m³，人均水资源量不足世界平均水平的 1/4，是世界主要经济体中受水资源胁迫程度最高的国家和地区之一。为解决水资源短缺问题，我国持续几十年推进节水工作。通过制定颁布节水法律、法规，加强节水监督管理，积极宣传节水教育，加大节水产品和技术的研发，利用市场机制等手段，我国用水效率进一步提高，用水总量基本平稳，节水工作取得显著成效。

（一）用水效率显著提高

与 2012 年相比，2022 年万元 GDP 用水量、万元工业增加值用水量分别下降 46.5%、60.4%，农田灌溉水有效利用系数由 0.516 提高到 0.572。经比较分析，我国用水效率总体水平与世界平均水平大致相当，主要节水指标排在 60 个掌握数据国家和地区的 30 名左右，北京、天津等地区达到国际先进水平。

（二）用水总量有效控制

近年来，我国用水总量基本平稳，总体维持在 6100 亿 m³ 左右水平，北方部分省份用水量零增长，南方丰水省份用水量也进入微增长阶段。2022 年，全国用水总量 5998.2 亿 m³，比 2012 年全国用水总量 6131.2 亿 m³ 减少了 133 亿 m³，以稳定的用水总量保障了经济社会的高质量发展和用水安全。

（三）用水结构优化调整

2013 年以来我国生活用水呈持续增加态势，工业用水从总体增加转为逐渐趋稳，近年略有下降，农业用水受气候和实际灌溉面积的影响上下波动，占用水总量比例有所减少。2012—2022 年，工业用水量从 1379.5 亿 m³ 减少到 968.4 亿 m³，占比从 22.5% 降低到 16.2%；农业用水量从 3899.4 亿 m³ 减少到 3781.3 亿 m³，占比从 63.6% 降低到 63.0%；生活用水量从 741.9 亿 m³ 增加到 905.7 亿 m³，占比从 12.1% 增加到 15.1%；人工生态环境补水从 110.4 亿 m³ 增加到 342.8 亿 m³，占比从 1.8% 增加到 5.7%。

（四）节水意识明显提升

城镇、乡村、社区、家庭等各层面，生产、生活、消费等各环节，全民参与节水力度不断加大，节水进机关、进校园、进企业、进社区、进灌区全面推进，节水论坛、节水中国行、节水大使等活动的社会影响不断扩大，全社会节水意识不断提高。各部门、各地区、各领域对节水重要性的认识不断提高，坚持和落实节水优先方针、像抓节能减排一样抓好节水成为广泛共识，深度节水控水、节水即治污、调水节水两手都要硬等理念进一步强化。

第三节 节约用水的措施

从 1998 年全面节水建设期开始，节约用水工作的力度不断加大，主要措施如下。

一、加强节水立法

立法是规范节水行为最具权威性的手段。我国制定颁布了一批重要的法律、法规对节约用水作出了明确规定，初步形成了节水法律法规制度体系框架，为节约用水工作的顺利开展提供了法制保障。2002 年《中华人民共和国水法》实施，2009 年、2016 年进行修正。后相继发布了《中华人民共和国清洁生产促进法》《中华人民共和国循环经济促进法》《取水许可和水资源费征收管理条例》《中华人民共和国长江保护法》《中华人民共和国黄河保护法》等法律政策，同时，我国持续积极推进《节约用水条例》出台。

二、健全制度政策

（一）机构设置

1998 年，国务院机构改革，根据《国务院办公厅关于印发水利部职能配置内设机构和人员编制规定的通知》（国办发〔1998〕87 号），水利部职能调整内容包括"拟定节约用水政策、编制节约用水规划，制定有关标准，指导全国节约用水工作。建设部门负责指导城市采水和管网输水、用户用水中的节约用水工作并接受水利部门的监督"。水利部内设机构中设置水资源水文司（全国节约用水办公室），主要职责包括"指导全国计划用水、节约用水和城市供水的水源规划"。

2018年，党和国家机构改革对水利部节约用水职能和机构进一步突出强化。根据中央编办制定的《水利部职能配置、内设机构和人员编制规定》，水利部内设机构中单独设置"全国节约用水办公室"，主要职责是：拟订节约用水政策，组织编制并协调实施节约用水规划，组织指导计划用水、节约用水工作；组织实施用水总量控制、用水效率控制、计划用水和定额管理制度；指导和推动节水型社会建设工作；指导城市污水处理回用等非常规水源开发利用工作。

（二）规划引领

相继制定全国节约用水规划和不同行业节水规划，出台《全国节约用水规划纲要（2001—2010年）》、节水型社会建设"十一五""十二五""十三五""十四五"规划。对不同时期节水型社会建设的重点任务、重点领域、区域布局作出具体规划。2019年，经中共中央全面深化改革委员会审议通过，国家发展改革委、水利部联合印发《国家节水行动方案》，为未来一段时间节水工作开展指明了方向。

（三）政策制定

一是实行最严格水资源管理制度。2012年1月，国务院发布《关于实行最严格水资源管理制度的意见》，明确水资源开发利用控制、用水效率控制和水功能区限制纳污"三条红线"，推动经济社会发展与水资源水环境承载能力相适应。二是实行用水总量和强度双控。建立水资源消耗总量和强度双控制度体系，明确全国及省、市、县三级行政区"十三五""十四五"双控目标，强化节水指标刚性约束和责任考核。三是实行定额管理制度。2019年7月，水利部提出全面建立节水标准定额体系，健全节水标准体系，推动发布取水、产品水效、节水型企业、非常规水利用、节水设备等方面标准定额。四是实行计划用水管理制度。2014年11月，水利部印发《计划用水管理办法》，对计划用水的申报、审批、下达和执行监督等管理活动作出明确规定。五是实行节水评价制度。2019年4月，水利部印发《水利部关于开展规划和建设项目节水评价工作的指导意见》，从源头上把好节约用水关口，促进水资源合理开发利用。此外，针对县域节水型社会达标建设、水价改革、重点用水户监控管理等重点工作，出台一系列管理制度。

（四）监督管理

一是建立节水目标责任制，推动将节水主要指标纳入经济社会发展综合评价体系，推进严重缺水地区将节水作为约束性指标纳入当地党政领导班子和领导干部政绩考核，研究完善节水考核指标和考核方案，严格最严格水资源管理制度节水考核，完善监督考核工作机制，强化考核结果应用。推动将"单位地区生产总值用水量"指标纳入国家高质量发展综合绩效评价体系。二是加大计划用水管理制度执行力度，推动计划用水覆盖水资源超载地区 99% 的规模以上工业企业，推动黄河流域和京津冀地区年用水量 1 万 m^3 及以上工业和服务业单位计划用水管理全覆盖。三是全面落实节水评价，组织对规划和建设项目开展节水评价，从严叫停不达标项目。四是加强重点用水户监控管理，将 1489 个工业、服务业、农业灌区用水单位纳入国家重点监控名录，建立包含 13594 个用水单位的国家、省、市三级重点监控体系。

三、完善市场机制

（一）水权水市场改革

通过明细用水权、开展多种形式水权交易、规范水权交易平台、强化监测计量等手段，水权水市场制度日益健全，对促进节水发挥了重要作用。

（二）合同节水管理

大力推进合同节水管理服务，搭建合同节水管理服务平台，健全制度政策，建立项目对接服务机制，鼓励各地积极实施合同节水管理项目。

（三）水效标识

发布《水效标识管理办法》，印发实行水效标识产品目录，制定坐便器、洗碗机、淋浴器、净水机等产品水效标识实施规则。开展产品水效检测，完善用水产品水效等级，强化市场监督管理，加大专项检查抽查力度，逐步淘汰水效等级较低的产品，提高用水效率。

（四）水效领跑和节水认证

实施水效领跑者引领行动，开展灌区、重点用水企业、用水产品和公共机构水效领跑者遴选。研究制定推动绿色节水产品认证政策文件，组织通过线上线下等多种方式实施节水认证，颁布节水产品认证证书和节水标志，加强节水技术推广应用。

四、筑牢科技支撑

（一）关键技术设备研发

推动节水技术与工艺创新，加强用水精准计量、水资源高效循环利用、精准节水灌溉控制、管网漏损监测智能化、非常规水利用等先进技术及适用设备研发。发布实施一批现代化测量和监管技术的标准要求。

（二）节水技术推广应用

发布国家鼓励的工业节水工艺、技术和装备目录和高耗水工艺、技术和装备淘汰目录，聚焦农业、生活服务、用水计量监测等领域节水技术，联合公布国家成熟适用节水技术推广目录，联合工业和信息化部发布国家鼓励的工业节水工艺、技术和装备目录。

（三）技术成果产业化

推动企业加大节水装备及产品研发、设计和生产投入，提高节水装备与产品质量，构建节水装备及产品的多元化供给体系。加强政府引导和政策支持，促进节水服务产业发展，培育壮大节水服务企业，开展合同节水服务企业推荐，推进节水市场规范化机制建设。

五、拓展宣传教育

（一）加强节水宣传报道

组织中央媒体就节水重要政策、重点行动、重大活动与重要成效发布新闻报道，制播节水公益广告，持续开展"节水中国行"深度采访报道。

（二）开展节水宣传教育系列活动

结合世界水日、中国水周、全国科普日和城市节水宣传周等节点，开展形式多样的节水宣传活动，提高节水宣传的公众认知度，辐射带动社会各界踊跃参与节水实践。深入基层一线，广泛开展节水宣传进学校、进企业、进社区、进农村、进机关"五进"活动，加强贴近百姓生产生活的面对面宣传。

（三）健全节水宣传教育工作机制

加强节水宣传教育工作顶层设计，联合多部门制定出台指导性政策文件。发挥节约用水部际协调机制作用，推动各部门及群团组织加强协作，构建多部门协调联动工作机制。

（四）强化示范引领

推进节水型社会、国家节水型城市、节水型企业、节水型机关、节水型学校、节水型居民小区和其他节水型单位（医院、宾馆等）建设，树立节水标杆，示范带动全社会节水。

【思考题】

结合节约用水的内涵，思考新时期节约用水工作面临的新形势、新要求，以及如何推动新阶段节水工作高质量发展。

第二章 节水法规政策

【本章概述】

本章介绍了《中华人民共和国水法》《中华人民共和国长江保护法》《中华人民共和国黄河保护法》《中华人民共和国循环经济促进法》《取水许可和水资源费征收管理条例》《城市节约用水管理规定》等与节约用水相关的法律法规、政策制度、重要规划。

第一节 法 律 法 规

一、法律及行政法规

(一)《中华人民共和国水法》

《中华人民共和国水法》于1988年发布,2002年修订,2009年修正,2016年修正。《中华人民共和国水法》包括总则、水资源规划、水资源开发利用、水资源、水域和水工程的保护、水资源配置和节约使用、水事纠纷处理与执法监督检查、法律责任和附则8章,共82条。

《中华人民共和国水法》涉及节约用水的条款主要有20条,其中:

第一条规定了"为了合理开发、利用、节约和保护水资源,防治水害,实现水资源的可持续利用,适应国民经济和社会发展的需要,制定本法"。

第四条规定了"开发、利用、节约、保护水资源和防治水害,应当全面规划、统筹兼顾、标本兼治、综合利用、讲求效益,发挥水资源的多种功能,协调好生活、生产经营和生态环境用水"。

第七条规定了"国家对水资源依法实行取水许可制度和有偿使用制度。但是,农村集体经济组织及其成员使用本集体经济组织的水塘、水库中的水的除外。国务院水行政主管部门负责全国取水许可制度和水资源有偿使用制度的组织实施"。

第八条规定了"国家厉行节约用水，大力推行节约用水措施，推广节约用水新技术、新工艺，发展节水型工业、农业和服务业，建立节水型社会""各级人民政府应当采取措施，加强对节约用水的管理，建立节约用水技术开发推广体系，培育和发展节约用水产业""单位和个人有节约用水的义务"。

第十条规定了"国家鼓励和支持开发、利用、节约、保护、管理水资源和防治水害的先进科学技术的研究、推广和应用"。

第十一条规定了"在开发、利用、节约、保护、管理水资源和防治水害等方面成绩显著的单位和个人，由人民政府给予奖励"。

第十三条规定了"国务院有关部门按照职责分工，负责水资源开发、利用、节约和保护的有关工作"。"县级以上地方人民政府有关部门按照职责分工，负责本行政区域内水资源开发、利用、节约和保护的有关工作"。

第十四条规定了"国家制定全国水资源战略规划"。"开发、利用、节约、保护水资源和防治水害，应当按照流域、区域统一制定规划。规划分为流域规划和区域规划"。

第二十三条规定了"地方各级人民政府应当结合本地区水资源的实际情况，按照地表水与地下水统一调度开发、开源与节流相结合、节流优先和污水处理再利用的原则，合理组织开发、综合利用水资源"。

第二十四条规定了"在水资源短缺的地区，国家鼓励对雨水和微咸水的收集、开发、利用和对海水的利用、淡化"。

第四十四条规定了"水中长期供求规划应当依据水的供求现状、国民经济和社会发展规划、流域规划、区域规划，按照水资源供需协调、综合平衡、保护生态、厉行节约、合理开源的原则制定"。

第四十七条规定了"国家对用水实行总量控制和定额管理相结合的制度""省、自治区、直辖市人民政府有关行业主管部门应当制订本行政区域内行业用水定额，报同级水行政主管部门和质量监督检验行政主管部门审核同意后，由省、自治区、直辖市人民政府公布，并报国务院水行政主管部门和国务院质量监督检验行政主管部门备案""县级以上地方人民政府发展计划主管部门会同同级水行政主管部门，根据用水定额、经济技术条件以及水量分配方案确定的可供本行政区域使用的水量，制定年度用水计划，对本行政区域内的年度用水实行总量控制"。

第四十八条规定了"直接从江河、湖泊或者地下取用水资源的单位和个人，应当按照国家取水许可制度和水资源有偿使用制度的规定，向水行政主管部门或者流域管理机构申请领取取水许可证，并缴纳水资源费，取得取水权"。

第四十九条规定了"用水应当计量，并按照批准的用水计划用水""用水实行计量收费和超定额累进加价制度"。

第五十条规定了"各级人民政府应当推行节水灌溉方式和节水技术，对农业蓄水、输水工程采取必要的防渗漏措施，提高农业用水效率"。

第五十一条规定了"工业用水应当采用先进技术、工艺和设备，增加循环用水次数，提高水的重复利用率""国家逐步淘汰落后的、耗水量高的工艺、设备和产品，具体名录由国务院经济综合主管部门会同国务院水行政主管部门和有关部门制定并公布。生产者、销售者或者生产经营中的使用者应当在规定的时间内停止生产、销售或者使用列入名录的工艺、设备和产品"。

第五十二条规定了"城市人民政府应当因地制宜采取有效措施，推广节水型生活用水器具，降低城市供水管网漏失率，提高生活用水效率；加强城市污水集中处理，鼓励使用再生水，提高污水再生利用率"。

第五十三条规定了"新建、扩建、改建建设项目，应当制订节水措施方案，配套建设节水设施。节水设施应当与主体工程同时设计、同时施工、同时投产""供水企业和自建供水设施的单位应当加强供水设施的维护管理，减少水的漏失"。

第五十五条规定了"使用水工程供应的水，应当按照国家规定向供水单位缴纳水费""供水价格应当按照补偿成本、合理收益、优质优价、公平负担的原则确定"。

第六十八条规定了"生产、销售或者在生产经营中使用国家明令淘汰的落后的、耗水量高的工艺、设备和产品的，由县级以上地方人民政府经济综合主管部门责令停止生产、销售或者使用，处二万元以上十万元以下的罚款"。

(二)《中华人民共和国长江保护法》

《中华人民共和国长江保护法》自 2021 年 3 月 1 日起施行，这是我国第一部流域法律。《中华人民共和国长江保护法》包括总则、规划与管控、资源保护、水污染防治、生态环境修复、绿色发展、保障与监督、法律责任和附则 9 章，共 96 条。

《中华人民共和国长江保护法》涉及节约用水的条款主要有 3 条，其中：

第七条规定了"国务院生态环境、自然资源、水行政、农业农村和标准化等有关主管部门按照职责分工，建立健全长江流域水环境质量和污染物排放、生态环境修复、水资源节约集约利用、生态流量、生物多样性保护、水产养殖、防灾减灾等标准体系"。

第三十八条规定了"国务院水行政主管部门会同国务院有关部门确定长江流域农业、工业用水效率目标，加强用水计量和监测设施建设；完善规划和建设项目水资源论证制度；加强对高耗水行业、重点用水单位的用水定额管理，严格控制高耗水项目建设"。

第六十八条规定了"国家鼓励和支持在长江流域实施重点行业和重点用水单位节水技术改造，提高水资源利用效率""长江流域县级以上地方人民政府应当加强节水型城市和节水型园区建设，促进节水型行业产业和企业发展，并加快建设雨水自然积存、自然渗透、自然净化的海绵城市"。

(三)《中华人民共和国黄河保护法》

《中华人民共和国黄河保护法》自 2023 年 4 月 1 日起施行。《中华人民共和国黄河保护法》包括总则、规划与管控、生态保护与修复、水资源节约集约利用、水沙调控与防洪安全、污染防治、促进高质量发展、黄河文化保护传承弘扬、保障与监督、法律责任和附则 11 章，共 122 条。

《中华人民共和国黄河保护法》涉及节约用水的条款主要有 18 条，其中：

第一条规定了"为了加强黄河流域生态环境保护，保障黄河安澜，推进水资源节约集约利用，推动高质量发展，保护传承弘扬黄河文化，实现人与自然和谐共生、中华民族永续发展，制定本法"。

第七条规定了"国务院水行政、生态环境、自然资源、住房和城乡建设、农业农村、发展改革、应急管理、林业和草原、文化和旅游、标准化等主管部门按照职责分工，建立健全黄河流域水资源节约集约利用、水沙调控、防汛抗旱、水土保持、水文、水环境质量和污染物排放、生态保护与修复、自然资源调查监测评价、生物多样性保护、文化遗产保护等标准体系"。

第八条规定了"国家在黄河流域实行水资源刚性约束制度，坚持以水定城、以水定地、以水定人、以水定产，优化国土空间开发保护格局，促进人口和城市科学合理布局，构建与水资源承载能力相适应的现代产业体系""黄河流域县级以上地方人民政府按照国家有关规定，在本行政区域组织实施水资源刚性约束制度"。

第九条规定了"国家在黄河流域强化农业节水增效、工业节水减排和城镇节水降损措施，鼓励、推广使用先进节水技术，加快形成节水型生产、生活方式，有效实现水资源节约集约利用，推进节水型社会建设"。

第十六条规定了"国家鼓励、支持开展黄河流域生态保护与修复、水资源节约集约利用、水沙运动与调控、防沙治沙、泥沙综合利用、河流动力与河床演变、水土保持、水文、气候、污染防治等方面的重大科技问题研究，加强协同创新，推动关键性技术研究，推广应用先进适用技术，提升科技创新支撑能力"。

第四十五条规定了"黄河流域水资源利用，应当坚持节水优先、统筹兼顾、集约使用、精打细算，优先满足城乡居民生活用水，保障基本生态用水，统筹生产用水"。

第四十六条规定了"国家对黄河水量实行统一配置"。

第五十一条规定了"水资源超载地区县级以上地方人民政府应当制定水资源超载治理方案，采取产业结构调整、强化节水等措施，实施综合治理。水资源临界超载地区县级以上地方人民政府应当采取限制性措施，防止水资源超载""除生活用水等民生保障用水外，黄河流域水资源超载地区不得新增取水许可；水资源临界超载地区应当严格限制新增取水许可"。

第五十二条规定了"国家在黄河流域实行强制性用水定额管理制度。国务院水行政、标准化主管部门应当会同国务院发展改革部门组织制定黄河流域高耗水工业和服务业强制性用水定额""黄河流域省级人民政府按照深度节水控水要求，可以制定严于国家用水定额的地方用水定额；国家用水定额未作规定的，可以补充制定地方用水定额""黄河流域以及黄河流经省、自治区其他黄河供水区相关县级行政区域的用水单位，应当严格执行强制性用水定额；超过强制性用水定额的，应当限期实施节水技术改造"。

第五十三条规定了"黄河流域以及黄河流经省、自治区其他黄河供水区相关县级行政区域的县级以上地方人民政府水行政主管部门和黄河流域管理机构核定取水单位的取水量，应当符合用水定额的要求"。

第五十四条规定了"国家在黄河流域实行高耗水产业准入负面清单和淘汰类高耗水产业目录制度""列入高耗水产业准入负面清单和淘汰类高耗水产业目录的建设项目，取水申请不予批准"。

第五十五条规定了"黄河流域县级以上地方人民政府应当组织发展高效节水农业，加强农业节水设施和农业用水计量设施建设，选育推广低耗水、高耐旱农作物，降低农业耗水量。禁止取用深层地下水用于农业灌溉""黄河流域工业企业应当优先使用国家鼓励的节水工艺、技术和装备""黄河流域县级以上地方人民政府应当组织推广应用先进适用的节水工艺、技术、装备、产品和材料，推进工业废水资源化利用，支持企业用水计量和节水技术改造，支持工业园区企业发展串联用水系统和循环用水系统，促进能源、化工、建材等高耗水产业节水""高耗水工业企业应当实施用水计量和节水技术改造""黄河流域县级以上地方人民政府应当组织实施城乡老旧供水设施和管网改造，推广普及节水型器具，开展公共机构节水技术改造，控制高耗水服务业用水，完善农村集中供水和节水配套设施""黄河流域县级以上地方人民政府及其有关部门应当加强节水宣传教育和科学普及，提高公众节水意识，营造良好节水氛围"。

第五十六条规定了"国家在黄河流域建立促进节约用水的水价体系""城镇居民生活用水和具备条件的农村居民生活用水实行阶梯水价，高耗水工业和服务业水价实行高额累进加价，非居民用水水价实行超定额累进加价，推进农业水价综合改革""国家在黄河流域对节水潜力大、使用面广的用水产品实行水效标识管理，限期淘汰水效等级较低的用水产品，培育合同节水等节水市场"。

第五十九条规定了"黄河流域县级以上地方人民政府应当推进污水资源化利用，国家对相关设施建设予以支持""黄河流域县级以上地方人民政府应当将再生水、雨水、苦咸水、矿井水等非常规水纳入水资源统一配置，提高非常规水利用比例。景观绿化、工业生产、建筑施工等用水，应当优先使用符合要求的再生水"。

第八十六条规定了"黄河流域产业结构和布局应当与黄河流域生态系统和资源环境承载能力相适应。严格限制在黄河流域布局高耗水、高污染或者高耗能项目"。

第一百零一条规定了"国家实行有利于节水、节能、生态环境保护和资源综合利用的税收政策，鼓励发展绿色信贷、绿色债券、绿色保险等金融产品，为黄河流域生态保护和高质量发展提供支持""国家在黄河流域建立有利于水、电、气等资源性产品节约集约利用的价格机制，对资源高消耗行业中的限制类项目，实行限制性价格政策"。

第一百零三条规定了"国家实行黄河流域生态保护和高质量发展责任制和考核评价制度。上级人民政府应当对下级人民政府水资源、水土保持强制性约束控制指标落实情况等生态保护和高质量发展目标完成情况进行考核"。

第一百一十四条规定了"违反本法规定，黄河流域以及黄河流经省、自治区其他黄河供水区相关县级行政区域的用水单位用水超过强制性用水定额，未按照规定期限实施节水技术改造的，由县级以上地方人民政府水行政主管部门或者黄河流域管理机构及其所属管理机构责令限期整改，可以处十万元以下罚款；情节严重的，处十万元以上五十万元以下罚款，吊销取水许可证"。

（四）《中华人民共和国循环经济促进法》

《中华人民共和国循环经济促进法》于 2008 年发布，2018 年修正。《中华人民共和国循环经济促进法》包括总则、基本管理制度、减量化、再利用和资源化、激励措施、法律责任和附则 7 章，共 58 条。

《中华人民共和国循环经济促进法》涉及节约用水的条款主要有 16 条，其中：

第十条规定了"公民应当增强节约资源和保护环境意识，合理消费，节约资源""国家鼓励和引导公民使用节能、节水、节材和有利于保护环境的产品及再生产品，减少废物的产生量和排放量"。

第十三条规定了"县级以上地方人民政府应当依据上级人民政府下达的本行政区域主要污染物排放、建设用地和用水总量控制指标，规划和调整本行政区域的产业结构，促进循环经济发展""新建、改建、扩建建设项目，必须符合本行政区域主要污染物排放、建设用地和用水总量控制指标的要求"。

第十六条规定了"国家对钢铁、有色金属、煤炭、电力、石油加工、化工、建材、建筑、造纸、印染等行业年综合能源消费量、用水量超过国家规定总量的重点企业，实行能耗、水耗的重点监督管理制度"。

第十七条规定了"国务院标准化主管部门会同国务院循环经济发展综合管理和生态环境等有关主管部门建立健全循环经济标准体系，制定和完善节能、节水、节材和废物再利用、资源化等标准"。

第二十条规定了"工业企业应当采用先进或者适用的节水技术、工艺和设备，制定并实施节水计划，加强节水管理，对生产用水进行全过程控制""工业企业应当加强用水计量管理，配备和使用合格的用水计量器具，建立水耗统计和用水状况分析制度""新建、改建、扩建建设项目，应当配套建设节水设施。节水设施应当与主体工程同时设计、同时施工、同时投产使用""国家鼓励和支持沿海地区进行海水淡化和海水直接利用，节约淡水资源"。

第二十三条规定了"建筑设计、建设、施工等单位应当按照国家有关规定和标准，对其设计、建设、施工的建筑物及构筑物采用节能、节水、节地、节材的技术工艺和小型、轻型、再生产品"。

第二十四条规定了"县级以上人民政府及其农业等主管部门应当推进土地集约利用，鼓励和支持农业生产者采用节水、节肥、节药的先进种植、养殖和灌溉技术，推动农业机械节能，优先发展生态农业""在缺水地区，应当调整种植结构，优先发展节水型农业，推进雨水集蓄利用，建设和管护节水灌溉设施，提高用水效率，减少水的蒸发和漏失"。

第二十五条规定了"国家机关及使用财政性资金的其他组织应当厉行节约、杜绝浪费，带头使用节能、节水、节地、节材和有利于保护环境的产品、设备和设施，节约使用办公用品。国务院和县级以上地方人民政府管理机关事务工作的机构会同本级人民政府有关部门制定本级国家机关等机构的用能、用水定额指标，财政部门根据该定额指标制定支出标准"。

第二十六条规定了"餐饮、娱乐、宾馆等服务性企业，应当采用节能、节水、节材和有利于保护环境的产品，减少使用或者不使用浪费资源、污染环境的产品""本法施行后新建的餐饮、娱乐、宾馆等服务性企业，应当采用节能、节水、节材和有利于保护环境的技术、设备和设施"。

第二十七条规定了"国家鼓励和支持使用再生水。在有条件使用再生水的地区，限制或者禁止将自来水作为城市道路清扫、城市绿化和景观用水使用"。

第二十九条规定了"国家鼓励各类产业园区的企业进行废物交换利用、能量梯级利用、土地集约利用、水的分类利用和循环使用，共同使用基础设施和其他有关设施"。

第三十一条规定了"企业应当发展串联用水系统和循环用水系统，提高水的重复利用率""企业应当采用先进技术、工艺和设备，对生产过程中产生的废水进行再生利用"。

第四十四条规定了"国家对促进循环经济发展的产业活动给予税收优惠，并运用税收等措施鼓励进口先进的节能、节水、节材等技术、设备和产品，限制在生产过程中耗能高、污染重的产品的出口"。

第四十五条规定了"县级以上人民政府循环经济发展综合管理部门在制定和实施投资计划时，应当将节能、节水、节地、节材、资源综合利用等项目列为重点投资领域""对符合国家产业政策的节能、节水、节地、节材、资源综合利用等项目，金融机构应当给予优先贷款等信贷支持，并积极提供配套金融服务"。

第四十六条规定了"国家实行有利于资源节约和合理利用的价格政

策，引导单位和个人节约和合理使用水、电、气等资源性产品"。

第四十七条规定了"国家实行有利于循环经济发展的政府采购政策。使用财政性资金进行采购的，应当优先采购节能、节水、节材和有利于保护环境的产品及再生产品"。

（五）《取水许可和水资源费征收管理条例》

《取水许可和水资源费征收管理条例》于2006年发布，2017年修正。《取水许可和水资源费征收管理条例》包括总则、取水的申请和受理、取水许可的审查和决定、水资源费的征收和使用管理、监督管理、法律责任和附则7章，共58条。

《取水许可和水资源费征收管理条例》涉及节约用水的条款主要有10条，其中：

第一条规定了"为加强水资源管理和保护，促进水资源的节约与合理开发利用，根据《中华人民共和国水法》，制定本条例"。

第七条规定了"实施取水许可应当坚持地表水与地下水统筹考虑，开源与节流相结合、节流优先的原则，实行总量控制与定额管理相结合"。

第九条规定了"任何单位和个人都有节约和保护水资源的义务""对节约和保护水资源有突出贡献的单位和个人，由县级以上人民政府给予表彰和奖励"。

第十六条规定了"按照行业用水定额核定的用水量是取水量审批的主要依据"。

第十七条规定了"审批机关受理取水申请后，应当对取水申请材料进行全面审查，并综合考虑取水可能对水资源的节约保护和经济社会发展带来的影响，决定是否批准取水申请"。

第二十七条规定了"依法获得取水权的单位或者个人，通过调整产品和产业结构、改革工艺、节水等措施节约水资源的，在取水许可的有效期和取水限额内，经原审批机关批准，可以依法有偿转让其节约的水资源，并到原审批机关办理取水权变更手续"。

第二十八条规定了"取水单位或者个人应当按照经批准的年度取水计划取水。超计划或者超定额取水的，对超计划或者超定额部分累进收取水资源费"。

第二十九条规定了"制定水资源费征收标准,应当遵循下列原则:(一)促进水资源的合理开发、利用、节约和保护;(二)与当地水资源条件和经济社会发展水平相适应;(三)统筹地表水和地下水的合理开发利用,防止地下水过量开采;(四)充分考虑不同产业和行业的差别"。

第三十条规定了"各级地方人民政府应当采取措施,提高农业用水效率,发展节水型农业""农业生产取水的水资源费征收标准应当根据当地水资源条件、农村经济发展状况和促进农业节约用水需要制定"。

第三十六条规定了"征收的水资源费应当全额纳入财政预算,由财政部门按照批准的部门财政预算统筹安排,主要用于水资源的节约、保护和管理,也可以用于水资源的合理开发"。

(六)《城市节约用水管理规定》

《城市节约用水管理规定》自 1989 年 1 月 1 日起施行。《城市节约用水管理规定》共 24 条,涉及节约用水的条款主要有 19 条,其中:

第一条规定了"为加强城市节约用水管理,保护和合理利用水资源,促进国民经济和社会发展,制定本规定"。

第二条规定了"本规定适用于城市规划区内节约用水的管理工作""在城市规划区内使用公共供水和自建设施供水的单位和个人,必须遵守本规定"。

第三条规定了"城市实行计划用水和节约用水"。

第四条规定了"国家鼓励城市节约用水科学技术研究,推广先进技术,提高城市节约用水科学技术水平""在城市节约用水工作中作出显著成绩的单位和个人,由人民政府给予奖励"。

第五条规定了"国务院城市建设行政主管部门主管全国的城市节约用水工作,业务上受国务院水行政主管部门指导""国务院其他有关部门按照国务院规定的职责分工,负责本行业的节约用水管理工作""省、自治区人民政府和县级以上城市人民政府城市建设行政主管部门和其他有关行业行政主管部门,按照同级人民政府规定的职责分工,负责城市节约用水管理工作"。

第六条规定了"城市人民政府应当在制定城市供水发展规划的同时,

制定节约用水发展规划，并根据节约用水发展规划制定节约用水年度计划""各有关行业行政主管部门应当制定本行业的节约用水发展规划和节约用水年度计划"。

第七条规定了"工业用水重复利用率低于40％（不包括热电厂用水）的城市，新建供水工程时，未经上一级城市建设行政主管部门的同意，不得新增工业用水量"。

第八条规定了"单位自建供水设施取用地下水，必须经城市建设行政主管部门核准后，依照国家规定申请取水许可"。

第九条规定了"城市的新建、扩建和改建工程项目，应当配套建设节约用水设施。城市建设行政主管部门应当参加节约用水设施的竣工验收"。

第十条规定了"城市建设行政主管部门应当会同有关行业行政主管部门制定行业综合用水定额和单项用水定额"。

第十一条规定了"城市用水计划由城市建设行政主管部门根据水资源统筹规划和水长期供求计划制定，并下达执行""超计划用水必须缴纳超计划用水加价水费。超计划用水加价水费，应当从税后留利或者预算包干经费中支出，不得纳入成本或者从当年预算中支出"。

第十二条规定了"生活用水按户计量收费""新建住宅应当安装分户计量水表；现有住户未装分户计量水表的，应当限期安装"。

第十三条规定了"各用水单位应当在用水设备上安装计量水表，进行用水单耗考核，降低单位产品用水量；应当采取循环用水、一水多用等措施，在保证用水质量标准的前提下，提高水的重复利用率"。

第十四条规定了"水资源紧缺城市，应当在保证用水质量标准的前提下，采取措施提高城市污水利用率""沿海城市应当积极开发利用海水资源""有咸水资源的城市，应当合理开发利用咸水资源"。

第十五条规定了"城市供水企业、自建供水设施的单位应当加强供水设施的维修管理，减少水的漏损量"。

第十六条规定了"各级统计部门、城市建设行政主管部门应当做好城市节约用水统计工作"。

第十七条规定了"城市的新建、扩建和改建工程项目未按规定配套建设节约用水设施或者节约用水设施经验收不合格的，由城市建设行政主管部门限制其用水量,并责令其限期完善节约用水设施,可以并处罚款"。

第十八条规定了"超计划用水加价水费必须按规定的期限缴纳。逾期不缴纳的,城市建设行政主管部门除限期缴纳外,并按日加收超计划用水加价水费50‰的滞纳金"。

第十九条规定了"拒不安装生活用水分户计量水表的,城市建设行政主管部门应当责令其限期安装;逾期仍不安装的,由城市建设行政主管部门限制其用水量,可以并处罚款"。

(七)其他相关行政法规

1.《城市供水条例》

《城市供水条例》于1994年发布,2018年修正,包括总则、城市供水水源、城市供水工程建设、城市供水经营、城市供水设施维护、罚则和附则7章,共39条。《城市供水条例》规定城市供水工作实行开发水源和计划用水、节约用水相结合的原则。

2.《黄河水量调度条例》

《黄河水量调度条例》于2006年发布,包括总则、水量分配、水量调度、应急调度、监督管理、法律责任和附则7章,共43条。《黄河水量调度条例》规定制定黄河水量分配方案,应当遵循的原则之一是坚持计划用水、节约用水。

3.《中华人民共和国抗旱条例》

《中华人民共和国抗旱条例》于2009年公布,包括总则、旱灾预防、抗旱减灾、灾后恢复、法律责任和附则6章,共65条。《中华人民共和国抗旱条例》规定各级人民政府应当开展节约用水宣传教育,推行节约用水措施,推广节约用水新技术、新工艺,建设节水型社会;干旱灾害发生地区的单位和个人应当自觉节约用水,服从当地人民政府发布的决定,配合落实人民政府采取的抗旱措施,积极参加抗旱减灾活动。

4.《太湖流域管理条例》

《太湖流域管理条例》于2011年发布,包括总则,饮用水安全,水资源保护,水污染防治,水域、岸线保护,保障措施,监测与监督,法律责任和附则9章,共70条。《太湖流域管理条例》规定需要取水的新建、改建、扩建建设项目，应当在水资源论证报告书中按照行业用水定额要求明确节约用水措施，并配套建设节约用水设施；节约用水设施应当与主体工程同时设计、同时施工、同时投产。

5.《南水北调工程供用水管理条例》

《南水北调工程供用水管理条例》于2014年发布，包括总则、水量调度、水质保障、用水管理、工程设施管理和保护、法律责任和附则7章，共56条。《南水北调工程供用水管理条例》规定南水北调工程水量调度遵循节水为先、适度从紧的原则，统筹协调水源地、受水区和调水下游区域用水，加强生态环境保护；南水北调工程受水区县级以上地方人民政府应当对本行政区域的年度用水实行总量控制，加强用水定额管理，推广节水技术、设备和设施，提高用水效率和效益；南水北调工程受水区县级以上地方人民政府应当鼓励、引导农民和农业生产经营组织调整农业种植结构，因地制宜减少高耗水作物种植比例，推行节水灌溉方式，促进节水农业发展。

二、地方性法规或政府规章

（一）省级节水立法工作加速推进

截至2023年4月，全国31个省、自治区、直辖市（不含香港特别行政区、澳门特别行政区、台湾省）中，北京、天津等28个省份出台了节水地方性法规或政府规章，已出台的省份占比达90.3%。其中，地方性法规18部，政府规章10部。

（二）立法内容涵盖了节水管理全过程

从已出台节水地方性法规或政府规章的主要内容来看，主要包括5方面：一是基本规定，包括管理体制、节水责任、宣传教育等；二是节水制度，包括节水规划、计划用水、用水总量控制、用水定额管理、节水设施"三同时"、水资源论证、用水效率标识、节水产品认证、鼓励和淘汰目录、用水计量和用水统计、水源地保护等；三是节水措施，包括节水产品推广、应急供水措施、非常规水源利用、节水激励措施等；四是市场机制，包括水价制度、水权交易、水费收取管理等；五是管理能力，包括执法队伍建设与管理、用水设施管理、用水审计与监控、考核评价等。

第二节 政 策 制 度

一、重大政策制度

(一) 国家节水行动方案

2019 年 4 月,《国家节水行动方案》(以下简称《方案》) 经中央全面深化改革委员会审议通过,由国家发展改革委、水利部印发实施。《方案》明确提出近远期有机衔接的总体控制目标,即到 2020 年,节水政策法规、市场机制、标准体系趋于完善,万元国内生产总值用水量、万元工业增加值用水量较 2015 年分别降低 23% 和 20%,节水效果初步显现;到 2022 年,用水总量控制在"十三五"末的 6700 亿 m³ 以内,节水型生产和生活方式初步建立;到 2035 年,全国用水总量严格控制在 7000 亿 m³ 以内,水资源节约和循环利用达到世界先进水平。《方案》提出六大重点行动和深化机制体制改革两方面举措,确定了 29 项具体任务。提出"总量强度双控""农业节水增效""工业节水减排""城镇节水降损""重点地区节水开源"和"科技创新引领"六大重点行动,旨在抓大头、抓重点地区、抓关键环节,提高各领域、各行业用水效率,提升全民节水意识。强调机制体制改革,突出政策制度推动和市场机制创新两手发力,深化水价、水权水市场改革,结合用水计量监管,激发内生动力;推行水效标识、节水认证和水效领跑工作,推动合同节水管理,力求取得实效。《方案》在保障民生和经济社会发展的基础上,坚持政策引领、市场主导、创新驱动的原则,培育竞争有序的节水服务市场。强调完善激励政策,引导社会投资,扶持节水服务企业,推动节水产业发展。推行合同节水管理模式,提供节水整体解决方案,使节水服务产业成为拉动地方就业的新途径,推动绿色发展的新支点,促进经济社会发展的新动能。《方案》强调,加强党对节水工作的领导,各方面协同统筹实施。推动法治建设,完善财税政策,充分发挥税收促进节水的作用。拓展融资模式,鼓励金融和社会资本进入节水领域。加大宣传力度,树立绿色节水观念,倡导简约、适度消费模式,让节水理念不断深入人心,使爱护水、节约水成为全社会的良好风尚和自觉行动。

（二）最严格水资源管理制度

2012 年 1 月，国务院印发《关于实行最严格水资源管理制度的意见》（国发〔2012〕3 号）（以下简称《意见》），明确提出实行总量控制、用水效率控制、水功能区限制纳污的"三条红线"管理。《意见》提出，确立水资源开发利用控制红线，到 2030 年全国用水总量控制在 7000 亿 m^3 以内；确立用水效率控制红线，到 2030 年用水效率达到或接近世界先进水平，万元工业增加值用水量（以 2000 年不变价计，下同）降低到 40 m^3 以下，农田灌溉水有效利用系数提高到 0.6 以上；确立水功能区限制纳污红线，到 2030 年主要污染物入河湖总量控制在水功能区纳污能力范围之内，水功能区水质达标率提高到 95% 以上。

2013 年 1 月，国务院办公厅印发《实行最严格水资源管理制度考核办法》（国办发〔2013〕2 号）（以下简称《考核办法》），明确国务院对各省、自治区、直辖市落实最严格水资源管理制度情况进行考核，明确了最严格水资源管理制度考核的组织实施主体、责任主体、考核内容、评分方法、考核期、考核流程、考核结果运用、责任追究等内容，规定了各省、自治区、直辖市用水总量、用水效率、重要江河湖泊水功能区水质达标率控制目标。

（三）用水总量和强度双控制度

2016 年 10 月，经国务院同意，水利部、国家发展改革委印发《"十三五"水资源消耗总量和强度双控行动方案》（水资源〔2016〕379 号）（以下简称《方案》），对"十三五"期间水资源消耗总量和强度双控行动作出全面部署。《方案》要求，到 2020 年，水资源消耗总量和强度双控管理制度基本完善，双控措施有效落实，双控目标全面完成，初步实现城镇发展规模、人口规模、产业结构和布局等经济社会发展要素与水资源协调发展。各流域、各区域用水总量得到有效控制，地下水开发利用得到有效管控，严重超采区超采量得到有效退减，全国年用水总量控制在 6700 亿 m^3 以内。万元国内生产总值用水量、万元工业增加值用水量分别比 2015 年降低 23% 和 20%；农业亩均灌溉用水量显著下降，农田灌溉水有效利用系数提高到 0.55 以上。《方案》部署了明确目标责任、落实重点任务、完善保障措施 3 个方面 15 项工作任务。

2022 年 3 月，水利部、国家发展改革委印发《关于"十四五"用水总量和强度双控目标的通知》（水节约〔2022〕113 号），明确各省、自治区、直辖市"十四五"用水总量和强度双控目标，要求各省、自治区、直辖市将各个年度的用水强度控制目标（含非常规水源利用量）报水利部备案。

（四）建立健全节水制度政策

2021 年 12 月，水利部印发《关于建立健全节水制度政策的指导意见》（水资管〔2021〕390 号）（以下简称《指导意见》），部署建立健全节水制度政策工作。《指导意见》要求，到 2025 年，初始水权分配和交易制度基本建立，水资源刚性约束"硬指标"基本建立，水资源监管"硬措施"得到有效落实，推动落实"四水四定"的"硬约束"基本形成，面向全社会的节水制度与约束激励机制基本形成，水资源开发利用得到严格管控，用水效率效益明显提升，全国经济社会用水总量控制在 6400 亿 m³ 以内，全国万元 GDP 用水量下降 16％左右，北方 60％以上、南方 40％以上县（区）级行政区达到节水型社会建设标准；万元工业增加值用水量下降 16％，农田灌溉水有效利用系数提高到 0.58，新增高效节水灌溉面积 0.6 亿亩，城市公共供水管网漏损率低于 9％，全国非常规水源利用量超过 170 亿 m³。《指导意见》部署了建立健全初始水权分配和交易制度、严格水资源监管、建立健全全社会节水制度政策、强化法治、科技和宣传支撑、加强组织保障等 5 个方面 23 项工作任务。

（五）全面加强水资源节约高效利用

2023 年 4 月，水利部印发《关于全面加强水资源节约高效利用工作的意见》（水节约〔2023〕139 号）（以下简称《意见》），加强水资源节约高效利用，推动全社会节水。《意见》要求，到 2025 年，水资源节约工作取得积极成效，节水政策法规、体制机制、技术标准体系趋于完善，节水意识不断增强，水资源利用效率和效益明显提高；全国用水总量控制在 6400 亿 m³ 以内，万元国内生产总值用水量较 2020 年下降 16％左右；农田灌溉水有效利用系数达到 0.58 以上，万元工业增加值用水量较 2020 年下降 16％，城市公共供水管网漏损率控制在 9％以内；全国非常规水源利用量达到 170 亿 m^3，南水北调东中线工程受水区和北方 60％以上、南方 40％以上县（市、区、旗，以下统称县）级行政区达到节水型社会标准。到 2035 年，节水成为全社会自觉行动，建成与基本实现社会主义现代化相适应的节水制度体系、技术支撑体系和市场机制，水资源节约高效利用能力大幅提升，形成水资源利用与产业规模、经济结构、空间布局等相协调的现代化节水格局。《意见》部署了强化水资源刚性约束、健全节水制度政策、加快推进全社会节水、严格节水监督管理、提升公众节水意识、落实组织保障 6 个方面 23 项工作任务。

（六）非常规水源开发利用

2021 年 1 月，国家发展改革委、科技部、工业和信息化部、财政部、自然资源部、生态环境部、住房城乡建设部、水利部、农业农村部、市场监管总局印发《关于推进污水资源化利用的指导意见》（发改环资〔2021〕13 号）（以下简称《指导意见》），推进污水资源化利用。《指导意见》要求，到 2025 年，全国污水收集效能显著提升，县城及城市污水处理能力基本满足当地经济社会发展需要，水环境敏感地区污水处理基本实现提标升级；全国地级及以上缺水城市再生水利用率达到 25％以上，京津冀地区达到 35％以上；工业用水重复利用、畜禽粪污和渔业养殖尾水资源化利用水平显著提升；污水资源化利用政策体系和市场机制基本建立。到 2035 年，形成系统、安全、环保、经济的污水资源化利用格局。《指导意见》部署了着力推进重点领域污水资源化利用、实施污水资源化利用重点工程、健全污水资源化利用体制机制、落实保障措施 4 个方面 17 项工作任务。

2021 年 12 月，水利部、国家发展改革委、住房城乡建设部、工业和信息化部、自然资源部、生态环境部印发《典型地区再生水利用配置试点方案》（水节约〔2021〕377 号）（以下简称《方案》），以缺水地区、水环境敏感地区、水生态脆弱地区为重点，选择典型代表性强、再生水利用配置基础好、再生水需求量大的县级及以上城市开展试点。《方案》要求，"十四五"期间，试点城市以加强再生水利用规划布局和配置管理为重点，因地制宜制定规划目标、创新配置方式、拓展配置领域、完善产输设施，建立健全相关激励政策，大幅提高再生水利用率。缺水地区试点城市再生水利用率达到 35％以上，京津冀地区试点城市达到 45％以上，其他地区试点城市达到 25％以上。到 2025 年，在再生水规划、配置、利用、产输、激励等方面形成一批效果好、能持续、可推广的先进模式和典型案例。试点城市应编制再生水利用配置实施方案，根据优化再生水利用规划布局、加强再生水利用配置管理、扩大再生水利用领域和规模、完善再生水生产输配设施、建立健全再生水利用政策等内容，结合本地实际确定具体试点内容，有所侧重地开展试点工作。

（七）黄河流域深度节水控水行动

2021 年 8 月，水利部印发《关于实施黄河流域深度节水控水行动的意见》（水节约〔2021〕263 号）（以下简称《意见》），全面实施黄河流域深度节水控水行动。《意见》要求，到 2025 年，黄河流域建成行业用水定额体系，全面实行规模以上用水单位计划用水管理，全社会节水意识显著增强，节水型社会建设取得明显成效。万元 GDP 用水量比 2020 年下降 16％，万元工业增加值用水量比 2020 年下降 16％，农田灌溉水有效利用系数提高到 0.586，非常规水源利用量增加到 20 亿 m³，县（区）级行政区基本达到节水型社会标准。到 2030 年，建成完善的节水政策法规和技术标准体系，形成健全的市场调节机制，节水护水惜水成为全社会自觉行动，流域内各区域用水效率达到国际类似地区先进水平，全面建成节水型社会。《意见》部署了强化用水总量强度控制、深度实施农业节水增效、深度实施工业节水减排、深度实施城乡生活节水、加快非常规水源利用、严格用水单位监督管理、广泛开展节水宣传教育、保障措施 8 个方面 23 项工作任务。

2021 年 12 月，国家发展改革委联合水利部、住房城乡建设部、工业和信息化部、农业农村部印发《黄河流域水资源节约集约利用实施方案》（发改环资〔2021〕1767 号）（以下简称《实施方案》）。《实施方案》明确，到 2025 年，黄河流域万元 GDP 用水量控制在 47m³ 以下，比 2020 年下降 16％；农田灌溉水有效利用系数达到 0.58 以上；上游地级及以上缺水城市再生水利用率达到 25％以上，中下游力争达到 30％；城市公共供水管网漏损率控制在 9％以内。《实施方案》提出，实施黄河流域及引黄调水工程受水区深度节水控水，既要强化水资源刚性约束，贯彻"四水四定"、严格用水指标管理、严格用水过程管理,又要优化流域水资源配置、优化黄河分水方案、强化流域水资源调度、做好地下水采补平衡。《实施方案》指出,推动重点领域节水,一是强化农业农村节水,要求推行节水灌溉、发展旱作农业、开展畜牧渔业节水;二是加强工业节水,要求优化产业结构、开展节水改造、推广园区集约用水;三是厉行生活节水,要求建设节水型城市、实行供水管网漏损控制、开展农村生活节水。《实施方案》强调,推进非常规水源利用,强化再生水利用、促进雨水利用、推动矿井水、苦咸水、海水淡化水利用。在流域、区域和城市尺度上,构建健康的自然水循环和社会水循环,实现水城共融、人水和谐。坚持"节水即减排""节水即治污"理念,推动减污降碳协同增效。《实施方案》要求,坚持正确政绩观,准确把握保护和发展关系,按照省级统筹、市县负责要求,系统谋划实施。完善节水标准体系,完善用水权交易制度,用好财税杠杆,发挥价格机制作用。引导社会资本积极参与,培育节水产业。引导群众增强水资源节约与保护的思想认识和行动自觉。

(八)南水北调东中线工程受水区全面节水

2023年2月,水利部、国家发展改革委印发《关于加强南水北调东中线工程受水区全面节水的指导意见》(水节约〔2023〕52号)(以下简称《指导意见》),推动南水北调东中线工程受水区(以下简称受水区)坚持和落实节水优先方针,全面推进水资源节约集约利用。《指导意见》要求,到2025年,受水区节水基础设施进一步夯实,节水制度政策进一步健全,政府和市场促进节水的作用进一步发挥,用水效率和效益明显提升。受水区万元国内生产总值用水量控制在$33m^3$(按照2020年不变价计算,下同)以内,万元工业增加值用水量控制在$15m^3$以内,农田灌溉水有效利用系数提高到0.64以上,非常规水源利用量超过55亿m^3,县(区)级行政区达到节水型社会标准。到2030年,受水区万元国内生产总值用水量和万元工业增加值用水量力争继续下降10个百分点左右,农田灌溉水有效利用系数达到全国先进水平,非常规水源实现规模化利用。到2035年,受水区实现全面、深度节水,建成完善的节水政策法规体系,形成健全的市场调节机制,用水效率达到国际先进水平,全面建成节水型社会。《指导意见》部署了全面落实刚性约束、全面健全节水制度、全面提升用水效率、全面加强节水管理、落实保障措施 5 个方面 21 项工作任务。

（九）高起点推进雄安新区节约用水

2021 年 12 月，水利部印发《关于高起点推进雄安新区节约用水工作的指导意见》（水节约〔2021〕369 号）（以下简称《指导意见》），推动把雄安新区打造成全国节水样板。《指导意见》要求，到 2025 年，以水定城、以水定人的发展要求得到有效落实，用水总量和强度严格控制，节水管理制度全面实行，节水激励机制取得突破，各项节水设施同步建设，节约用水整体布局基本成型，建成区按照节约用水指标体系要求推进各项节水工作。到 2035 年，现代化节水管理制度全面落实，精细化节水管理能力充分体现，各项节水指标达到国际先进、国内领先水平，万元国内生产总值用水量控制在 4.5m³ 以内，万元工业增加值用水量控制在 1.5m³ 以内，农田灌溉水有效利用系数达到 0.8 以上，年用水总量控制在 4.5 亿 m³（不含白洋淀生态用水），形成水资源利用与发展规模、产业结构和空间布局等协调发展的现代化新格局，建成全国节水样板。《指导意见》部署了全面落实节水管理制度、创新节水激励约束机制、大力开展节水基础建设、实施城镇节水降损、实施工业节水减排、实施农业节水增效、落实保障措施 7 个方面 26 项工作任务。《指导意见》提出了科学合理、示范引领的节水指标体系，明确了综合指标、各行业指标、管理指标、公众节水意识和满意度 4 个方面 26 条节水指标，指导雄安新区高起点推进节水工作。

（十）黄河流域高校节水专项行动

2022 年 3 月，水利部、教育部、国管局印发《黄河流域高校节水专项行动方案》（水节约〔2022〕108 号）（以下简称《方案》），推动黄河流域高校率先全面建成节水型高校。《方案》要求，到 2023 年年底，黄河流域高校实现计划用水管理全覆盖，超定额、超计划用水问题基本得到整治，50% 高校建成节水型高校。到 2025 年年底，黄河流域高校用水全部达到定额要求，全面建成节水型高校，打造一批具有典型示范意义的水效领跑者。《方案》部署了开展用水统计核查、制定专项实施方案、规范计划用水管理、加强节水设施建设、推进节水型高校建设、支持节水科技研发、强化节水监督考核等7项重点工作，以及加强组织领导、强化政策支持、注重宣传引导等3项保障措施。

2023年5月，水利部办公厅印发《关于加强高校计划用水管理工作的通知》（办节约〔2023〕149号）（以下简称《通知》），进一步强化高校节水工作。《通知》部署了建立高校计划用水管理情况台账和清单、严格核定下达高校用水计划、推动高校计划用水管理全覆盖、督促指导超定额超计划用水高校整改4项工作任务，并提出有关要求。

（十一）京津冀工业节水行动计划

2019年9月，工业和信息化部、水利部、科技部、财政部印发《京津冀工业节水行动计划》（工信部联节〔2019〕197号）（以下简称《计划》），推进京津冀地区工业节水。《计划》要求，力争到2022年，京津冀重点高耗水行业（钢铁、石化化工、食品、医药）用水效率达到国际先进水平。万元工业增加值用水量（新水取用量，不包括企业内部的重复利用水量）下降至 $10.3m^3$ 以下，规模以上工业用水重复利用率达到93％以上，年节水1.9亿 m^3。《计划》部署了调整优化高耗水行业结构和布局、促进节水技术推广应用与创新集成、加强节水技术改造、强化企业用水管理、大力推进非常规水源利用等5个方面13项主要任务，及加强组织领导、加大政策支持、加强交流与宣传等3项保障措施。《计划》提出了支持京津冀推广的节水技术、京津冀工业水效提升项目、京津冀工业节水标准清单。

二、定额标准

（一）政策要求

节水标准是实现水资源消耗总量和强度双控目标的重要技术基础，是落实生态文明建设战略部署的重要措施。节水标准在为节水工作提供技术依据的同时，也是促进产业结构调整和优化升级、提升经济发展质量效益和自主创新能力、有效参与国际竞争、形成绿色循环发展新方式的重要手段。国家历年来高度重视节水标准化工作，在建设资源节约型、环境友好型社会中，实施了卓有成效的举措，并出台了很多相关的规章文件，为健全节水标准体系、发展节水事业提供了基础性支撑和坚实技术保障。

2013 年 6 月，水利部印发《水利部关于严格用水定额管理的通知》（水资源〔2013〕268 号），明确要求规范用水定额编制，加强用水定额监督管理，是各级水行政主管部门的重要职责，是提高用水效率，促进产业结构调整的主要手段。

2019 年 4 月，国家发展改革委、水利部联合印发《国家节水行动方案》，其中明确要"健全节水标准体系……到 2022 年，节水标准达到 200 项以上，基本覆盖取水定额、节水型公共机构、节水型企业、产品水效、水利用与处理设备、非常规水利用、水回用等方面。"

2021 年 10 月，中共中央国务院印发《国家标准化发展纲要》，提出要完善绿色产品标准，建立绿色产品分类和评价标准，规范绿色产品、有机产品标识。构建节能节水、绿色采购等绿色生活标准。

2021 年 10 月，国家发展改革委、水利部、住房城乡建设部、工业和信息化部、农业农村部联合印发《"十四五"节水型社会建设规划》，明确指出要健全节水标准体系，制修订重要节水标准，及时更新水效标准、用水定额，做好标准宣贯和实施工作。

（二）框架结构

2019 年，水利部提出节水标准定额体系，其中节水标准涉及节约用水定额、节水技术规范、节水载体评价及产品水效标准 4 个类别共 147 项标准，包括基础共性、目标控制、设计、评价和优化等方面，涵盖工业、农业、城镇生活、非常规水利用等全社会用水领域。

2021 年，水利部修订印发《水利技术标准体系表》，将"节约用水"作为一个专业功能序列分类列出，涉及水资源及农村水利专业共 28 项节水标准。

（三）重要标准

1. 节水技术规范

《节约用水 术语》是节水领域重要的基础通用类标准，对于统一说法、厘清概念发挥了重要作用。2021 年，水利部节约用水促进中心等单位在前期研究基础上，对《工业用水节水 术语》进行修订，更名为《节约用水 术语》，修订后的标准主要包括"水源""生产用水""生活用水"

"节水灌溉""节水管理"和"节水指标"六个部分，共收录了 102 条术语，涉及农业、工业、生活服务业、生态环境等领域节约用水的宏观管理、计量统计、生产活动、技术研究等工作。《企业水平衡测试通则》发布以来，各地方、各行业均依据标准内容开展水平衡测试工作，为用水单位摸清用水情况等基础性工作奠定了坚实基础。《用水单位水计量器具配备和管理通则》自发布实施以来，同样得到主管部门、行业企业的重视，为提高用水单位的水计量器具配备和管理水平发挥了重要作用。

2. 节水载体评价标准

2012 年工业和信息化部、水利部和全国节约用水办公室联合印发的《关于深入推进节水型企业建设工作的通知》中明确指出，以节水型企业相关标准作为评价指标和主要标准。2016 年 4 月，国家发展改革委联合水利部、工业和信息化部、住房城乡建设部、原质检总局和国家能源局共同发布《水效领跑者引领行动实施方案》，节水型企业系列标准作成为企业水效领跑者的实施的直接依据。2017 年 1 月，工业和信息化部、水利部、国家发展改革委和原质检总局联合发布《重点用水企业水效领跑者引领行动实施细则》，进一步细化了节水型企业标准在该项政策实施中的作用。2020 年 9 月，工业和信息化部、水利部、国家发展改革委和市场监管总局联合发布《2020 年重点用水企业水效领跑者名单》。

此外，水利部近年来组织编制了《区域节水评价标准》《机关节水评价规范》《节水型高校评价标准》《高速公路服务区节水管理规范》等多项团体标准，为推进进一步完善了节水标准体系，强化了载体建设技术依据，提高了全社会节水意识。

3. 产品水效标准

2016 年 4 月，国家发展改革委联合水利部、工业和信息化部、住房城乡建设部、原质检总局和国家能源局共同发布《水效领跑者引领行动实施方案》，产品用水效率系列标准作成为产品水效领跑者实施的直接依据。

2017 年 9 月 13 日，国家发展改革委、水利部和原质检总局联合发布《水效标识管理办法》，产品的用水效率系列标准为推动用水效率标识制度的建立提供了有力的技术支撑。

2019 年 8 月，国家发展改革委、水利部、住房城乡建设部和市场监管总局联合印发《坐便器水效领跑者引领行动实施细则》，并开展 2020 年度坐便器水效领跑者产品评选工作。

2020 年 5 月，国家发展改革委、水利部、住房城乡建设部和市场监管总局联合发布 2020 年度坐便器水效领跑者产品名单。后续还将分别制定水嘴、洗衣机、淋浴器等产品细则，进一步细化水效标准在该项政策实施中的作用。

三、节水管理制度

（一）计划用水管理制度

2014 年 11 月，水利部办公厅印发《计划用水管理办法》（水资源〔2014〕360 号）（以下简称《办法》），强化用水需求和过程管理，控制用水总量。《办法》共 26 条，对用水单位用水计划的建议、核定、下达、调整及其相关管理活动提出了要求。《办法》主要内容包括四个方面。一是规定了计划用水管理对象，对纳入取水许可管理的单位和其他用水大户实行计划用水管理。其他用水大户的类别和规模由省级人民政府水行政主管部门确定。二是规定了计划用水管理体制，水利部负责全国计划用水制度的监督管理工作，全国节约用水办公室负责具体组织实施。流域管理机构负责所管辖范围内计划用水制度的监督管理工作。县级以上地方人民政府水行政主管部门按照分级管理权限，负责本行政区域内计划用水制度的管理和监督工作。三是规定用水单位的用水计划由年计划用水总量、月计划用水量、水源类型和用水用途构成。四是明确了计划用水管理的管理过程，主要包括用水计划建议、核定、下达、调整、考核、报送等流程，并提出了具体要求。

（二）用水定额管理制度

2013 年 6 月，水利部印发《关于严格用水定额管理的通知》（水资源〔2013〕268 号）（以下简称《通知》），规范用水定额编制，加强定额监督管理。《通知》主要内容包括三个方面。一是全面编制各行业用水定额。各省级水行政主管部门要积极会同有关行业主管部门，加快制定农业、工业、建筑业、服务业以及城镇生活等各行业用水定额。对国家已制定的用水定额项目，省级用水定额要严于国家用水定额。二是切实规范用水定额发布和修订。各省级用水定额发布前，须征求所在流域的管理机构意见，经有关流域机构同意后，方可发布。以地方标准或以部门文件形式发布的用水定额，应经省级人民政府授权。各省级水行政主管部门应在用水定额发布后1个月内将用水定额文件或标准报送水利部备案。各流域机构和省级水行政主管部门要全面跟踪用水定额执行情况。用水定额原则上每5年至少修订1次。各流域机构要结合定额修订周期，开展本流域有关省区的用水定额评估工作。三是进一步加强用水定额监督管理。建设项目水资源论证要根据项目生产规模、生产工艺、产品种类等选择先进的用水定额。取水许可申请批复文件核定的取水量不得高于水资源论证报告书提出的取水量。各级水行政主管部门要按照定额实施超定额累进加价，不具备实施超定额累进加价的地区或行业，可按照依据定额核定的用水计划，实施超计划累进加价。各级水行政主管部门要将用水定额作为节水评价考核的重要依据。各地节水型企业（单位）创建必须依照国内先进用水定额进行评选。

2015年6月，水利部办公厅印发《关于做好用水定额评估工作的通知》（办资源函〔2015〕820号）（以下简称《通知》），部署用水定额评估工作。《通知》明确了任务分工、时间安排、现状摸底调查、全面评估相关要求，提出了用水定额评估技术要求，给出了用水定额评估报告编写大纲。

（三）节水评价制度

2019年4月，水利部印发《关于开展规划和建设项目节水评价工作的指导意见》（水节约〔2019〕136号）（以下简称《指导意见》），开展规划和建设项目节水评价。《指导意见》明确，节水评价范围包括与取用水相关的水利规划、与取用水相关的水利工程项目、需开展水资源论证的相关规划、办理取水许可的非水利建设项目，从城市公共管网等取水的高耗水建设项目宜参照开展节水评价。评价环节为水利规划在规划制定阶段开展节水评价，水利工程项目在工程规划、项目立项阶段开展节水评价，需开展水资源论证的相关规划在水资源论证阶段开展节水评价，办理取水许可的非水利建设项目在取水许可阶段开展节水评价。评价内容是分析规划和建设项目及其涉及区域的用水水平、节水潜力，评价其取用水的必要性、可行性，分析节水指标的先进性，评估节水措施的实效性，合理确定其取用水规模，提出评价结论及建议。

2019 年 9 月，水利部办公厅印发《规划和建设项目节水评价技术要求》（办节约〔2019〕206 号）（以下简称《技术要求》），进一步明确节水评价的内容、技术方法与相关标准，规范与取用水有关的规划和建设项目节水评价工作。《技术要求》规定了节水评价章节的编写方法，要求规划或水利工程项目节水评价章节应当包括现状节水水平与节水潜力分析、节水目标与指标评价、规划水平年节水符合性评价、节水措施方案与节水效果评价、节水评价结论与建议等内容，非水利建设项目节水评价章节应当包括现状节水水平评价与节水潜力分析、用水工艺与用水过程分析、取用水规模节水符合性评价、节水措施方案与保障措施、节水评价结论与建议等内容。

（四）非常规水源配置

2017 年 8 月，水利部印发《关于非常规水源纳入水资源统一配置的指导意见》（水资源〔2017〕274 号）（以下简称《指导意见》），部署将非常规水源纳入水资源统一配置工作。《指导意见》要求，到 2020 年，全国非常规水源配置量力争超过 100 亿 m³（不含海水直接利用量，下同），京津冀地区非常规水源配置量超过 20 亿 m³。缺水地区和地下水超采区非常规水源的配置量明显提高。配置领域包括工业用水、生态环境用水、城市杂用水、农业用水。《指导意见》部署了加强规划引导、严格水资源论证与取水许可、强化计划用水管理、推动非常规水源工程建设、实施考核激励等 5 项强化措施，健全技术标准体系、加强计量监控和统计管理、加强安全监管和风险防控等 3 项监督管理要求，健全工作机制、发挥市场作用、强化政策激励、推动公众参与 4 项组织保障措施。

2019 年 11 月，水利部办公厅印发《关于进一步加强和规范非常规水源统计工作的通知》（办节约〔2019〕241 号）（以下简称《通知》），规范非常规水源相关表述，明确非常规水源利用量统计口径。《通知》指出，非常规水源是常规水源的重要补充，对于缓解水资源供需矛盾、提高区域水资源配置效率和利用效益等方面具有重要作用。广义的非常规水源涵盖常规水源以外的一切其他水源。非常规水源，是指经处理后可以利用或在一定条件下可直接利用的再生水、集蓄雨水、淡化海水、微咸水、矿坑水等，主要用于节约用水领域相关监督考核和统计、最严格水资源管理制度考核以及水资源公报编报工作。《通知》明确了非常规水源利用量、再生水利用量、集蓄雨水利用量、淡化海水利用量、微咸水利用量、矿坑水利用量的统计口径，提出要认真做好非常规水源统计工作要求。

四、节水市场机制

（一）合同节水管理

2016 年 7 月，国家发展改革委、水利部、税务总局印发《关于推行合同节水管理促进节水服务产业发展的意见》（发改环资〔2016〕1629号）（以下简称《意见》），促进节水服务产业发展，加快节水型社会建设。《意见》指出，合同节水管理是指节水服务企业与用水户以合同形式，为用水户募集资本、集成先进技术，提供节水改造和管理等服务，以分享节水效益方式收回投资、获取收益的节水服务机制。《意见》要求，到 2020 年，合同节水管理成为公共机构、企业等用水户实施节水改造的重要方式之一，培育一批具有专业技术、融资能力强的节水服务企业，一大批先进适用的节水技术、工艺、装备和产品得到推广应用，形成科学有效的合同节水管理政策制度体系，节水服务市场竞争有序，发展环境进一步优化，用水效率和效益逐步提高，节水服务产业快速健康发展。重点领域包括公共机构、公共建筑、高耗水工业、高耗水服务业、其他领域，典型模式包括节水效益分享型、节水效果保证型、用水费用托管型，在推广合同节水管理典型模式基础上，鼓励节水服务企业与用水户创新发展合同节水管理商业模式。《意见》部署了加快推进制度创新、培育发展节水服务市场、组织实施 3 个方面 10 项工作任务。

（二）水效标识

2017 年 9 月，国家发展改革委、水利部、国家质量监督检验检疫总局印发《水效标识管理办法》（国家发展改革委、水利部、国家质检总局令第 6 号）（以下简称《办法》），对节水潜力大、使用面广的用水产品实行水效标识制度。《办法》由总则、水效标识的实施、监督管理、罚则、附则 5 章 32 条组成。总则给出了《办法》制定的法律依据，对水效标识的概念、组织实施部门、市场监督检查主体、实施授权机构等进行了明确。水效标识的实施明确了水效标识的基本内容、水效标识的实施方式、对检验检测实验室的要求、水效标识的备案要求和备案流程，以及对授权机构的要求等。监督管理明确了水效标识的监督管理主体，并对用水产品的生产者、进口商、销售者、检验检测机构及授权机构等提出了管理要求。罚则重点对用水产品的生产者、进口商、销售者、检验检测机构、标识管理部门、授权机构等的违法违规行为，作出了相应的处罚规定。附则主要对水效标识的免加施范围、《办法》的解释权、实施开始日期等，作出了具体说明。《办法》还给出了水效标识基本样式，将水效等级自上而下分为 3 级，1 级耗水最低，3 级耗水最大。上面除需标明生产者名称及产品规格型号、二维码外，还需注明产品的平均用水量、全冲用水量及半冲用水量，企业需按指定的尺寸、字体印上对应信息。

（三）水价

2016 年 1 月，国务院办公厅印发《关于推进农业水价综合改革的意见》（国办发〔2016〕2 号）（以下简称《意见》），建立健全农业水价形成机制。《意见》要求，用 10 年左右时间，建立健全合理反映供水成本、有利于节水和农田水利体制机制创新、与投融资体制相适应的农业水价形成机制；农业用水价格总体达到运行维护成本水平，农业用水总量控制和定额管理普遍实行，可持续的精准补贴和节水奖励机制基本建立，先进适用的农业节水技术措施普遍应用，农业种植结构实现优化调整，促进农业用水方式由粗放式向集约化转变。农田水利工程设施完善的地区要加快推进改革，通过 3～5 年努力率先实现改革目标。《意见》部署了夯实农业水价改革基础、建立健全农业水价形成机制、建立精准补贴和节水奖励机制、落实保障措施等 4 个方面 14 项工作任务。

2013 年 12 月，国家发展改革委、住房城乡建设部印发《关于加快建立完善城镇居民用水阶梯价格制度的指导意见》（发改价格〔2013〕2676 号）（以下简称《指导意见》），要求在保障居民用水的前提下，实行阶梯水价制度。《指导意见》要求，2015 年年底前，设市城市原则上要全面实行居民阶梯水价制度；具备实施条件的建制镇，也要积极推进居民阶梯水价制度。《指导意见》明确了各阶梯水量确定、各阶梯价格制定、计量缴费周期、全面推行成本公开 4 项主要内容，部署了制定具体实施方案、做好方案论证和听证、加快城市"一户一表"改造、做好低收入家庭保障工作、加强宣传引导、加大督促检查力度 6 项保障措施和工作要求。

2017 年 10 月，国家发展改革委、住房城乡建设部印发《关于加快建立健全城镇非居民用水超定额累进加价制度的指导意见》（发改价格〔2017〕1792 号）（以下简称《指导意见》），要求 2020 年年底前，各地要全面推行非居民用水超定额累进加价制度。《指导意见》明确了实施范围、用水定额选用、分档水量和加价标准、加价项目、计费周期、资金用途 6 项主要内容，部署了落实主体责任、推进成本监审和公开、完善配套措施、加强督导检查、强化宣传引导 5 项保障措施和工作要求。

（四）水权水市场

2016 年 4 月，水利部印发《水权交易管理暂行办法》（水政法〔2016〕156 号）（以下简称《办法》），指导水权交易实践。《办法》由总则、区域水权交易、取水权交易、灌溉用水户水权交易、监督检查、附则 6 章 32 条组成。总则给出了《办法》制定的目的，对水权交易的概念、形式、监督管理主体、交易原则、交易途径等进行了明确。区域水权交易明确了交易的对象、途径、定价、备案、转让水量指标占用等内容。取水权交易明确了交易的对象、申请、审查、途径、取水许可变更、交易期限、取水权回购等内容。灌溉用水户水权交易明确了交易的对象、前提条件、审批、备案、灌区管理单位职责、灌溉用水户或者用水组织水权回购等内容。监督检查明确了计量监测设施、水权交易情况报送等内容，重点对县级以上地方人民政府水行政主管部门、流域管理机构或者其他有关部门及其工作人员、取水审批机关、转让方、受让方、水权交易平台等的违法违规行为，作出处罚规定。

2022 年 8 月，水利部、国家发展改革委、财政部印发《关于推进用水权改革的指导意见》（水资管〔2022〕333 号）（以下简称《指导意见》），进一步推进用水权改革。《指导意见》要求，到 2025 年，用水权初始分配制度基本建立，区域水权、取用水户取水权基本明晰，用水权交易机制进一步完善，用水权市场化交易趋于活跃，交易监管全面加强，全国统一的用水权交易市场初步建立。到 2035 年，归属清晰、权责明确、流转顺畅、监管有效的用水权制度体系全面建立，用水权改革促进水资源优化配置和集约节约安全利用的作用全面发挥。《指导意见》部署了加快用水权初始分配和明晰、推进多种形式的用水权市场化交易、完善水权交易平台、强化监测计量和监管、落实组织保障 5 个方面 17 项工作任务。

（五）水效领跑

2016 年 4 月，国家发展改革委、水利部、工业和信息化部、住房城乡建设部、国家质量监督检验检疫总局、国家能源局印发《水效领跑者引领行动实施方案》（发改环资〔2016〕876 号）（以下简称《方案》），在工业、农业和生活用水领域开展水效领跑者引领行动。《方案》明确了用水产品水效领跑者的实施范围、基本要求、遴选和发布、激励等，用水企业水效领跑者的实施范围、基本要求、遴选和发布、水效对标等，灌区水效领跑者的实施范围、遴选和发布、发挥示范等内容。《方案》还给出了水效领跑者标志，明确了标志使用要求，部署了加强统筹协调、加强监督管理、加强标准引导、加强宣传推广 4 项保障措施。

根据《方案》要求，相关部门分别牵头制定实施细则并组织实施。2016 年 10 月，水利部、国家发展改革委印发《灌区水效领跑者引领行动实施细则》（水农〔2016〕387 号），启动灌区水效领跑者的遴选工作。2017 年 1 月，工业和信息化部、水利部、国家发展改革委、国家质量监督检验检疫总局印发《重点用水企业水效领跑者引领行动实施细则》（工信部联节〔2017〕16 号），启动重点用水企业水效领跑者的遴选工作。2019 年 7 月，国家发展改革委会、水利部、住房城乡建设部、市场监管总局印发《坐便器水效领跑者引领行动实施细则》（发改资环规〔2019〕1169 号），启动坐便器水效领跑者的遴选工作。2020 年 5 月，国管局、国家发展改革委、水利部印发《公共机构水效领跑者引领行动实施方案》（国管节能〔2020〕94 号），启动公共机构水效领跑者的遴选工作。

（六）节水认证

2007 年 7 月，水利部办公厅印发《关于加强农业节水灌溉和农村供水产品认证工作的通知》（办农水〔2007〕144号），要求力争用3～5年的时间使用于农业节水灌溉和农村供水工程建设的材料设备通过认证的比例达到70％以上，逐步将产品认证作为农业节水灌溉和农村供水工程建设采购材料的必备条件。2019年5月，市场监督管理总局发布《绿色产品标识使用管理办法》，明确绿色产品标识适用范围，将目前分头设立的环保、节能、节水、循环、低碳、再生、有机等产品统一整合为绿色产品，建立统一的绿色产品标准、认证、标识等体系。2020年3月，国家认证认可监督管理委员会印发《关于发布绿色产品认证机构资质条件及第一批认证实施规则的公告》（公告〔2020〕6号），绿色产品认证正式全面开展，其中包含节水属性的产品有坐便器、蹲便器、小便器等卫生陶瓷产品。

第三节　节　水　规　划

2006—2017年，国家相继印发了《节水型社会建设"十一五"规划》《节水型社会建设"十二五"规划》《节水型社会建设"十三五"规划》，部署相应时期节水型社会建设工作任务。2021年10月，国家发展改革委、水利部、住房城乡建设部、工业和信息化部、农业农村部印发《"十四五"节水型社会建设规划》（发改环资〔2021〕1516号）（以下简称《"十四五"规划》），明确了"十四五"时期节水型社会建设的主要任务和重点领域。《"十四五"规划》主要包括如下内容。

一、主要目标任务

《"十四五"规划》提出，到2025年，基本补齐节约用水基础设施短板和监管能力弱项，节水型社会建设取得显著成效，用水总量控制在6400亿 m^3 以内，万元国内生产总值用水量比2020年下降16.0％左右，万元工业增加值用水量比2020年下降16.0％，农田灌溉水有效利用系数达到0.58，城市公共供水管网漏损率小于9.0％。

推进节水型社会建设的主要任务如下：

贯彻落实习近平总书记"节水优先"思路，围绕"提意识、严约束、补短板、强科技、健机制"五个方面部署开展节水型社会建设。

一是提升节水意识。加大宣传教育,做好节水主题宣传,普及节水知识,引导广大群众增强节约保护水资源的思想认识和行动自觉。建设节水教育社会实践基地。强化节水培训。开展县域节水型社会达标建设。推进节水载体建设,建设节水型灌区、园区、企业、社区、公共机构。开展公共机构节水改造。在用水产品、用水行业、大中型灌区和公共机构开展水效领跑者引领行动。

二是强化刚性约束。坚持以水定需,建立分区水资源管控体系,加快形成与水资源相适应的产业发展格局,优化农业生产布局。开展水资源论证,坚决遏制不合理用水需求。暂停水资源超载地区新增取水许可。完善用水定额体系,健全用水总量和强度控制指标体系,明确各地区地表水开发利用的控制红线,制定重点区域地下水超采治理与保护方案。强化取水许可管理,从严审批新增取水许可申请,开展取用水管理专项整治行动。依法关闭公共供水管网覆盖范围内的自备井。健全国家、省、市三级重点监控用水单位名录。

三是补齐设施短板。推进农业节水设施建设,开展大型灌区续建配套与现代化改造、中型灌区续建配套与节水改造,实施高效节水灌溉与高标准农田建设,因地制宜建设设施农业。补齐供水管网短板,实施城镇供水管网漏损治理工程。开展分区计量、管网改造、供水管网压力调控工程建设。合理布局建设污水资源化利用设施。沿海地区及岛屿建设海水直接利用工程和海水淡化工程。干旱半干旱地区建设新型窖池高效集雨工程。建设微咸水、矿井水综合利用工程。完善灌区监测计量设施。实施城市用户智能水表替代。推动规模以上工业企业用水计量监测全覆盖。

四是强化科技支撑。将节水基础研究和应用技术创新性研究纳入国家中长期科技发展规划,开展节水关键技术和重大装备研发。推进新一代信息技术与节水技术深度融合。完善节水推广机制,加大先进适用节水技术、工艺和装备推广力度。发布国家鼓励的工业节水工艺、技术和装备目录。

五是健全市场机制。完善水价机制,发挥市场机制和价格杠杆在水资源配置、节约保护方面的作用。深入推进农业水价综合改革,合理制定农业水价。完善居民生活用水阶梯水价制度和非居民用水超定额累进加价制度。放开再生水、海水淡化水政府定价。探索节水、供水、排水和水处理等一体化管理机制。推广合同节水管理。规范水权市场管理，探索推进水权交易机制。

二、重点领域

贯彻落实"以水定城、以水定地、以水定人、以水定产"重要要求，聚焦农业农村、工业、城镇、非常规水源利用等重点领域，全面推进节水型社会建设。

一是农业农村节水。坚持以水定地，统筹水资源条件和粮食安全，科学确定水土开发规模，调整农业种植和农产品结构。在400mm降水线西侧区域等地区压减高耗水作物种植面积，优化农作物种植结构，推行适水种植。合理确定主要农作物灌溉定额。推广节水灌溉，推进骨干灌排设施提档升级，分区域规模化推广高效节水灌溉技术。"十四五"期间新增高效节水灌溉面积0.6亿亩，创建200个节水型灌区，到2025年，全国建成高标准农田10.75亿亩。选育推广抗旱抗逆等节水品种，发展旱作农业。发展节水高效灌溉饲草基地。发展节水渔业，鼓励渔业养殖尾水循环利用。实施农村集中供水管网节水改造。推进农村厕所革命。因地制宜推进农村污水资源化利用，鼓励农村污水就地就近处理回用。

二是工业节水。坚持以水定产，合理规划工业发展布局和规模，严禁水资源超载地区新建扩建高耗水项目。列入淘汰类目录的建设项目，禁止新增取水许可。推动过剩产能有序退出和转移。鼓励高产出低耗水新型产业发展。强化高耗水行业用水定额管理。推进工业节水减污，开展工业企业水平衡测试、用水绩效评价及进行水效对标，实施企业节水改造。推动高耗水行业在工业园区集聚发展，鼓励企业间一水多用和梯级利用，推行废水资源化利用。实施国家高新技术产业开发区废水近零排放试点工程，创建一批工业废水近零排放示范园区。

三是城镇节水。坚持以水定城，合理布局城镇空间，科学控制发展规模，提高水资源对城市发展的承载能力，坚决遏制"造湖大跃进"。创建国家节水型城市，完善和提升评价标准，缺水城市应达到国家节水型城市标准要求。统筹推进水安全保障、海绵城市建设、黑臭水体治理。推广使用节水器具。从严控制高耗水服务业用水，实行超定额累进加价制度。高耗水服务业优先利用非常规水源，全面推广循环用水工艺。

四是非常规水源利用。将非常规水源纳入水资源统一配置，逐年扩大利用规模和比例，到 2025 年全国非常规水源利用量超过 170 亿 m^3。制定污水资源化利用"1＋N"实施方案，推进再生水优先用于工业生产、市政杂用、生态用水，实施区域再生水循环利用工程，到 2025 年全国地级及以上缺水城市再生水利用率超过 25％。将海绵城市建设理念融入城市规划建设管理各环节，提升雨水资源涵养能力和综合利用水平。沿海缺水地区将海水淡化水作为生活补充水源、市政新增供水及重要应急备用水源，规划建设海水淡化工程。

三、保障措施

一是加强组织协调。按照中央部署、省级统筹、市县负责原则，加强组织协调，推进规划实施。

二是健全法规标准。推动完善节约用水法律体系。制修订重要节水标准。扩大水效标识产品覆盖范围。积极推进节水认证。

三是完善投入机制。强化财政投入保障，中央预算内投资对节水示范项目给予适当支持，依法拓宽融资渠道，引导社会资本积极参与建设运营。依法落实税收等优惠政策。

四是推进水资源税改革。适时推开水资源税改革试点。征收水资源税的，停止征收水资源费。根据当地水资源状况、取用水类型和经济发展等情况实行差别税率。

五是强化监督考核。强化水资源管理考核和取用水管理，将节水纳入经济社会发展综合评价体系和政绩考核。加强督促检查，严格责任追究。完善公众参与机制，推动节水多元共治。

【思考题】

1. 涉及黄河流域的法规政策有哪些？

2. 如何加快建立健全节水制度政策？

第三章 用水定额管理

【本章概述】

本章主要内容为用水定额体系的基本概念、演进历程与体系建设，以及用水定额编制的主要环节与方法、执行应用中的主要措施和手段、管理的有关要求。为指导各地用水定额编制，介绍了农业、工业和服务业用水定额编制的典型案例，供参考借鉴。

第一节 基 本 概 述

用水定额是衡量节水的技术标准和重要依据，严格用水定额管理是强化节约用水的重要基础性工作。作为节水工作必备的量化标尺，用水定额广泛应用于水资源论证、取水许可、计划用水、节水评价、节水载体建设和监督考核等各项工作，对提高各行业各领域用水效率、优化水资源配置、促进产业结构调整和节水型社会建设具有重要意义。

一、基本概念

根据《中国资源科学百科全书》的解释，用水定额是指"单位时间内，单位产品、单位面积或人均生活所需要的用水量"。

《节约用水 术语》（GB/T 21534—2021）中对取水定额的定义是"提供单位产品、过程或服务所需要的标准取水量。注：也称用水定额"。

《用水定额编制技术导则》（GB/T 32716—2016）中对用水定额的定义是"一定时期内用水户单位用水量的限定值"。

用水定额是随社会、科技进步和国民经济发展而逐渐变化的。如农业用水定额、工业用水定额、服务业及建设业用水定额因节水技术进步等而逐步降低，生活用水定额随社会的发展、文化水平的提高而逐渐提高。

用水定额一般可分为农业用水定额、工业用水定额、服务业及建筑业用水定额和生活用水定额。

（1）农业用水定额。根据《用水定额编制技术导则》（GB/T 32716—2016），农业用水定额是指一定时期内按相应核算单元确定的各类农业单位用水的限定值，包括农田灌溉用水定额，蔬菜、林果地和牧草地灌溉用水定额，渔业用水定额和牲畜用水定额。《灌溉用水定额编制导则》（GB/T 29404—2012）规定，灌溉用水定额是指在规定位置和规定水文年型下核定的某种作物在一个生育期内单位面积的灌溉用水量；《用水定额编制技术导则》（GB/T 32716—2016）规定，渔业用水定额是指核算单元内单位养殖水面一年内维持适宜水深补水所需水量的限定值；牲畜用水定额是指某类牲畜每日每头（只）平均饮用和清洁卫生用水量的限定值。

（2）工业用水定额。根据《用水定额编制技术导则》（GB/T 32716—2016），工业用水定额是指一定时期内工业企业生产单位产品或创造单位产值的取水量限定值。《工业用水定额编制通则》（GB/T 18820—2023）规定，工业用水定额是指以生产工业产品的单位产量为核算单位的标准取水量，也称工业取水定额。产品指最终产品、中间产品或初级产品；对某些行业或工艺（工序），可用单位原料加工量取水量作为用水定额指标。

（3）服务业用水定额。根据《用水定额编制技术导则》（GB/T 32716—2016），服务业用水定额是指一定时期内服务单位单个用水人员或者单个服务设施、单位服务面积，单个服务对象等单位时间用水量的限定值。

（4）建筑业用水定额。根据《用水定额编制技术导则》（GB/T 32716—2016），建筑业用水定额是指一定时期内建成单位建筑面积的用水量的限定值。

（5）生活用水定额。根据《用水定额编制技术导则》（GB/T 32716—2016），生活用水定额一般包括城镇居民生活用水定额和农村居民生活用水定额。其中：城镇居民生活用水定额是指城镇居民家庭生活每人每日合理用水量的限定值；农村居民生活用水定额是指农村居民家庭生活每人每日合理用水量的限定值。

二、演进历程

水资源短缺已经成为限制地区经济社会发展的瓶颈，对用水量实行定额管理是水资源综合利用的必然发展趋势。20 世纪 70 年代后期，我国北方地区出现水资源紧缺，人们开始关注水资源合理利用和节约用水工作，节水管理的规范化和科学化为有关部门所认识，用水定额管理得到重视。从 20 世纪 70 年代开始，我国逐步实施用水定额管理，首先将研究领域集中在城市工业用水。20 世纪 80 年代初期，我国北方部分城市在节水领域引进用水定额管理理念。1984 年，国家经济贸易委员会和原城乡建设环境保护部共同发布了《工业用水量定额（试行）》，主要用作城市规划和新建、扩建工业项目初步设计的依据。1986—1998 年，工业用水快速增长使工业节水更为紧迫。随着工业生产技术水平的提高和生工艺的改进，高用水行业实际的单位产品取水量已远低于原定额的标准，原定额已起不到促进节水的作用。

1999 年，水利部发布了《关于加强用水定额编制和管理的通知》，第一次全面、系统地在全国范围内部署各行业用水定额编制和管理工作。2002 年颁布实施的《中华人民共和国水法》正式确立了用水定额管理的法律地位，将总量控制和定额管理确定为水资源管理的基本制度。2011 年中央一号文件要求加强用水定额和计划管理。2013 年，水利部印发《关于严格用水定额管理的通知》（水资源〔2013〕268 号），对各行业用水定额编制、规范用水定额发布和修订、加强用水定额监督管理等方面提出了明确管理要求。

2019 年，国家发展改革委、水利部联合印发了《国家节水行动方案》，要求"建立覆盖主要农作物、工业产品和生活服务业的先进用水定额体系""建立健全国家和省级用水定额标准体系"。同年，全国节约用水办公室印发了《关于加快推进节水标准定额制定修订工作的函》（节水政函〔2019〕1 号），提出建立国家节水标准定额体系，制定了三年（2019—2021 年）推进计划。截至 2021 年，水利部已陆续发布 105 项用水定额，基本建立了全面系统的用水定额体系。全国 31 个省（自治区、直辖市）均已全部出台了省级用水定额，部分省份已进行了多次修订。

通过近年的努力，用水定额标准逐步推进，为落实国家节水行动方案、规划和建设项目节水评价等节水相关政策的实施奠定了坚实基础。

国家法律法规、政策文件中对用水定额管理的相关要求详见表3-1。

表3-1　　国家法律法规和政策文件中用水定额管理相关要求一览表

年份	相关法律法规、政策文件	相 关 要 求
1996年	《取水许可监督管理办法》（水利部令第6号）	"地方各级水行政主管部门可根据本地区技术经济条件和水资源状况，参照国家有关技术标准和技术通则要求，会同有关部门制定综合用水定额或产品用水定额"
1999年	《关于加强用水定额编制和管理的通知》（水资源〔1999〕519号）	第一次全面、系统地在全国范围内部署各行业用水定额编制和管理工作
2002年	《中华人民共和国水法》（第一次修订）	"国家对用水实行总量控制和定额管理相结合的制度"
2006年	《取水许可和水资源费征收管理条例》（2017年修订）	"按照行业用水定额核定的用水量是取水量审批的主要依据"
2011年	《中共中央　国务院关于加快水利改革发展的决定》（中发〔2011〕1号）	"抓紧制定节水强制性标准，尽快淘汰不符合节水标准的用水工艺、设备和产品"
2012年	《国务院关于实行最严格水资源管理制度的意见》（国发〔2012〕3号）	"加快制定高耗水工业和服务业用水定额国家标准。制定节水强制性标准，逐步实行用水产品用水效率标识管理，禁止生产和销售不符合节水强制性标准的产品"
2013年	《关于严格用水定额管理的通知》（水资源〔2013〕268号）	对编制各行业用水定额、规范用水定额发布和修订、加强用水定额监督管理等方面提出了明确要求
2015年	《国务院关于印发水污染防治行动计划的通知》（国发〔2015〕17号）	"完善高耗水行业取用水定额标准""严格用水定额管理"
2016年	《国民经济和社会发展第十三个五年规划纲要》	"健全节水标准体系"
2016年	《全民节水行动计划》（发改环资〔2016〕2259号）	"健全节水标准体系，严格用水定额和计划管理"

年份	相关法律法规、政策文件	相　关　要　求
2017 年	《节水型社会建设"十三五"规划》（发改环资〔2017〕128 号）	"完善各省级行政区农业、工业、服务业和城镇生活行业用水定额标准，加快制定修订高耗水工业、服务业取水定额国家标准，推行取水定额强制性标准"
2019 年	《国家节水行动方案》（发改环资规〔2019〕695 号）	"逐步建立节水标准实时跟踪、评估和监督机制"
2019 年	《关于加快推进节水标准定额制定修订工作的函》（节水政函〔2019〕1 号）	"抓紧推进节水标准定额制定修订工作"
2020 年	《全国节水办公室关于加快推进节水标准定额制定修订工作的函》（节水政函〔2020〕2 号）	"用水定额标准是开展节水工作的重中之重、基中之基"
2021 年	《"十四五"节水型社会建设规划》（发改环资〔2021〕1516 号）	"完善用水定额体系"
2021 年	《水利部关于建立健全节水制度政策的指导意见》（水资管〔2021〕390 号）	"推动制定高耗水工业和服务业用水定额强制性国家标准"
2022 年	《中华人民共和国黄河保护法》	第五十二条　国务院水行政、标准化主管部门应当会同国务院发展改革部门组织制定黄河流域高耗水工业和服务业强制性用水定额。黄河流域省级人民政府按照深度节水控水要求，可以制定严于国家用水定额的地方用水定额；国家用水定额未作规定的，可以补充制定地方用水定额。 第一百一十四条　违反本法规定，黄河流域以及黄河流经省、自治区其他黄河供水区相关县级行政区域的用水单位用水超过强制性用水定额，未按照规定期限实施节水技术改造的，由县级以上地方人民政府水行政主管部门或者黄河流域管理机构及其所属管理机构责令限期整改，可以处十万元以下罚款；情节严重的，处十万元以上五十万元以下罚款，吊销取水许可证

三、体系建设

2019年，《国家节水行动方案》印发实施，其中明确提出"建立覆盖主要农作物、工业产品和生活服务业的先进用水定额体系""建立健全国家和省级用水定额标准体系"。2022年，《中华人民共和国黄河保护法》颁布施行，第五十二条明确提出国家在黄河流域实行强制性用水定额、制定黄河流域高耗水工业和服务业强制性用水定额。为进一步贯彻落实《国家节水行动方案》，水利部和各省级水行政主管部门持续推进用水定额体系建设，为落实最严格水资源管理制度、推进节水型社会建设打下了坚实基础。

（一）国家用水定额体系及发布情况

国家用水定额体系从行业分类角度看，主要包括农业灌溉用水定额、工业用水定额、服务业用水定额、建筑业用水定额及居民生活用水定额。2019年，全国节约用水办公室印发《关于加快推进节水标准定额制定修订工作的函》（节水政函〔2019〕1号），提出了105项国家用水定额体系，其中农业14项、工业70项、服务业18项、建筑业3项，目前已全部完成上述国家用水定额制定。

截至2021年年底，现行用水定额共150项（含国家标准和水利部文件重复项），涉及农业用水定额14项，工业用水定额113项，建筑业用水定额3项，服务业用水定额18项，居民生活用水定额2项，详见图3-1。现行用水定额以国家标准发布的有61项，以行业标准发布的有9项，以水利部文件形式发布的有80项，基本建立了国家用水定额体系。目前，农业用水定额已覆盖88%粮食和85%油料作物播种面积，服务业、工业用水定额已分别覆盖行业用水总量90%和80%以上。

1. 农业灌溉用水定额

已发布的14项农业用水定额全部以水利部文件印发，详见表3-2，包括4项粮食作物（水稻、小麦、玉米、马铃薯）、1项棉花、2项油料作物（油菜、花生）、1项糖料作物（甘蔗）、3项蔬菜（大白菜、黄瓜、番茄）、2项果树（苹果、柑橘）和1项牧草（苜蓿），以上定额全部为作物灌溉定额，覆盖我国粮、棉、油、糖、蔬菜、牧草等主要农作物的灌溉

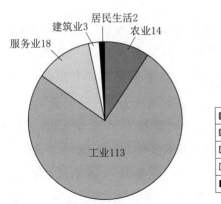

	国家标准	行业标准	规范性文件
农业	0	0	14
工业	60	8	45
服务业	0	0	18
建筑业	0	0	3
居民生活	1	1	0

图 3-1 国家用水定额行业分布情况（单位：项）

用水定额标准体系已基本构建。

表 3-2 农业灌溉用水定额一览表

序号	文 件 名	定 额 名 称
1	《水利部关于印发小麦等十项用水定额的通知》（水节约〔2020〕9号）	农业灌溉用水定额：小麦
2	《水利部关于印发水稻等七项农业灌溉用水定额的通知》（水节约〔2020〕214号）	农业灌溉用水定额：水稻
3		农业灌溉用水定额：玉米
4		农业灌溉用水定额：棉花
5		农业灌溉用水定额：大白菜（露地）
6		农业灌溉用水定额：黄瓜（露地、设施）
7		农业灌溉用水定额：番茄（露地、设施）
8		农业灌溉用水定额：苜蓿
9	《水利部关于印发马铃薯等五项用水定额的通知》（水节约〔2021〕259号）	农业灌溉用水定额：马铃薯
10		农业灌溉用水定额：花生
11		农业灌溉用水定额：油菜
12		农业灌溉用水定额：甘蔗
13	《水利部关于印发苹果等两项农业灌溉用水定额的通知》（水节约〔2021〕363号）	农业灌溉用水定额：苹果
14		农业灌溉用水定额：柑橘

2. 工业用水定额

已发布的 113 项工业用水定额（因以国家标准和水利部文件发布的部分定额重复，工业用水定额实为 70 项）覆盖火力发电、钢铁、造纸、石化和化工 4 大高耗水行业主要产品，以及纺织、食品和发酵 2 大高耗水行业部分产品。主要包括以下三部分：

一是以国家标准印发的工业用水定额 60 项。2012 年至今国家市场监督管理总局和国家标准化管理委员会以《取水定额》（GB/T 18916）陆续发布的 60 项工业取水定额国家标准详见表 3-3，主要涉及高耗水行业年取水量 1000 万 t 以上的工业产品。在《节约用水 术语》（GB/T 21534—2021）中，取水定额也称用水定额。

表 3-3 工业取水定额国家标准一览表

序号	标准号	定 额 名 称
1	GB/T 18916.1—2021	取水定额 第 1 部分：火力发电
2	GB/T 18916.2—2022	取水定额 第 2 部分：钢铁联合企业
3	GB/T 18916.3—2012	取水定额 第 3 部分：石油炼制
4	GB/T 18916.4—2022	取水定额 第 4 部分：纺织染整产品
5	GB/T 18916.5—2012	取水定额 第 5 部分：造纸产品
6	GB/T 18916.6—2012	取水定额 第 6 部分：啤酒制造
7	GB/T 18916.7—2014	取水定额 第 7 部分：酒精制造
8	GB/T 18916.8—2017	取水定额 第 8 部分：合成氨
9	GB/T 18916.9—2014	取水定额 第 9 部分：味精制造
10	GB/T 18916.10—2021	取水定额 第 10 部分：化学制药产品
11	GB/T 18916.11—2021	取水定额 第 11 部分：选煤
12	GB/T 18916.12—2012	取水定额 第 12 部分：氧化铝生产
13	GB/T 18916.13—2012	取水定额 第 13 部分：乙烯生产
14	GB/T 18916.14—2014	取水定额 第 14 部分：毛纺织产品
15	GB/T 18916.15—2014	取水定额 第 15 部分：白酒制造
16	GB/T 18916.16—2014	取水定额 第 16 部分：电解铝生产
17	GB/T 18916.17—2016	取水定额 第 17 部分：堆积型铝土矿生产

序号	标准号	定额名称
18	GB/T 18916.18—2015	取水定额　第18部分：铜冶炼生产
19	GB/T 18916.19—2015	取水定额　第19部分：铅冶炼生产
20	GB/T 18916.20—2016	取水定额　第20部分：化纤长丝织造产品
21	GB/T 18916.21—2016	取水定额　第21部分：真丝绸产品
22	GB/T 18916.22—2016	取水定额　第22部分：淀粉糖制造
23	GB/T 18916.23—2015	取水定额　第23部分：柠檬酸制造
24	GB/T 18916.24—2016	取水定额　第24部分：麻纺织产品
25	GB/T 18916.25—2016	取水定额　第25部分：粘胶纤维产品
26	GB/T 18916.26—2017	取水定额　第26部分：纯碱
27	GB/T 18916.27—2017	取水定额　第27部分：尿素
28	GB/T 18916.28—2017	取水定额　第28部分：工业硫酸
29	GB/T 18916.29—2017	取水定额　第29部分：烧碱
30	GB/T 18916.30—2017	取水定额　第30部分：炼焦
31	GB/T 18916.31—2017	取水定额　第31部分：钢铁行业烧结/球团
32	GB/T 18916.32—2017	取水定额　第32部分：铁矿选矿
33	GB/T 18916.33—2018	取水定额　第33部分：煤间接液化
34	GB/T 18916.34—2018	取水定额　第34部分：煤炭直接液化
35	GB/T 18916.35—2018	取水定额　第35部分：煤制甲醇
36	GB/T 18916.36—2018	取水定额　第36部分：煤制乙二醇
37	GB/T 18916.37—2018	取水定额　第37部分：湿法磷酸
38	GB/T 18916.38—2018	取水定额　第38部分：聚氯乙烯
39	GB/T 18916.39—2019	取水定额　第39部分：煤制合成天然气
40	GB/T 18916.40—2018	取水定额　第40部分：船舶制造
41	GB/T 18916.41—2019	取水定额　第41部分：酵母制造
42	GB/T 18916.42—2019	取水定额　第42部分：黄酒制造
43	GB/T 18916.43—2019	取水定额　第43部分：离子型稀土矿冶炼分离生产
44	GB/T 18916.44—2019	取水定额　第44部分：氨纶产品
45	GB/T 18916.45—2019	取水定额　第45部分：再生涤纶产品

序号	标准号	定额名称
46	GB/T 18916.46—2019	取水定额　第46部分：核电
47	GB/T 18916.47—2020	取水定额　第47部分：多晶硅生产
48	GB/T 18916.48—2020	取水定额　第48部分：维纶产品
49	GB/T 18916.49—2020	取水定额　第49部分：锦纶产品
50	GB/T 18916.50—2020	取水定额　第50部分：聚酯涤纶产品
51	GB/T 18916.51—2020	取水定额　第51部分：对二甲苯
52	GB/T 18916.52—2020	取水定额　第52部分：精对苯二甲酸
53	GB/T 18916.53—2021	取水定额　第53部分：食糖
54	GB/T 18916.54—2021	取水定额　第54部分：罐头食品
55	GB/T 18916.55—2021	取水定额　第55部分：皮革
56	GB/T 18916.56—2021	取水定额　第56部分：毛皮
57	GB/T 18916.57—2021	取水定额　第57部分：乳制品
58	GB/T 18916.58—2021	取水定额　第58部分：钛白粉
59	GB/T 18916.59—2021	取水定额　第59部分：醋酸乙烯
60	GB/T 18916.60—2021	取水定额　第60部分：有机硅

　　二是以行业标准印发的工业用水定额8项。主要包括2008年国家发展改委发布的饮料制造1项轻工行业用水定额和纯碱、合成氨、烧碱3项化工行业用水定额，以及2011年工业和信息化部陆续发布的硫酸、尿素、湿法磷酸、聚氯乙烯4项化工行业取水定额。其中，化工行业7项定额均在后期又发布了国家标准。工业取水定额行业标准见表3-4。

表3-4　　　　　　　　工业取水定额行业标准

序号	标准号	定额名称
1	HG/T 4187—2011	尿素取水定额
2	HG/T 4188—2011	湿法磷酸取水定额
3	HG/T 4189—2011	聚氯乙烯取水定额
4	HG/T 4186—2011	硫酸取水定额
5	HG/T 3999—2008	合成氨取水定额

序号	标 准 号	定 额 名 称
6	HG/T 3998—2008	纯碱取水定额
7	QB/T 2931—2008	饮料制造取水定额
8	HG/T 4000—2008	烧碱取水定额

三是以水利部文件印发的工业用水定额45项。2019年至今，水利部根据节水标准定额体系建设计划安排，分别以5批文件陆续发布了火力发电等45项工业用水定额，详见表3-5。目前，水利部文件发布的工业用水定额中，除铁合金冶炼、预拌混凝土及水泥制品2项用水定额尚无国家标准计划外，其他43项用水定额名称均与已发布或国标计划用水定额名称相同。

表 3 - 5 水利部发布 45 项用水定额

序号	文 件 名	定 额 名 称	
1		工业用水定额：钢铁	钢铁联合企业
2			钢铁企业烧结/球团
3			钢铁企业焦化
4			钢铁企业炼铁
5			钢铁企业炼钢
6			钢铁企业热轧
7			钢铁企业冷轧
8	《水利部关于印发钢铁等十八项工业用水定额的通知》（水节约〔2019〕373号）	工业用水定额：火力发电	
9		工业用水定额：石油炼制	
10		工业用水定额：选煤	
11		工业用水定额：罐头食品	
12		工业用水定额：食糖	
13		工业用水定额：毛皮	
14		工业用水定额：皮革	
15		工业用水定额：核电	
16		工业用水定额：氨纶	

续表

序号	文 件 名	定 额 名 称
17	《水利部关于印发钢铁等十八项工业用水定额的通知》（水节约〔2019〕373号）	工业用水定额：锦纶
18		工业用水定额：聚酯涤纶
19		工业用水定额：维纶
20		工业用水定额：再生涤纶
21		工业用水定额：多晶硅
22		工业用水定额：离子型稀土矿冶炼分离
23		工业用水定额：对二甲苯
24		工业用水定额：精对苯二甲酸
25	《水利部关于印发小麦等十项用水定额的通知》（水节约〔2020〕9号）	工业用水定额：味精
26		工业用水定额：氧化铝
27		工业用水定额：电解铝
28		工业用水定额：醋酸乙烯
29		工业用水定额：钛白粉
30	《水利部 工业和信息化部关于印发水泥等八项工业用水定额的通知》（水节约〔2020〕290号）	工业用水定额：水泥
31		工业用水定额：建筑卫生陶瓷
32		工业用水定额：平板玻璃
33		工业用水定额：预拌混凝土及水泥制品
34		工业用水定额：有机硅
35		工业用水定额：赖氨酸盐
36		工业用水定额：乳制品
37		工业用水定额：化学制药产品
38	《水利部 工业和信息化部关于印发造纸等七项工业用水定额的通知》（水节约〔2020〕311号）	工业用水定额：造纸
39		工业用水定额：棉印染
40		工业用水定额：毛纺织
41		工业用水定额：乙烯
42		工业用水定额：白酒
43		工业用水定额：啤酒
44		工业用水定额：酒精

序号	文　件　名	定　额　名　称
45	《水利部　工业和信息化部关于印发铁合金工业用水定额的通知》（水节约〔2021〕264号）	工业用水定额：铁合金

3. 服务业用水定额

已发布的18项服务业用水定额全部以水利部文件印发，包括洗浴场所、洗车场所、高尔夫球场、室外人工滑雪场、洗染、宾馆6项高耗水服务业定额，以及机关、学校、餐饮等12项用水量大且相对集中的服务业定额，详见表3-6。

表3-6　　　　　　　　服务业用水定额体系一览表

序号	文　件　名	定　额　名　称
1	《水利部关于印发宾馆等三项服务业用水定额的通知》（水节约〔2019〕284号）	服务业用水定额：宾馆
2		服务业用水定额：学校
3		服务业用水定额：机关
4	《水利部关于印发小麦等十项用水定额的通知》（水节约〔2020〕9号）	服务业用水定额：科技文化场馆
5		服务业用水定额：环境卫生管理
6		服务业用水定额：理发及美容
7		服务业用水定额：写字楼
8	《水利部关于印发综合医院等十一项服务业用水定额的通知》（水节约〔2021〕107号）	服务业用水定额：综合医院
9		服务业用水定额：洗浴场所
10		服务业用水定额：洗车场所
11		服务业用水定额：高尔夫球场
12		服务业用水定额：室外人工滑雪场
13		服务业用水定额：综合性体育场馆
14		服务业用水定额：零售
15		服务业用水定额：洗染
16		服务业用水定额：游泳场馆
17		服务业用水定额：餐饮
18		服务业用水定额：绿化管理

4. 建筑业

已发布的 3 项建筑业用水定额全部以水利部文件印发，包括住宅房屋建筑定额，建筑装饰、装修定额，以及体育场馆建筑定额，详见表 3 - 7。

表 3 - 7　　　　　　　　建筑业用水定额体系一览表

序号	文 件 名	定 额 名 称
1	《水利部关于印发住宅房屋建筑等两项建筑业用水定额的通知》（水节约〔2020〕213 号）	建筑业用水定额：住宅房屋建筑
2		建筑业用水定额：建筑装饰、装修
3	《水利部关于印发马铃薯等五项用水定额的通知》（水节约〔2021〕259 号）	建筑业用水定额：体育场馆建筑

5. 居民生活

已发布的 2 项居民用水定额分别为《城镇居民生活用水量标准》（GB/T 50331—2002）国家标准和《城市综合用水量标准》（SL 367—2006）水利行业标准，详见表 3 - 8。

表 3 - 8　　　　　　　　居民生活用水定额体系一览表

序号	标 准 号	定 额 名 称
1	GB/T 50331—2002	城镇居民生活用水量标准
2	SL 367—2006	城市综合用水量标准

（二）省级用水定额体系建设情况

近年来，各省（自治区、直辖市）综合考虑省级行政区内经济结构、水资源条件、用水总量和效率指标、经济社会发展水平和技术条件，基本按照分行业、成体系、科学化的原则和定期修订的要求，加快推进省级用水定额体系建设。截至 2021 年，全国 31 个省（自治区、直辖市）均发布了省级用水定额，详见表 3 - 9。

表 3-9　　　　　　　省级用水定额制定情况一览表

序号	省（自治区、直辖市）	标准/文件名称	标准/文件号	发布形式
1	北京	农业灌溉用水定额	DB11/T 1528—2018	标准
		用水定额　第2部分：蔬菜和中药材	DB11/T 1764.2—2021	标准
		工业取水定额　饮料	DB11/T 1696—2019	标准
		工业取水定额　啤酒	DB11/T 1695—2019	标准
		公共生活取水定额（所有部分）	DB11/T 554	标准
		用水定额（所有部分）	DB11/T 1764	标准
2	天津	市水务局关于印发《工业产品取水定额》《城市生活取水定额》《农业用水定额》的通知	津水资〔2019〕26号	文件
3	河北	农业用水定额　第1部分：种植业	DB13/T 5449.1—2021	标准
		农业用水定额　第2部分：养殖业	DB13/T 5449.2—2021	标准
		工业取水定额（所有部分）	DB13/T 5448	标准
		生活与服务业用水定额　第2部分：服务业	DB13/T 5450.2—2021	标准
4	山西	山西省用水定额　第1部分：农业用水定额	DB14/T 1049.1—2020	标准
		山西省用水定额　第2部分：工业用水定额	DB14/T 1049.2—2021	标准
		山西省用水定额　第3部分：服务业用水定额	DB14/T 1049.3—2021	标准
		山西省用水定额　第4部分：居民生活用水定额	DB14/T 1049.4—2021	标准
5	内蒙古	行业用水定额	DB15/T 385—2020	标准
6	辽宁	行业用水定额	DB21/T 1237—2020	标准
7	吉林	用水定额	DB22/T 389—2019	标准
8	黑龙江	用水定额	DB23/T 727—2021	标准

序号	省（自治区、直辖市）	标准/文件名称	标准/文件号	发布形式
9	上海	上海市水务局关于印发《上海市用水定额（试行）》的通知	沪水务〔2019〕1408号	文件
		上海市水务局关于补充修订《上海市用水定额（试行）》（第一批）的通知	沪水务〔2021〕129号	文件
10	江苏	省水利厅　省市场监督管理局关于发布实施《江苏省林牧渔业、工业、服务业和生活用水定额（2019年修订）》的通知	苏水节〔2020〕5号	文件
		灌溉用水定额	DB32/T 3817—2020	标准
11	浙江	浙江省水利厅　浙江省经济和信息化厅　浙江省住房和城乡建设厅　浙江省市场监督管理局关于发布实施《浙江省用（取）水定额（2019年）》的通知	浙水资〔2020〕8号	文件
12	安徽	安徽省行业用水定额	DB34/T 679—2019	标准
13	福建	行业用水定额	DB35/T 772—2018	标准
14	江西	江西省农业用水定额	DB36/T 619—2017	标准
		江西省工业企业主要产品用水定额	DB36/T 420—2019	标准
		江西省生活用水定额	DB36/T 419—2017	标准
15	山东	山东省农业用水定额	DB37/T 3372—2019	标准
		山东省重点工业产品取水定额（所有部分）	DB37/T 1639	标准
		批发零售、交通运输及餐饮等部分服务业用水定额	DB37/T 4254—2020	标准
		山东省教育、卫生等服务业用水定额	DB37/T 4452—2021	标准
		山东省住宿、写字楼、娱乐等服务业用水定额	DB37/T 4453—2021	标准

序号	省（自治区、直辖市）	标准/文件名称	标准/文件号	发布形式
16	河南	农业与农村生活用水定额	DB41/T 958—2020	标准
		工业与城镇生活用水定额	DB41/T 385—2020	标准
17	湖北	湖北省农业用水定额 第1部分：农田灌溉用水定额	DB42/T 1528.1—2019	标准
		省人民政府办公厅关于印发湖北省工业与生活用水定额（修订）的通知	鄂政办发〔2017〕3号	文件
18	湖南	用水定额	DB43/T 388—2020	标准
19	广东	用水定额 第1部分：农业	DB44/T 1461.1—2021	标准
		用水定额 第2部分：工业	DB44/T 1461.2—2021	标准
		用水定额 第3部分：生活	DB44/T 1461.3—2021	标准
20	广西	自治区水利厅关于印发广西用水定额标准体系的通知	桂水资源〔2020〕38号	文件
		农林牧渔业及农村居民生活用水定额	DB45/T 804—2019	标准
		工业行业主要产品用水定额	DB45/T 678—2017	标准
		城镇生活用水定额	DB45/T 679—2017	标准
21	海南	海南省用水定额	DB46/T 449—2021	标准
22	重庆	重庆市水利局 重庆市农业委员会关于印发重庆市灌溉用水定额（2017年修订版）的通知	渝水〔2018〕68号	文件
		重庆市农业农村委员会关于发布重庆市畜牧业养殖用水定额（推荐值）、重庆市池塘水产养殖用水量定额（推荐值）的通知	渝农发〔2019〕170号	文件
		重庆市水利局 重庆市经济和信息化委员会 重庆市城市管理局 重庆市市场监督管理局关于印发《重庆市第二三产业用水定额（2020年版）》的通知	渝水〔2021〕56号	文件

序号	省（自治区、直辖市）	标准/文件名称	标准/文件号	发布形式
23	四川	四川省人民政府关于印发《四川省用水定额》的通知	川府函〔2021〕8号	文件
24	贵州	用水定额	DB52/T 725—2019	标准
25	云南	云南省用水定额（2019年版）	经云水发〔2019〕122号	文件
26	西藏	西藏自治区水利厅关于印发《西藏自治区用水定额（2019年修订版）》的通知	藏水字〔2019〕112号	文件
27	陕西	行业用水定额	DB61/T 943—2020	标准
28	甘肃	行业用水定额　第1部分　农业用水定额	DB62/T 2987.1—2019	标准
		行业用水定额　第2部分　工业用水定额	DB62/T 2987.2—2019	标准
		行业用水定额　第3部分　生活用水定额	DB62/T 2987.3—2019	标准
29	青海	用水定额	DB63/T 1429—2021	标准
30	宁夏	自治区人民政府办公厅关于印发宁夏回族自治区有关行业用水定额（修订）的通知	宁政办规发〔2020〕20号	文件
31	新疆	农业灌溉用水定额	DB 65/3611—2014	标准
		关于印发新疆维吾尔自治区工业和生活用水定额的通知	新政办发〔2007〕105号	文件

第二节　定　额　编　制

一、编制要求

（一）编制原则

用水定额编制应符合下列原则：

（1）科学合理。用水定额编制应采取科学的方法和程序，在保证生产生活基本用水需求的同时，综合考虑经济成本和用水户承受能力。

（2）节约用水。用水定额编制应符合节约用水发展趋势，有利于促进节约用水。

（3）因地制宜。用水定额编制要充分考虑本地水资源条件、用水总量指标、经济社会发展水平和工程技术条件。

（4）可操作性。用水定额是计划用水、取水许可和水资源论证的主要依据。用水定额应和《取水许可技术考核与管理通则》（GB/T 17367）等相关标准相协调，具有可操作性，便于计划用水、取水许可、水资源论证和节水管理。

（二）基准年和保证率

基准年：以用水定额报批的前一年为基准年。

保证率：主要农作物灌溉用水保证率华北和西北地区可采用50％，其他地区可采用75％，灌溉条件好的地区也可采用90％或95％。蔬菜灌溉用水保证率可采用90％或95％。

（三）资料要求

制定用水定额所依据的资料应以基准年前3年（含基准年）实际用水为基础，并广泛收集历史资料和省外同类可比地区相关资料，特别是水平衡及相关试验资料。对收集的资料进行整理时，要检查资料的完整性、准确性、代表性，并进行一致性检验。对于国家用水定额应注意收集全国范围内农作物和工业产品主要产区、服务行业聚集或有代表性区域的相关资料，切实提高数据代表性。

（四）编制程序

根据《用水定额编制技术导则》（GB/T 32716），用水定额制定主要包括立项、起草、征求意见、上报与审批、发布与备案、修订等环节，详见图3-2。

（1）立项。按程序申请用水定额立项。

（2）起草。一是确定主管部门和成立编制组。按照《中华人民共和国水法》要求："省、自治区、直辖市人民政府有关行业主管部门应当制

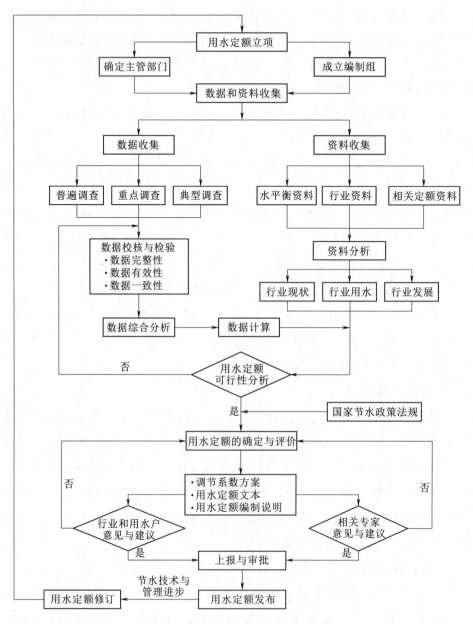

图 3-2　用水定额编制程序框图

订本行政区域内行业用水定额。"二是数据和资料收集。通过普遍调查、
重点调查、典型调查，收集用水定额制定的相关数据，并对收集到的数
据进行校核与检验，保证数据的完整性、有效性、一致性；收集水平衡

测试、行业资料、相关定额资料等，并对收集的资料进行分析，掌握行业现状、行业用水、行业发展等情况。三是数据处理。按照用水定额的相关计算方法，得到用水定额的通用值与先进值。四是用水定额可行性分析。结合计算结果与行业现状、行业用水、行业发展等情况，综合分析用水定额的可行性。若不可行，重新校核与检验数据。五是用水定额的确定与评价。用水定额的制定应符合国家节水法律、法规、规章的规定和要求，应与国家标准、行业标准、地方标准相协调。

（3）征求意见。编制用水定额文本及编制说明，并广泛征求相关专家、行业和用水户的意见与建议。充分采纳合理的意见与建议，修改完善用水定额。

（4）上报与审批。用水定额文件或标准要报同级水行政主管部门和质量监督检验行政主管部门审核。

（5）发布与备案。各省级用水定额发布前，须征求所在流域的管理机构意见，经有关流域机构同意后，方可发布。以地方标准或以部门文件形式发布的用水定额，应经省级人民政府授权。各省级水行政主管部门应在用水定额发布后1个月内将用水定额文件或标准报送水利部备案。

（6）修订。用水定额原则上每5年至少修订1次。各省级水行政主管部门要根据区域经济社会发展、产业结构变化、产品技术进步等情况，及时组织修订有关产品或服务的用水定额。

二、编制方法及案例

（一）编制方法

1. 农业灌溉用水定额编制方法

（1）水文年。根据作物生育期内历年降水量资料，采用频率分析方法对作物生育期内降水量进行统计分析，以确定不同干旱程度的水文年。为便于对各种作物灌溉用水定额进行纵横向对比分析，在全国农作物灌溉用水定额计算中应涵盖50%、75%水文年；南方地区各省（自治区、直辖市）的作物灌溉用水定额计算中除涵盖50%、75%水文年外，还需考虑90%水文年。

（2）净灌溉用水定额。依据收集获得的灌溉试验资料拟定净灌溉定额时，应采用接近规定水文年型的数据，缺少资料时可通过计算拟定。

作物灌溉定额确定，优先考虑直接测量法。在每次灌水前后按《灌溉试验规范》（SL 13—2015）有关规定，观测典型田块内不同作物年内相应生育期内计划湿润层的土壤质量含水率或体积含水率（或田间水层变化），计算该次亩均净灌溉用水量，得出该典型田块不同作物种类年亩均净灌溉用水量。在理论计算方法中，采用作物系数法计算作物需水量，而作物生育期有效降水量多采用时段平均法，具体方法见《灌溉用水定额编制导则》（GB/T 29404—2012）中附录 A、附录 B。大田作物的净灌溉用水定额，依据生育期需水量、有效降水量及地下水补给量等情况综合确定。备耕期的附加灌溉用水定额，如播前灌、洗盐定额、水稻泡田用水等，通过计算、实测资料或依据经验合理拟定。

（3）通用值与先进值。灌溉用水定额通用值由净灌溉定额和现状大中型灌区斗口、小型灌区渠首、井口的灌溉水利用系数计算确定；灌溉用水定额先进值由净灌溉定额与该作物对应先进节水灌溉方式下灌溉水利用系数计算确定。

2. 工业用水定额编制方法

应按《国民经济行业分类》（GB/T 4754）编制各工业行业的用水定额。根据《用水定额编制技术导则》（GB/T 32716）和《工业企业产品取水定额编制通则》（GB/T 18820），工业用水定额编制方法如下：

（1）用水定额计量单位和分类的确定。工业用水定额应充分考虑各工业行业和产品的特性，根据行业用水特点确定计量单位，可按工业产品的生产工艺及原料、企业规模进行分类。

（2）用水情况调查。每种产品的用水情况调查样本数必须满足相应的数量要求，样本不足时采用水资源条件相似地区的样本，且应包含当前最先进的节水水平的样本。

（3）用水定额的分析计算方法。定额的分析计算可采用冒泡法、水平衡测试法、结构分析法、倒二次平均法等。

（4）用水定额指标的确定。按倒二次平均法等方法分析计算得到用水定额值后，综合考虑地区的水资源条件、经济社会发展水平、用水户定额通过率，及定额的可操作性等因素，确定用水定额通用值。用水定额先进值的确定应在掌握适用于本地的先进节水技术和节水工艺基础上，根据采用节水技术和工艺进行生产需要的单位产品取水量综合确定。

3. 服务业及建筑业用水定额编制方法

服务业用水定额分为机关、宾馆、学校、医院、餐饮、商业、文体、洗浴、绿化、洗车、交通、洗涤等编制。建筑业用水定额主要指民用建筑用水定额。

根据《用水定额编制技术导则》（GB/T 32716），服务业及建筑业用水定额编制方法如下：

（1）用水定额计量单位和分类的确定。服务业及建筑业用水定额计量单位按照《用水定额编制技术导则》（GB/T 32716）的类别及行业用水特点等，确定定额的计量单位和分类。

（2）用水情况调查。用水情况调查按照《用水定额编制技术导则》（GB/T 32716）的类别分级进行，分级后的各类调查样本必须满足相应的数量要求。各类服务业用水调查表参见《用水定额编制技术导则》（GB/T 32716）。

（3）用水定额的分析计算方法。一是数据处理。按照确定的计量单位计算单位用水量后，进行数据合理性分析，结合实地调查的结果，选择合理的样本，剔除统计数据中不合理的极值。二是计算方法。采用冒泡法、倒二次平均法等方法。

（4）用水定额指标的确定。服务行业应分别编制用水定额通用值和先进值。按冒泡法、倒二次平均法等分析计算得到用水定额值后，综合考虑地区的水资源条件、经济社会发展水平、用水户定额通过率及定额的可操作性等因素确定用水定额通用值和先进值。

建筑业用水定额仅制定先进值，制定方法可参照服务业用水定额制定方法。

4. 生活用水定额编制方法

生活用水定额编制内容包括城镇居民生活用水定额和农村居民生活用水定额。根据《用水定额编制技术导则》（GB/T 32716），生活用水定额编制方法如下：

（1）城镇居民生活用水定额。城镇居民生活用水定额应按水资源条件进行分类，并综合考虑当地居民的生活条件、气候、生活习惯等因素，在进行典型调查分析的基础上，结合用水户定额用水量通过率确定，并与《城市居民生活用水量标准》(GB/T 50331)相衔接。居民生活用水定额计量单位为 L/(人·d)。调查样本应包括各种类型住宅的生活用水情况，每种类型住宅的样本必须满足相应的数量要求。其中，住宅按别墅、成套住宅、无独立卫生间和洗浴设施的旧式住宅分类。

(2)农村居民生活用水定额。农村生活用水定额按当地农村居民用水需求和水资源条件，在进行典型调查分析的基础上，结合用水户定额用水量通过率确定。居民生活用水定额计量单位为 L/(人·d)。调查样本必须满足相应的数量要求。

(二)典型案例

1. 农业用水定额编制的典型案例

国家灌溉用水定额编制技术路线如图 3-3 所示。以《农业灌溉用水定额：玉米》为例，简要说明农业灌溉用水定额的编制过程。

(1)分区确定。参考全国灌溉相关规划中的灌溉分区，结合各省发布农业用水定额的省级二级分区，确定全国用水定额分区。玉米用水定额分区表的确定，在全国用水定额分区表的基础上，除去玉米播种面积较小的上海、福建、海南、西藏、青海等 5 个省(自治区、直辖市)，最终确立玉米用水定额一级分区 9 个，二级分区 168 个。

(2)水文年。选择 50%、75%水文年下灌溉用水定额。

(3)净灌溉定额确定。以彭曼公式计算的理论灌溉水量为上限，对样点灌区 50%和 75%水文年的净灌溉水量进行分析，与各省份发布的定额进行比较，按照节水优先的原则，最终确定各灌溉二级分区玉米的用水定额。对于样点灌区基础资料不能一一对应的二级区，通过文献资料查阅，进行补充。

(4)灌溉用水定额指标的确定。农业灌溉用水定额采用通用值和先进值两级指标。

1)灌溉用水定额通用值：由净灌溉定额和现状大中型灌区斗口、小型灌区渠首、井口的灌溉水利用系数综合确定。以黑龙江松嫩低平原区为例，在 50%、75%水文年下通用值分别为 133m³/亩、196m³/亩。通用值计算公式如下：

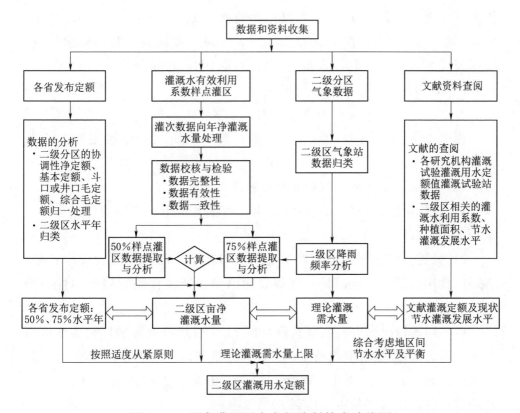

图 3-3　国家灌溉用水定额编制技术路线图

$$m_{通用} = m_{净} / \eta$$

式中　$m_{通用}$——用水定额通用值，m³/亩；

　　　$m_{净}$——净用水定额，m³/亩；

　　　η——按大中型灌区现状斗口以下灌溉水有效利用系数、地表
　　　　　水小型灌区或井灌区现状灌溉水利用系数综合确定；如
　　　　　没有大中型灌区斗口以下灌溉水利用系数，可参照地表
　　　　　水小型灌区现状灌溉水利用系数综合确定。

　　2) 灌溉用水定额先进值：由净用水定额和《节水灌溉工程技术标准》规定的相应节水灌溉技术的灌溉水利用系数最低值计算确定，其中渠道防渗输水灌溉、管道输水灌溉、喷灌、微灌等各节水灌溉方式下灌溉水利用系数最低值分别为 0.70、0.80、0.80 及 0.85。以黑龙江松嫩低平原区为例，在 50% 水文年下，渠道防渗灌溉、管道输水灌溉、喷灌及

微灌等先进节水灌溉方式下灌溉用水定额分别为 104m³/亩、91m³/亩、91m³/亩、86m³/亩；在 75％水文年下，渠道防渗灌溉、管道输水灌溉、喷灌及微灌等先进节水灌溉方式下灌溉用水定额分别为 153m³/亩、134m³/亩、134m³/亩、126m³/亩。

2. 工业用水定额编制的典型案例

以《工业用水定额：酒精》为例，简要说明工业用水定额的编制过程。

(1) 用水定额计量单位和分类的确定。

1) 计量单位：根据行业用水特点，确定酒精用水定额的计量单位为 m³/kL。

2) 分类：在充分考虑酒精行业特性基础上，将酒精分为无水乙醇、普通级食用酒精及工业酒精、优级食用酒精、特级食用酒精及中性酒精四类。

(2) 用水情况调查。收集整理全国 31 个省级行政区的酒精用水定额情况，调研了 47 家典型酒精生产企业，涉及湖北、内蒙古、江苏、新疆、广西、广东、江苏、湖北、河南、安徽、山东、吉林、黑龙江、河北、江西等省份，地区产量占比达到 70％以上。

(3) 用水定额指标的确定：

1) 无水乙醇：调研了 21 家无水乙醇生产企业的用水数据，综合考虑地区的水资源条件、社会经济发展水平及定额的可操作性等因素，按照冒泡排序法（升序）确定用水定额值。按照通过率为 80％计算通用值，确定通用值为 16m³/kL，因受样本数量的影响，调研生产企业中满足通用值的生产企业有 16 家，实际通过率为 76％；取调研企业数据中第 8 家企业的定额数值，确定先进值为 13m³/kL。

2) 普通级食用酒精及工业酒精：调研了 21 家普通级食用酒精及工业酒精生产企业的用水数据，综合考虑地区的水资源条件、社会经济发展水平及定额的可操作性等因素，按照冒泡排序法（升序）确定用水定额值。按照通过率为 80％计算通用值，确定通用值为 16m³/kL，因受样本数量的影响，调研生产企业中满足通用值的生产企业有 16 家，实际通过率为 76％；取调研企业数据中第 8 家企业的定额数值，确定先进值为

$13m^3/kL$。

3）优级食用酒精：调研了 16 家优级食用酒精生产企业的用水数据，综合考虑地区的水资源条件、经济社会发展水平及定额的可操作性等因素，按照冒泡排序法（升序）确定用水定额值。按照通过率为 80% 计算通用值，确定通用值为 $18m^3/kL$，因受样本数量的影响，调研生产企业中满足通用值的生产企业有 12 家，实际通过率为 75%；按照通过率为 30% 计算先进值，确定先进值为 $13m^3/kL$，因受样本数量的影响，调研生产企业中满足先进值的生产企业有 5 家，实际通过率为 31%。

4）特级食用酒精及中性酒精：调研了 14 家特级食用酒精及中性酒精生产企业的用水数据，综合考虑地区的水资源条件、经济社会发展水平及定额的可操作性等因素，按照冒泡排序法（升序）确定用水定额值。按照通过率为 80% 计算通用值，确定通用值为 $20m^3/kL$，因受样本数量的影响，调研生产企业中满足通用值的生产企业有 11 家，实际通过率为 79%；按照通过率为 30% 计算先进值，确定先进值为 $13m^3/kL$，因受样本数量的影响，调研生产企业中满足先进值的生产企业有 4 家，实际通过率为 29%。

3. 服务业用水定额编制的典型案例

以《服务业用水定额：洗车场所》为例，简要说明服务业用水定额的编制过程。

（1）用水定额计量单位和分类的确定。

1）计量单位：《洗车场所节水技术规范》（GB/T 30681—2014）、《民用建筑节水设计标准》（GB 50555—2010）、《建筑给水排水设计标准》（GB 50015—2019）三项国家标准均以 L/（辆·次）作为洗车用水量的单位，为与国家标准保持一致，本定额的用水单位为 L/（辆·次）。

2）分类：参照《洗车场所节水技术规范》（GB/T 30681—2014）、《民用建筑节水设计标准》（GB 50555—2010）结合典型调查和现场调研，按照自动洗车和手工洗车分类制定定额。其中，自动洗车是指通过电脑设置相关程序来实现自动清洗、打蜡、风干车的外部以及清洗轮毂和底盘等工作的洗车方式，主要包括无接触洗车机、往复式洗车机、隧道式洗车机等。主要应用在加油站、汽车美容店、汽修厂、4S 店、大型洗车中心等场所。手工洗车是指采用人工手工操作清洗车辆外部的方式，主要包括高压泵、喷枪、泡沫机以及空气压缩机。目前手工洗车设备主要是高压清洗机，主要应用在洗车店、汽车美容店、汽修厂、4S店、上门洗车等场所。

（2）用水情况调查。

1）数据采集：在搜集整理各省现行洗车场所用水定额的基础上，水利部节约用水促进中心会同中国设备管理协会汽车清洗设备技术服务中心编制《洗车行业用水情况调查表》进行数据采集。面向全国收集了180家洗车店近三年实际用水数据。北方地区共收集95家洗车场所用水数据，省（自治区、直辖市）覆盖率为88.2%，其中自动洗车21家、手工洗车74家。南方地区共收集85家洗车场所用水数据，省（自治区、直辖市）覆盖率为92.9%，其中自动洗车20家、手工洗车65家。基础数据来源广泛、扎实，数据代表性较好。

2）现场调研：在中国设备管理协会汽车清洗设备技术服务中心的协助下，现场调研19家洗车场所，远程电话调研了13家洗车场所，重点了解洗车主要用水环节、工艺设备和节水技术等。调查显示，77%的洗车店采用手工洗车方式，23%的洗车店采用自动洗车方式。洗车频次和单车用水量南方和北方的区域差异不明显，洗车用水量受洗车方式影响较大。目前，洗车场所主要清洗的车辆为M1类车辆，一般为7座及以下的轿车或SUV车型。

（3）用水定额指标的确定。基于现场调查和远程调研，对典型调查用水数据进行分析测算，并与省级行政区现行用水定额进行校验，最终结合专家意见研究确定。本着从严制定的原则，用水定额指标采用分级制定以更好地体现节水要求，其中先进值代表先进水平。

首先，根据《用水定额编制技术导则》（GB/T 32716）和《机动车辆及挂车分类》（GB/T 15089）结合现场调研情况，将该用水定额的车辆类型规定为M1类车辆，小型车为5座（含）以下轿车和SUV等车型。中型车为5座以上中大型SUV及7座（含）以下车型。典型调查数据归类为手工洗车和自动洗车两大类，每一类再细分为中型车和小型车。

其次，收集各省级行政区洗车用水定额按先进值、通用值划分为两个集合，每个集合数据再按照中型车和小型车划分为 2 类，每类从小到大排序，分别以各省（自治区、直辖市）定额的先进值和通用值作为参考。

再次，数据处理方面。在舍去原始数据的缺失值后，通过缩尾处理进一步排除异常值，从而获取分布相对平稳的有效样本数据，其中手工洗车有效样本 106 个，自动洗车有效样本 37 个，有效数据共 143 份。在分析方法上，首先采用众数法，通过绘制直方图寻找多数样本分布的取值范围作为参考。然后利用冒泡排序法，对样本数据分布按从小到大排序进行频次统计分析，从而寻找 20 百分位和 70 百分位的数值。本着对高耗水服务业从严制定的原则和结合调查了解的情况，每类样本数据分别以 20％用水户达到的用水水平作为先进值的初步值，70％用水户达到的用水水平作为通用值的初步值。

最后，结合专家意见，综合考虑并调整先进值、通用值的初步值，确定洗车用水定额先进值和通用值。

第三节 定 额 执 行

一、执行要求

（一）水资源论证环节

《水利部关于严格用水定额管理的通知》（水资源〔2013〕268 号）规定，建设项目水资源论证要根据项目生产规模、生产工艺、产品种类等选择先进的用水定额。

《规划水资源论证技术要求（试行）》要求"开展规划水资源论证按照总量控制、定额管理……的原则，……控制用水总量要求"，各省（自治区、直辖市）在规划水资源论证报告编制及审查中应用到行业用水定额，用水定额是核定规划项目合理用水量的主要参数。

《建设项目水资源论证导则》（GB/T 35580—2017）规定，水资源开发利用分析需要根据国内外先进用水水平、地区和行业用水定额和节水减排要求，评价用水水平。农业用水指标需要根据灌溉定额确定，工业建设项目用水的合理性分级论证深度要求中，需要依据用水效率指标及节水管理要求，利用较先进定额和案例中的重复利用、用水漏损、排水等方面的用水指标，对照分析项目节水潜力。

在规划和建设项目水资源论证过程中，用水定额通过核定行业和用水户用水量得到有效执行，用水定额通过规划水资源论证落实以水定城、以水定产，确定用水定额是把水资源作为最大的刚性约束的有效手段之一；用水定额通过建设项目水资源论证核定用水户合理的用水量，维护用水户合理用水权益，去除用水户不合理的用水要求，是严格水资源管理的主要抓手，有力促进了节约用水工作。

（二）取水许可环节

《取水许可和水资源费征收管理条例》规定，实施取水许可应当坚持地表水与地下水统筹考虑，开源与节流相结合、节流优先的原则，实行总量控制与定额管理相结合。在取水许可的审查和决定中，按照行业用水定额核定的用水量是取水量审批的主要依据。在水资源费的征收和使用管理中，取水单位或者个人应当按照经批准的年度取水计划取水，对超计划或者超定额部分将进行累进加价。在监督管理中，年度水量分配方案和年度取水计划是年度取水总量控制的依据，应当根据批准的水量分配方案或者签订的协议，结合实际用水状况、行业用水定额、下一年度预测来水量等制定。

《取水许可管理办法》规定，在取水许可的审查和决定中，取水审批机关应当根据本流域或者本行政区域的取水许可总量控制指标，按照统筹协调、综合平衡、留有余地的原则核定申请人的取水量。所核定的取水量不得超过按照行业用水定额核定的取水量。取水审批机关决定批准取水申请的，应当签发取水申请批准文件。取水申请批准文件应当包括用水定额及有关节水要求。

《水利部关于严格用水定额管理的通知》（水资源〔2013〕268号）规定，工业和服务业通用用水定额主要用于已建企业的取水许可审批或计划用水指标下达，先进用水定额主要用于新建、改建、扩建企业的水资源论证、取水许可审批以及已建企业的节水水平评价。换发取水许可证时，应按照最新实施的用水定额重新核定许可取水量。

目前，建设项目水资源论证与取水许可申请表合并审批。对于新建、改建、扩建建设项目取水许可审查和决定，按照行业用水定额核定的用水量作为取水量审批的主要依据；对于已建建设项目，取水许可补发手续与新建、改建、扩建建设项目相同；对于延续取水许可，需要结合水平衡测试工作，按照最新实施的用水定额，编制延续取水许可报告书，经审查后，换发取水许可证。

（三）计划用水环节

《中华人民共和国水法》第四十七条规定："县级以上地方人民政府发展计划主管部门会同同级水行政主管部门，根据用水定额、经济技术条件以及水量分配方案确定的可供本行政区域使用的水量，制定年度用水计划，对本行政区域内的年度用水实行总量控制。"

《水利部关于严格用水定额管理的通知》（水资源〔2013〕268号）规定："对申请取水许可的用水户下达年度用水计划时，要根据最新实施的用水定额，及时核定用水计划指标。对公共供水系统内的用水户下达年度用水计划时，要参照申请取水许可核定取水量的方式，核定该用水户年度用水计划指标，并根据用水定额的变更，按年度及时调整用水计划。"

《计划用水管理办法》（水资源〔2014〕360号）规定："管理机关根据本行政区域年度用水总量控制指标、用水定额和用水单位的用水记录，按照统筹协调、综合平衡、留有余地的原则，核定用水单位的用水计划。"水行政管理部门下达用水计划时应该将用水定额指标作为下达用水计划的主要指标，并严格落实用水定额管理。水行政主管部门在日常管理工作中应做到：①对超用水定额用水户按照规定核减其次年用水计划；②加强监督管理，推动和引导各省区管理部门和用水户在计划用水管理中使用用水定额。

在计划用水管理工作中，一般主要依据各地计划用水管理办法和取用水户年度取用水申请，参照相关用水定额，在每年底下达下一年的年度取水计划。用水计划管理中，用水定额发挥了在强度控制上的约束和引导作用。

（四）节水评价环节

《关于开展规划和建设项目节水评价工作的指导意见》要求："推动

提高用水效率，对标国际国内同类地区先进用水水平，建立科学合理的节水评价标准，促使规划和建设项目高效用水"；"分析节水指标的先进性，评估节水措施的实效性，合理确定其取用水规模，提出评价结论及建议。"

《规划和建设项目节水评价技术要求》（办节约〔2019〕206 号）规定："现状用水效率（定额）评价时，分析现状实际用水效率（定额）指标与国家相关标准，各省市发布的用水效率管理指标的符合性，对用水效率（定额），用水结构等指标选取同类地区进行比较分析，评价其现状节水水平。"

《区域节水评价方法（试行）》（T/CHES 46—2020）规定了区域用水节水水平的评价指标和评价方法，对农业、工业、服务业等行业量化用水定额指标，强化了用水定额指标的使用。用水指标根据用水定额进行评价，优先对标国家用水定额，未制定国家用水定额的，对标省级用水定额。经对山东省、孪井滩灌区、宁东能源开发基地和敦煌市等地的典型试算，该方法具有较强的可操作性。

用水定额在节水评价中具有重要的作用，是衡量企业、区域、流域节水水平的重要技术标准。在对规划和建设项目所在区域及项目进行节水评价时，用水定额用于分析区域节水水平，提出区域节水的措施建议；节水评价通过对项目用水工艺及用水过程进行分析，依据用水定额和节水有关标准对项目节水水平、取用水规模及节水潜力等进行评价，在采取节水制度、节水管理和节水措施的情况下对项目取用水量进一步核减，得出强化节水情况下的项目合理取用水量，有效抑制项目不合理用水需求。

（五）节水载体创建环节

《节水企业评价导则》中节水型企业管理指标及要求中规定"内部试行定额管理"，并占 4 分，占总分值的 6.67%（总分 60 分）。

《节水型高校评价标准》中规定"标准人数人均用水量应为普通高校年用水总量与高校标准人数的比值，且应小于等于所在省（自治区、直辖市）普通高校用水定额。……对于用水定额为区间值的省（自治区、直辖市）用于判定的用水定额应从严选择"，节水技术指标中与用水定额相关的分值占 10 分，占总分值的 20％（总分 50 分）。

《节水型居民小区评价标准》由各地以地方标准形式出台，以天津《节水型居民小区评价标准》为例，其中规定"有节水规划、计划和节水用水管理制度，实行定额用水管理"。

《水利行业节水机关评价标准》中用水效率指标采用人均用水量指标和地方用水定额标准比较进行判定。其分值为 10 分，占总分值的 9.52％（总分 105 分）。

在上述各类节水载体创建标准中，用水定额是建设各类节水型载体的重要评价依据，均将区域或用水单位用水效率相较用水定额的达标情况作为节水载体创建时节水技术指标中的重要内容，不断强化定额使用。

二、执行情况

近年来，水利部持续加强用水定额监督检查。2018—2021 年累计检查各级水行政主管部门 300 余次，工业企业和服务业用水单位 2000 余家，指导地方发布实施省级用水定额 8800 余项。2021 年以重点监控用水单位为重点，围绕用水定额管理及执行情况，检查了 118 个县级水行政主管部门和 605 个工业企业、宾馆、学校、洗浴等用水单位。

省级用水定额体系不断完善，对于倒逼集约节约用水、提高各行业各领域用水效率、优化水资源配置、促进产业结构调整和节水型社会建设具有重要作用。目前，用水定额执行日益规范，已应用在节水评价、水资源论证、取水许可审批、计划用水等项目和用水户。

第四节　管　理　要　求

一、发布管理

根据《中华人民共和国水法》第四十七条"国家对用水实行总量控制和定额管理相结合的制度"的规定，省、自治区、直辖市人民政府有关行业主管部门应当制订本行政区域内行业用水定额，报同级水行政主管部门和质量监督检验行政主管部门审核同意后，由省、自治区、直辖市人民政府公布,并报国务院水行政主管部门和国务院质量监督检验行政主管部门备案。

《水利部关于严格用水定额管理的通知》(水资源〔2013〕268号)规定:"各省级水行政主管部门要按照《水法》规定,从严规范用水定额发布管理。各省级用水定额发布前,须征求所在流域的管理机构意见,经有关流域机构同意后,方可发布。以地方标准或以部门文件形式发布的用水定额,应经省级人民政府授权。各省级水行政主管部门应在用水定额发布后1个月内将用水定额文件或标准报送我部备案。"

截至2021年,全国31个省级行政区均发布了用水定额,发布形式主要有以下3种:以地方标准发布的共19个省级行政区,如北京、河北等;以行政文件发布的共7个省级行政区,如上海、浙江等;以地方标准及行政文件发布的共5个省级行政区,如天津、江苏等,见表3-10和图3-4。

表3-10　　　　　　　省级行政区发布形式一览表

序号	发布类型	省　级　行　政　区
1	地方标准	北京、河北、山西、内蒙古、辽宁、吉林、黑龙江、安徽、福建、江西、山东、河南、湖南、广东、海南、贵州、陕西、甘肃、青海
2	行政文件	上海、浙江、重庆、四川、云南、西藏、宁夏
3	地方标准、行政文件	天津、江苏、湖北、广西、新疆

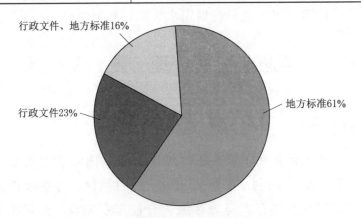

图3-4　省级用水定额发布形式分布情况

二、跟踪评估

用水定额评估是围绕用水定额制修订、执行应用情况等方面开展评估工作，并提出结论和建议的过程，是规范用水定额编制、强化用水定额执行的重要手段。通过开展用水定额评估，可以发现用水定额制定与执行中存在的问题，及时提出完善用水定额管理的对策建议，提高用水定额制修订质量和时效，为用水定额制修订、执行等工作提供依据。

（1）工作要求。《水利部关于严格用水定额管理的通知》（水资源〔2013〕268号）要求，"各流域机构要结合定额修订周期，开展本流域有关省区的用水定额评估工作，编制评估报告，提出有关省区用水定额修订和完善的意见。"2015年4月，国务院发布《水污染防治行动计划》，明确提出"抓好节水。开展节水诊断、水平衡测试、用水效率评估，严格用水定额管理"。

（2）技术要求。2015年6月在《水利部办公厅关于做好用水定额评估工作的通知》（办资源函〔2015〕820号）中，明确提出了对省级用水定额的覆盖性、合理性、实用性和先进性进行评估的技术要求。

（3）评估过程。自2015年起，以流域机构为评估主体，分阶段开展评估工作。2015年流域管理机构基本完成对各省级行政区用水定额现状摸底调查；2016年初次完成对31个省级行政区用水定额的全面评估；从2017年起，结合省级用水定额修订周期，定期滚动开展用水定额评估工作，2020年，省级用水定额已完成第一个三年滚动评估工作，较全面地掌握了全国省级用水定额制修订、发布、执行等方面取得的成绩及存在的问题。

（4）评估应用。根据2017—2019年的滚动评估结果，水利部办公厅印发《关于做好省级用水定额整改工作的通知》（办节约函〔2019〕910号），要求各省（自治区、直辖市）于2019年年底前重新发布新修订后的用水定额。2021年1月，水利部办公厅印发《关于做好用水定额监督检查发现问题整改工作的通知》（办节约函〔2021〕80号），督促各省（自治区、直辖市）对尚未整改的问题，研究制定整改方案。

三、修订要求

随着经济社会的不断发展，科学技术进步、生产工艺精进、节水意识提高，各行各业的用水情况逐步发生变化，区域或用水单位用水水平不断提升，用水定额标准逐渐出现不再适应用水实际需求和节水管理形势要求的情况，这就需要在科学评估用水定额基础上，及时开展用水定额的修订工作。

（一）修订周期

《中华人民共和国标准化法》第二十九条规定："国务院标准化行政主管部门和国务院有关行政主管部门、设区的市级以上地方人民政府标准化行政主管部门应当建立标准实施信息反馈和评估机制，根据反馈和评估情况对其制定的标准进行复审。标准的复审周期一般不超过五年。经过复审，对不适应经济社会发展需要和技术进步的应当及时修订或者废止。"

《水利部关于严格用水定额管理的通知》（水资源〔2013〕268号）要求："各流域机构和省级水行政主管部门要全面跟踪用水定额执行情况。用水定额原则上每5年至少修订1次。各省级水行政主管部门要根据区域经济社会发展、产业结构变化、产品技术进步等情况，及时组织修订有关产品或服务的用水定额。"

（二）修订流程

用水定额的修订主要针对当前用水定额出现的问题，修订工作主要围绕不同行业用水定额进行，同时补充完善新产品的用水定额，一般通过咨询调研、座谈交流、普遍调研、资料收集、典型调研等方式，对前一版用水定额进行修订，并完成用水定额标准的立项、起草、征求意见、审批、备案、发布等程序。

（三）修订内容

用水定额的修订主要包括定额修订、定额新增、定额删除3部分内容。

一是通过用水定额校核，查找原标准用水定额存在的偏差和缺项。

对于国家用水定额修订，一般应与清洁生产标准、节水型企业标准、行业标准以及企业实际用水数据进行对比分析；对于省级用水定额修订，一般应与国家标准、清洁生产标准、节水型企业标准、行业标准、邻近省区定额标准以及企业实际用水数据进行对比分析。

二是在国家或省级用水定额评估结论基础上，结合用水定额实际应用管理情况，开展行业典型调研，重新核定或新增行业用水定额。

三是根据行业业态发展变化，科学评估行业用水定额留存必要性，对确不符合区域实际且无相关产业发展需求的用水定额，可从用水定额体系中删除，避免定额冗余。

【思考题】

1. 在地方用水定额体系建设时，如何做到科学合理、因地制宜，实现用水定额、政策制度与当地经济社会、自然环境的空间协调发展。

2. 如何看待各省（自治区、直辖市）用水定额在分级分类、指标单位等方面的差异，是否需要以及如何统一各省（自治区、直辖市）用水定额编制。

3. 在应用执行用水定额中，如何在政府监管的基础上借助社会力量，共同促进用水定额管理有效落地。

第四章 计划用水管理

【本章概述】

本章主要介绍了计划用水管理制度基本概述、主要内容、管理要求及典型案例等，为持续促进各地计划用水管理工作提供支撑。

第一节 基 本 概 述

计划用水是我国水资源管理中的一项基础工作，是控制用水总量增长、提高社会用水效率、约束各行业用水行为的重要手段。按照《节约用水 术语》（GB/T 21534—2021）的定义，计划用水是指依据节水管理制度、用水定额标准与可供水量，对计划用水单位在一定时间内的用水计划指标进行核定、编制调整、下达检查、监督考核、评估的管理活动。加强计划用水管理，是贯彻落实"节水优先、空间均衡、系统治理、两手发力"治水思路的重要举措，是深入落实最严格水资源管理制度的关键措施，也是全面推进节水型社会的有效途径。

1988 年《中华人民共和国水法》第七条首次提出了"国家实行计划用水，厉行节约用水"。同年 12 月，《城市节约用水管理规定》对城市计划用水提出了要求，随着《中华人民共和国水法》的不断修订，计划用水管理的要求也在不断提高。2006 年，国务院发布《取水许可和水资源费征收管理条例》，明确提出了超计划或超定额取水需累进收取水资源费。2012 年，国务院印发《关于实行最严格水资源管理制度的意见》，规定了计划用水管理的范围。2014 年，水利部印发《计划用水管理办法》，规范计划用水管理工作。

开展计划用水管理工作，对我国实现用水总量控制目标发挥了重要作用，提升了水行政主管部门用水管理和服务水平，促进了水源结构的调整，加强了部分省、市对地下水的管控，有效地保护了地下水资源。

第二节　主　要　内　容

《计划用水管理办法》依据《中华人民共和国水法》和《取水许可和水资源费征收管理条例》等法律法规，明确了管理对象、管理体制、用水计划、管理过程等相关管理活动。

一、管理对象

对纳入取水许可管理的单位和其他用水大户实行计划用水管理。其他用水大户的类别和规模由省级人民政府水行政主管部门确定。

二、管理体制

水利部负责全国计划用水制度的监督管理工作，全国节约用水办公室负责具体组织实施。

流域管理机构依照法律法规授权和水利部授予的管理权限，负责所管辖范围内计划用水制度的监督管理工作，其直接发放取水许可证的用水单位，计划用水相关管理工作，委托用水单位所在地省级人民政府水行政主管部门承担。

县级以上地方人民政府水行政主管部门按照分级管理权限，负责本行政区域内计划用水制度的管理和监督工作。

三、用水计划

用水单位的用水计划由年计划用水总量、月计划用水量、水源类型和用水用途构成。

年计划用水总量、水源类型和用水用途由具有管理权限的水行政主管部门（以下简称"管理机关"）核定下达，不得擅自变更。月计划用水量由用水单位根据核定下达的年计划用水总量自行确定，并报管理机关备案。纳入取水许可管理的用水单位，其用水计划中水源类型、取水用途应当与取水许可证明确的水源类型、取水用途保持一致；月计划用水量不得超过取水许可登记表明确的月度分配水量。

四、管理过程

（1）建议。用水单位提出用水计划建议时，应当提供用水计划建议表和用水情况说明材料。用水计划建议表由省级人民政府水行政主管部门自行确定。用水情况说明应当包括用水单位基本情况、用水需求、用水水平及所采取的相关节水措施和管理制度。管理机关应当将用水计划建议表示范文本和所需提交材料的目录在办公场所和政府网站公示，并逐步实行网上办理。

（2）核定。管理机关根据本行政区域年度用水总量控制指标、用水定额和用水单位的用水记录，按照统筹协调、综合平衡、留有余地的原则，核定用水单位的用水计划。

（3）下达。管理机关应当于每年 1 月 31 日前书面下达所管辖范围内用水单位的本年度用水计划；新增用水单位的用水计划，应当自收到建议之日起 20 日内下达。逾期不能下达用水计划的，经管理机关负责人批准，可以延长 10 日，并应当将延长期限的理由告知用水单位。

（4）调整。用水单位调整年计划用水总量的，应当向管理机关提出用水计划调整建议，并提交计划用水总量增减原因的说明和相关证明材料。用水单位不调整年计划用水总量，仅调整月计划用水量的，应当重新报管理机关备案。

（5）考核。用水单位超计划用水的，对超用部分按季度实行加价收费；有条件的地区，可以按月或者双月实行加价收费。

（6）报送。省级人民政府水行政主管部门应当于每年 3 月底前将本行政区域上一年度用水计划管理情况和本年度用水计划核定备案情况报送水利部，其中流域管理机构委托管理的应当同时报送相应流域管理机构。

第三节　管　理　要　求

一、国家层面对计划用水管理的要求

《中华人民共和国水法》《取水许可与水资源费收管理条例》及相关

法规政策文件均对计划用水管理提出了要求。《水利部职能配置、内设机构和人员编制规定》明确了计划用水管理的负责部门。国家层面计划用水有关政策要求见表 4-1。

表 4-1 国家层面计划用水有关政策要求

年份	发布单位	文件名称	规 定 内 容
1988 年	全国人大常委会	中华人民共和国水法	国家实行计划用水，厉行节约用水
2002 年 2009 年 2016 年	全国人大常委会	中华人民共和国水法（修订）	用水应当计量，并按照批准的用水计划用水。用水实行计量收费和超定额累进加价制度
2006 年	国务院令	取水许可和水资源费征收管理条例	取水单位或者个人应当按照经批准的年度取水计划取水。超计划或者超定额取水的，对超计划或者超定额部分累进收取水资源费
1994 年 2018 年修订	国务院令	城市供水条例	规定了城市供水工作实行开发水源和计划用水、节约用水相结合的原则
2011 年	中央 1 号文件	中共中央 国务院关于加快水利改革发展的决定	提出了加快制定区域、行业和用水产品的用水效率指标体系，加强用水定额和计划管理
2012 年	国务院 3 号文件	国务院关于实行最严格水资源管理制度的意见	提出了对纳入取水许可管理的单位和其他用水大户实行计划用水管理
2013 年	国家发展改革委	关于水资源费征收标准有关问题的通知	明确了对超计划或者超定额取水制定惩罚性征收标准
2014 年	水利部	计划用水管理办法	涉及计划用水的建议、核定、下达、调整及其相关管理活动全过程
2015 年	国家发展改革委 住房城乡建设部	关于加快建立健全城镇非居民用水超定额累进加价制度的指导意见	建立健全城镇公共供水管网供水的非居民用水户超定额累进加价制度
2017 年	财政部 税务总局 水利部	扩大水资源税改革试点实施办法	明确了水资源税改革试点省份超计划（定额）取用水税额标准

年份	发布单位	文件名称	规定内容
2018 年	国务院办公厅	水利部职能配置、内设机构和人员编制规定	全国节约用水办公室组织指导计划用水、节约用水工作。组织实施用水总量控制、用水效率控制、计划用水和定额管理制度
2019 年	国家发展改革委 水利部	国家节水行动方案	严格实行计划用水监督管理。到2020年，水资源超载地区年用水量1万立方米及以上的工业企业用水计划管理实现全覆盖
2020 年	水利部	水利部关于公布国家级重点监控用水单位名录的通知	地方各级水行政主管部门要对重点监控用水单位严格实行计划用水管理，使用用水定额核定用水计划，发挥用水定额的刚性约束和引导作用
2021 年	水利部	水利部关于实施黄河流域深度节水控水行动的意见	到2025年，黄河流域建成行业用水定额体系，全面实行规模以上用水单位计划用水管理
2021 年	国家发展改革委 水利部 住房城乡建设部 工业和信息化部 农业农村部	"十四五"节水型社会建设规划	严格计划用水管理，县级以上人民政府制定年度用水计划，规模以上用水户实行计划用水
2021 年	水利部	关于建立健全节水制度政策的指导意见	强化计划用水管理，实现重点区域年用水量1万立方米及以上的工业和服务业用水单位计划用水管理全覆盖
2021 年	水利部	关于高起点推进雄安新区节约用水工作的指导意见	全面落实计划用水管理。对年用水量1万立方米以上的用水单位，以及洗浴、洗车、洗涤、宾馆等高耗水服务业实施计划用水管理全覆盖。水行政主管部门根据节水目标和用水定额等因素，严格核定用水计划，督促指导超计划用水单位加强用水管理，实施节水改造

续表

年份	发布单位	文件名称	规 定 内 容
2022 年	水利部 教育部 国管局	关于印发黄河流域高校节水专项行动方案的通知	到 2023 年年底，黄河流域高校实现计划用水管理全覆盖，超定额、超计划用水问题基本得到整治，50% 高校建成节水型高校
2023 年	水利部 国家发展改革委	关于加强南水北调东中线工程受水区全面节水的指导意见	对年用水量 1 万立方米及以上的工业和服务业单位全面实行计划用水管理。加强计划用水监督检查，探索对年用水量 10 万立方米以上且年超计划用水量 10% 以上的用水单位开展用水审计

二、省级层面对计划用水管理的要求

在省级层面，北京、天津、河北等 30 个省（自治区、直辖市）出台了相关法规制度文件，对计划用水管理作出了规定，见表 4-2。

表 4-2　　　省级行政区出台的计划用水相关政策要求

序号	省份	发布单位	类型	政策文件
1	北京	北京市人民政府	政府规章	《北京市节水条例》
		北京市地方税务局、北京市水务局	规范性文件	《北京市水资源税征收管理办法》（试行）
2	天津	天津市人大（含常委会）	地方性法规	《天津市节约用水条例》
		天津市人民政府	规范性文件	《天津市计划用水管理办法》
		天津市人民政府	规范性文件	《天津市超计划用水累进加价收费征收管理规定》
		天津市人民政府	规范性文件	《天津市人民政府关于印发天津市水资源税改革试点实施办法的通知》
		天津市水务局、税务局、财政局	规范性文件	《天津市水资源税征收水量核定工作办法》

序号	省份	发布单位	类型	政策文件
3	河北	河北省人民政府	规范性文件	河北省水资源税改革试点工作指导意见
		河北省水利厅、河北省地方税务局、河北省质量技术监督局	规范性文件	《河北省工业生活取用水量核定工作办法》
		河北省水利厅、河北省节约用水办公室	规范性文件	《河北省计划用水管理办法》
		河北省水利厅、财政厅、地方税务局、农业厅、质量技术监督管理局	规范性文件	《河北省农业用水限额及水量核定工作办法》
4	山西	山西省人大（含常委会）	地方性法规	《山西省节约用水条例》
		山西省水利厅	规范性文件	《山西省计划用水管理办法》
5	内蒙古	内蒙古自治区人大（含常委会）	地方性法规	《内蒙古自治区节约用水条例》
		内蒙古自治区水利厅	规范性文件	《内蒙古自治区计划用水管理办法》
		内蒙古自治区水利厅	规范性文件	《内蒙古自治区农牧业生产取用水限额标准及水量核定办法》
		内蒙古自治区人民政府	规范性文件	《内蒙古自治区水资源税改革试点实施办法》
6	辽宁	辽宁省人大（含常委会）	地方性法规	《辽宁省节约用水条例》
		辽宁省人民政府	政府规章	《辽宁省城市供水用水管理办法》
7	吉林	吉林省人大（含常委会）	地方性法规	《吉林省节约用水条例》
8	黑龙江	黑龙江省人大（含常委会）	地方性法规	《黑龙江省节约用水条例》
9	上海	上海市人民政府	政府规章	《上海市节约用水管理办法》
		上海市水务局	规范性文件	《上海市用水计划指标核定管理规定》

序号	省份	发布单位	类型	政策文件
10	江苏	江苏省人大（含常委会）	地方性法规	《江苏省节约用水条例》
		江苏省水利厅	规范性文件	《江苏省计划用水管理办法》
11	浙江	浙江省人民政府	政府规章	《浙江省节约用水办法》
		浙江省水利厅	规范性文件	《浙江省取水户年度取水计划管理规定》
12	安徽	安徽省人大（含常委会）	地方性法规	《安徽省节约用水条例》
13	福建	福建省人民政府	政府规章	《福建省节约用水管理办法》
14	江西	江西省人民政府	政府规章	《江西省节约用水办法》
15	山东	山东省人大（含常委会）	地方性法规	《山东省节约用水条例》
		山东省人大（含常委会）	地方性法规	《山东省水资源条例》
		山东省人民政府	规范性文件	《山东省水资源税改革试点实施办法》
16	河南	河南省人大（含常委会）	地方性法规	《河南省节约用水管理条例》
		河南省水利厅	规范性文件	《河南省计划用水管理办法》
17	湖北	湖北省人大（含常委会）	地方性法规	《湖北省节约用水条例》
18	湖南	湖南省人民政府	政府规章	《湖南省节约用水管理办法》
19	广东	广东省人民政府	政府规章	《广东省节约用水办法》
20	广西	广西壮族自治区水利厅	规范性文件	《广西壮族自治区计划用水管理办法》
21	海南	海南省水务厅	规范性文件	《海南省计划用水管理办法》
22	重庆	重庆市人民政府	规范性文件	《重庆市节约用水管理办法》
23	四川	四川省人民政府	政府规章	《四川省节约用水办法》
24	贵州	贵州省人大（含常委会）	地方性法规	《贵州省节约用水条例》
25	云南	云南省人大（含常委会）	地方性法规	《云南省节约用水条例》
26	西藏	西藏自治区水利厅	规范性文件	《西藏自治区计划用水管理办法》
27	陕西	陕西省水利厅	规范性文件	《陕西省计划用水管理办法》
28	甘肃	甘肃省水利厅	规范性文件	《甘肃省计划用水管理实施细则》

续表

序号	省份	发布单位	类型	政策文件
29	青海	青海省人民政府	政府规章	《青海省节约用水管理办法》
30	宁夏	宁夏回族自治区水利厅	规范性文件	《宁夏回族自治区计划用水管理办法》

从文件独立性看，天津、河北、内蒙古等13个省（自治区、直辖市）出台了专门的计划用水办法或规定，其他省份将计划用水工作放在了地方节水条例或相关办法中。

在公共管网管理上，北京、天津、河北等18个省（自治区、直辖市）对公共管网内计划用水管理作出了规定，其中，北京、天津、河北等10个省（自治区、直辖市）对公共管网内用水单位管理的规模作出了量化规定。

在计划指标核定上，河北省出台了针对农业用水限额和工业生活取用水量的核定工作方法，天津市出台了水资源税征收水量核定工作方法，内蒙古自治区出台了农牧业生产取用水限额标准及水量核定方法，上海市和浙江省出台了用水计划指标核定管理规定。

第四节　典　型　案　例

一、A市

（一）传统的计划用水管理方式

自20世纪80年代A市就开始实行计划用水管理，由原A市公用事业管理局统一管理，具体业务由A市自来水公司办理。在每年下达下一年度的用水计划前，市公用事业管理局根据不同时期自来水供需平衡的要求，协调市各行业（局）的用水主管部门，下达给其所属单位用水计划指标。无用水主管部门的单位由自来水公司根据其前两年实际用水量下达计划指标。对超计划的用水单位以1～10倍的费用收取加价水费，对连续3个月以上超计划，且措施不力的企业，自来水公司可限制其进水能力。以传统计划用水管理为抓手进行的一系列节水工作效果显著，A市1980年万元GDP用水量为2582m³，2000年万元GDP用水量为238m³，比1980年下降了90.78%。但是，传统管理模式具有较高的强制性，人为管理因素较大，计划指标的分配缺乏科学性、合理性。

（二）公共管网计划用水管理创新

随着A市产业结构优化升级，纺织、轻工等很多大型国企"关、转、并、迁"，导致这些行业的用水主管部门调整或撤销；城市化进程的加快使得大批集办公、餐饮、娱乐于一体的现代商务楼宇应运而生，用水状况有了较大改变；政府越来越注重科学准确的水资源配置方式和规范的用水管理，这些变化都促使计划用水管理模式也做了相应调整（见表4-3）。

表4-3　　　　　传统和现行计划用水管理模式对比表

模式比较	管理部门	工作方式	新用户考核	考核方法	指标核定方法	超计划用水措施
传统管理模式	市公用事业管理局、行业（局）主管部门、自来水公司	人力操作	随机考核	按月考核	以用水单位实际水量核定	加价水费、可限制用水单位供水能力
现行管理模式	市水务局、市（区）计划用水主管部门	依托信息平台	装表前备案登记制度	按月考核，可申请计划变更	用水定额与用水单位实际水量相结合的方法核定	加价水费
比较结果	有统一的管理部门，形成自上而下的管理网络	提高了工作效率和管理水平	"三同时"管理的有效抓手，强化了事前监督的效果	计划用水执行更具人性化	计划指标分配更趋于合理化和规范化	体现超计划用水"谁耗费谁补偿"的机制，而非惩处的目的

1. 计划用水管理组织架构

20世纪90年代末，A市积极推进水务管理一体化和政企分离改革，市水务局作为本市水行政主管部门统一管理计划用水工作，具体业务由市计划用水办公室受理。市计划用水办下辖8个办事处，具体受理业务范围为市属供水企业自来水管网到达区域，区（县）供水企业自来水管网到达区域则由区（县）水行政主管部门负责。原由市公用事业管理局下达给各行业（局）的用水计划指标，不再通过行业（局）向其所属企业分配。另外，自来水公司也不再给计划用水户下达用水指标，相关工作统一由市计划用水办公室通过各办事处进行属地化管理。这样基本形成了市、区（县）计划用水管理部门和用水单位组成的三级管理网络，既减少了管理层级，也理清企业行使政府职责的尴尬，由"多龙管水"的局面变为"一龙管水"。

2. 计划用水管理考核形式

（1）计划用水管理信息化建设的应用。在传统管理模式时期，计划用水工作往往依靠人力来完成，随着办公自动化的普及，A市计划用水办公室开发了一套计划用水管理系统，依托这套程序将用水计划的编制、下达、考核和调整实现在一个平台完成（见图4-1），确保了对外管理的统一性和计划调整的时效性。

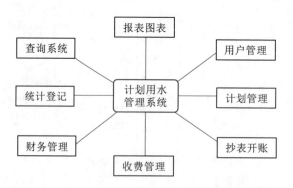

图4-1　计划用水管理系统功能模块图

（2）新用水户的计划考核。由于自来水公司不再承担计划用水管理职责，计划用水管理部门对新增用水户的信息不能有效掌握，导致一些大用户未及时纳入计划考核。为了解决这个问题，现行管理模式对于新用户采取装表前信息备案，通水后核定计划指标的方式来管理。用水单位在向自来水公司申请接表时会收到一份计划用水登记表，填写好用水信息后提交计划用水办公室备案。采用这种新用户登记备案制度不仅可以留存用户原始信息方便以后核定用水指标，还可以在用户用水设施投入使用前，审核其是否应进行节水"三同时"项目评估。起到事前监管的目的。若满足相关要求后，再向自来水公司出具装表反馈意见。

（3）计划用水常态化考核。计划用水常态化考核主要围绕每年计划的编制，用水单位用水指标核定和每月计划考核开展。A市根据年度用水总量计划和供需平衡要求编制年度计划，严格执行《中华人民共和国水法》第四十七条"国家对用水实行总量控制和定额管理相结合的制度"。对于用水单位，计划用水主管部门以用水定额为基础的指标核定方法核定计划并且进行月度考核。用户还可以根据生产发展、产品结构或者用水性质发生变化等原因对用水计划提出调整或变更的申请，计划用水主管部门按照"抓大控小、区别对待、逐渐严格"的原则审批。计划用水考核流程如图4-2所示。

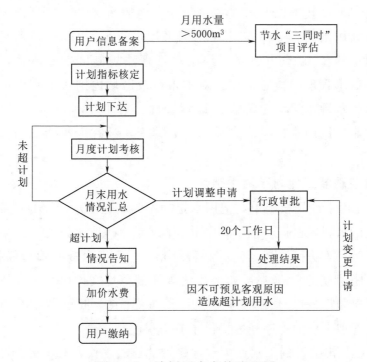

图4-2　计划用水考核流程图

（三）超计划加价水费征收

计划用水管理在经济上主要体现在对超计划用水实行加价水费。很多单位不能理解，把它认为是罚款或提高水价。其实加价水费是对水资源消耗的一种经济补偿。如果用水定额和计划保证了单位的基本水权，那超计划用水说明有超出基本权益的多用或是浪费水现象，对于过度使用社会资源的行为应当付出更多的代价。现行管理模式下取消了对连续超计划用水单位限制进水能力的措施，并且将超计划加价的倍数下调至 2～4 倍，收取方式也由原来的银行划账变为用水单位认可后自觉缴纳。加价水费按规定解缴国库，专项用于自来水设施和管网的建设。

二、B市

B市是全国 110 座严重缺水城市之一，全市多年平均降水量657.8mm，当地水资源总量 14.11 亿 m^3；全市多年平均水资源可利用量为 9.83 亿 m^3，其中地下水 7.27 亿 m^3、地表水 2.56 亿 m^3；全市人均水资源可利用量为 232 m^3，不足全国人均水资源量的 1/9，不足某省人均水资源量的 2/3。B市建立节约用水管理法规制度框架体系，把计划用水作为节水管理的核心工作，对本市行政区域内纳入取水许可管理的非居民自备水用水户，全部实行计划管理；对年使用 6000m^3 以上公共管网水的非居民用水户，优先适用定额管理，没有定额标准的适用计划管理。

(一)"制度＋计划"两手抓

B市在用水计划核定中，把用水定额作为制定用水计划的重要参考依据之一。市水利局根据《中华人民共和国水法》《取水许可和水资源费征收管理条例》等法律法规，先后制定颁布了《B市水资源管理保护条例》《B市节约用水办法》等一系列法律法规及规范性文件，基本建立节约用水管理法规制度框架体系，为计划用水、水平衡测试、节水载体建设等节约用水管理工作的有序开展提供了有力保障。

同时，B市把计划用水作为节水管理的核心工作，对本市行政区域内纳入取水许可管理的非居民自备水用水户，全部实行计划管理；对年使用 6000m^3 以上公共管网水的非居民用水户，优先适用定额管理，没有定额标准的适用计划管理。截至目前，全市计划用水管理户1885 家，占应实施计划用水户比例达 95.2%。

(二)"定额＋技术"促节水

B 市在用水计划核定中，把用水定额作为制定用水计划的重要参考依据之一。在水平衡测试和节水载体建设中，把用水效率是否满足用水定额要求作为节水评价依据，同时围绕用水定额管理，结合全市行业用水特点，选定对目前国家用水定额标准尚未覆盖的、用水量相对较大的陶瓷砖和水泥两个行业开展用水定额编制工作。

此外，还将水平衡测试作为节水工作的重要技术支撑，每年开展水平衡测试的企业（单位）稳定保持在 40～50 家。2018 年以来，市水资办组织人员积极参与国家标准委牵头组织开展《企业水平衡测试通则》（GB/T 12452—2008）修订工作，提出具体修订意见建议。目前，该项目已在国家标准委立项，正在推进中。全市累计已有 467 家企业（单位）开展了水平衡测试工作，开展次数最多的已达到 9 次。

(三)"示范＋创新"见成效

市水利局先后完成了《典型地区计划用水管理现状分析》项目、国家标准《企业水平衡测试通则》（GB/T 12452—2008）修订研究项目、《计划用水指标科学核定方法研究》等项目研究，均提交高质量的成果报告。同时在项目成果中，充分融入了市计划节约用水工作的经验和做法，为其他省市做好计划节约用水工作提供了有益的参考借鉴。

2018 年，全市用水总量 99213 万 m^3，比 2015 年减少 7700 万 m^3；万元国内生产总值用水量、万元工业增加值用水量分别为 19.6m^3、14.3m^3，比 2015 年的 25.9m^3、15.98m^3 下降 24.3%、10.5%；工业用水重复利用率，由 2015 年的 96.1% 提升至 96.68%；农业灌溉水有效利用系数，由 2015 年的 0.646 提升至 0.65；地下水超采区治理取得明显成效，达到省控目标要求。

市水利局坚持把节水优先、强化水资源管理贯穿于治水兴水的全过程，以计划用水管理为核心，以超计划累进加价征收水资源税为抓手，以水平衡测试为技术支撑，以节水型载体建设为引领，以节水宣传为辅助，以执法检查为保障，依法推进节水工作，取得了显著成效。

【思考题】

1. 计划用水管理的过程有哪些？
2. 计划用水管理过程是否可以优化或简化？

第五章 节 水 评 价

【本章概述】

本章主要内容为规划和建设项目节水评价基本概述、工作要求等。为推动各地全面落实节水评价工作、规范编制节水评价章节，汇总了规划、建设类项目两个典型案例，供参考借鉴。

第一节 基 本 概 述

节水评价是指对照用水定额及节水管控要求等，评价与取用水有关的特定对象的用水水平、节水潜力、节水目标指标、取用水规模与节水措施，并提出评价结论及建议的过程。

节水评价是切实把节水优先作为涉水活动的前提，作为水资源开发、利用、保护、配置、调度的首要选项，贯穿于经济社会发展全过程和各领域。一是把节水评价作为规划实施和建设项目立项的先决条件，把好节水的源头关；二是把节水评价作为水资源监管的重要依据和抓手，贯彻落实到用水的全过程；三是把节水评价作为节水目标责任考核和责任追究的重要依据，发挥考核指挥棒的作用。

为贯彻落实节水优先，水利部 2018 年提出开展节水评价，先后出台《规划和建设项目节水评价指导意见》《规划和建设项目节水评价技术要求》指导各地开展节水评价工作。为掌握各地节水评价工作开展情况，建立了节水评价登记台账，要求各流域管理机构、省（自治区、直辖市）每年 1 月 12 日前报送上一年度节水评价登记台账。截至 2022 年年底，水利部、各流域管理机构、省（自治区、直辖市）共开展 25596 个规划和建设项目节水评价审查，其中 430 个规划和建设项目未通过审查。

第二节　工　作　要　求

一、总体要求

在规划和建设项目现有前期工作中突出节水的优先地位，强化规划制定、建设项目立项、取水许可中节水有关内容和要求；严格控制用水总量，合理确定规划和建设项目用水规模和结构，确保用水总量控制在流域水量分配方案、区域用水总量红线范围内；推动提高用水效率，对标国际国内同类地区先进用水水平，建立科学合理的节水评价标准，促使规划和建设项目高效用水；规范文本编制和严格审查把关，充分论证各类用水的必要性、合理性、可行性，提出客观公正的评价结论，从严叫停节水评价不通过的规划和建设项目。

二、适用范围

（1）与取用水相关的水利规划，包括区域供水工程规划、引水调水规划、水库建设规划、灌区建设规划等。

（2）与取用水相关的水利工程项目，包括蓄水工程、引水工程、提水工程、调水工程、地下水利用工程等。

（3）需开展水资源论证的相关规划，包括城镇新区规划、工业园区规划、经济技术开发区规划、高耗水行业的专项规划、涉及取用水的相关产业发展规划等。

（4）办理取水许可的非水利建设项目，包括直接从江河、湖泊、地下以及水库、渠道等取水，并需要申请取水许可的非水利建设项目。

从城市公共管网等取水的高耗水建设项目宜参照开展节水评价。

三、评价环节

（1）水利规划应在规划制定阶段开展节水评价，在规划报告中编写节水评价章节。

（2）水利工程项目应在工程规划、项目立项阶段开展节水评价，在项目规划报告、项目建议书、项目可行性研究报告中编写节水评价章节。

（3）需开展水资源论证的相关规划，应在水资源论证阶段开展节水评价，在水资源论证报告书中编写节水评价章节。

（4）办理取水许可的非水利建设项目，应在取水许可阶段开展节水评价，在水资源论证报告书中将用水合理性分析等内容强化为节水评价章节。

四、评价范围

（1）水利规划及需开展水资源论证的相关规划，评价范围应以规划范围为基准，结合流域与行政区域水资源开发利用等方面管理要求，考虑行政区域完整性，综合确定评价范围。

（2）水利工程项目，评价范围应以工程供水范围为基准，考虑行政区域完整性，可结合工程规划范围适当扩大。

（3）非水利建设项目，评价范围原则上与建设项目水资源论证范围一致，重点分析建设项目所在行政区（一般为县级行政区）。

五、评价内容

（1）水利规划或需开展水资源论证的相关规划，重点分析现状供用水水平与节水潜力，供需水量预测成果及水资源配置方案的节水符合性、节水目标指标的合理性与先进性，节水措施的可行性与节水效果等，评价规划取用水的合理性与可行性。

（2）水利工程项目，重点分析现状供用水水平与节水潜力，供需水量预测成果及水资源配置方案的节水符合性，节水措施的可行性与节水效果等，评价水利工程项目供水的必要性与取用水规模的合理性。

（3）办理取水许可的非水利建设项目，重点分析用水节水相关政策的符合性，节水工艺技术、循环用水水平、用水指标的先进性等，评价建设项目取用水的必要性和规模的合理性。

六、评价重点

按照项目对象类型，将节水评价分为规划节水评价和建设项目节水评价，其中建设项目节水评价分为水利类项目节水评价和非水利类项目节水评价。

（一）规划

主要指用水规模较大，实施后可能对水资源、水环境、水生态产生重大影响的规划。包括国民经济和社会发展相关的专项规划、城市（镇）总体规划和城市新区规划等、重大建设项目布局规划，以及涉及大规模用水或者实施后将可能对水资源、水环境、水生态产生重大影响的其他规划。

节水评价重点是规划区域的用水与节水水平应具有先进性，规划或建设项目节水措施应与当地经济社会发展状况相适应，并适当超前，用水管水机制与政策持续有效。应结合规划水资源论证等推动开展节水评价，强化节水要求。

（二）水利类建设项目

主要以供水为主的调水工程、水库工程，以及以用水为主的灌溉工程等为重点。

节水评价重点为在水利项目规划前期，按照先进的节水标准及用水定额，评价水库供水区、引调水工程受水区、灌区现状的用水节水水平及节水潜力，结合经济可行性分析，评价工程及灌区规模，为工程项目建设的必要性及规模论证提供支撑。节水评价应作为项目立项的先决条件。

（三）非水利类建设项目

主要为直接从江河、湖泊或地下取水并需申请取水许可证的新建、改建、扩建的建设项目。

节水评价重点为建设项目本身及周边有水利联系的区域的节水水平及节水潜力评价，应严格遵循《建设项目水资源论证导则》（GB/T 35580—2017）的要求，并加强对建设项目节水的科学性、可行性、可达性的分析。节水评价作为取水许可的重要依据。

七、审查不通过情形

（1）节水评价章节内容不完整。未按照《规划和建设项目节水评价技术要求》进行节水评价；节水评价结论不明确；未按规定格式和内容编写"节水评价登记表"。

（2）受水区现状节水潜力大。供水工程项目不符合"确有需要、生态安全、可以持续"原则，受水区现状用水水平低，用水效率指标总体上低于同类地区现状平均水平，节水潜力大，在剔除不合理用水需求后，通过节水、供水挖潜基本能够满足规划水平年新增用水需求。

（3）节水目标指标不先进。规划或建设项目提出的规划水平年节水目标指标缺乏先进性，用水效率等指标（定额）总体上劣于同类地区规划水平年平均水平［缺水地区对照国内（外）同类地区先进水平，其他地区应优于同类地区先进水平］。

（4）用水技术设备工艺落后。建设项目采用的用水技术、设备及工艺不符合国家最新产业政策和行业用水效率管控要求。

（5）用水不符合节水政策标准。规划和建设项目用水与国家节水相关法规、制度、规划、规范性文件、强制性技术标准等不相符。

（6）供需水量预测不合理。规划或水利工程项目预测规划水平年需水规模时选取的经济社会发展指标明显过大，采用的用水定额偏高，未合理利用现有水源、其他规划水源和非常规水源。

（7）节水措施方案不合理。节水措施方案可行性、可操作性差或与节水指标不匹配，实施后预期节水效果较差；未明确提出相应的落实节水"三同时"的具体措施。

针对（2）（3）（4）（5）（6）等情形，需在采取强化区域节水挖潜、优化节水目标、调整优化用水技术设备工艺、调整优化建设项目方案、调整压缩取用水规模等措施后，重新编制节水评价章节，按有关管理权限报请审查。

针对涉及（1）（7）等情形，原则上应重新编写节水章节，完善节水措施方案后再行审查；对仅涉及（1）或（7）的，若项目单位承诺限期修改完善且当场提出修改完善的具体思路，经专家组认定同意，可以在技术审查会上给出基本通过的意见，视其修改完善情况再行给出最终结论。

八、实施管理

（1）实施主体。县级以上人民政府水行政主管部门和流域管理机构，按照规划审查审批、建设项目立项审查、取水许可的现有管理程序和分工，负责各自权限内的节水评价审查工作。

（2）技术审查。水行政主管部门或流域管理机构组织技术审查单位（专家）在对规划报告、项目建议书、项目可行性研究报告、水资源论证报告进行技术审查时，应形成节水评价是否通过审查的明确意见。

（3）结果应用。水利规划节水评价未通过审查的，不予审批；水利工程项目节水评价未通过审查的，不予通过项目规划、项目建议书、可行性研究报告审查；需开展水资源论证的规划，节水评价未通过审查的，不予通过规划水资源论证报告书审查；办理取水许可的非水利建设项目，节水评价未通过审查的，水资源论证报告不予通过技术审查。

第三节　典　型　案　例

一、某水库工程建设规划

（一）现状节水水平与节水潜力分析

1. 节水评价范围

该水库工程供水区域为某市中心城区及某镇，规划的中心城区为2个街道、3个镇。因此确定节水评价范围为某市中心城区及某镇。

根据《某市城市总体规划修编（2013—2030 年）》的规划期限，结合工程实际，确定节水评价现状水平年为 2018 年，规划水平年为 2030 年。

2. 现状节水水平评价

（1）现状供水量。根据《某市水资源公报（2018 年）》，现状年某市全市供水量 2.365 亿 m³，其中蓄水工程供水量为 0.764 亿 m³，引水工程供水量为 1.05 亿 m³，提水工程供水量为 0.521 亿 m³，地下水供水量为 0.023 亿 m³，非工程供水 0.007 亿 m³。

目前区域内市自来水公司用地表水供水的水厂有 2 个，供水能力为 6

万 m^3/d；农村饮水安全项目供水能力约为 0.7 万 m^3/d；企业自备水源供水规模约为 6.5 万 m^3/d。

（2）现状用水量。现状年某市用水量 2.365 亿 m^3，其中农林牧渔业用水量为 1.594 亿 m^3，工业用水量为 0.546 亿 m^3，居民生活用水量为 0.188 亿 m^3，城镇公共及其他用水量为 0.038 亿 m^3。

据调查，2018 年中心城区及某镇用水人口 12.30 万人，需水量约为 13.15 万 m^3/d，区域现状供水工程满足用水要求。

（3）现状节水水平评价。

1）现状用水与用水红线衔接情况分析。2018 年实际用水量及用水效率方面，2018 年某市总用水量 2.365 亿 m^3，低于当年用水总量红线 2.95 亿 m^3；2018 年万元工业增加值用水量为 79.4m^3/万元，较 2015 年下降 22.8％以上，因此，2018 年用水总量及用水效率均满足用水红线的要求。

2）现状用水效率分析：

a. 万元 GDP 用水量分析。2018 年某市万元 GDP 用水量为 92.5m^3/万元，高于某市的 81.4m^3/万元。

b. 工业现状用水水平分析。2018 年工业用水量为 5456 万 m^3，现状工业增加值用水量为 79.4m^3/万元，高于某市的 47.8m^3/万元，高于东南区现状工业增加值用水量 47.8m^3/万元。

2018 年某市工业用水重复利用率为 40％，远低于东南区现状工业用水重复利用率 87.1％。

c. 城镇生活现状用水水平分析。城市供水管网漏损率约 15％，高于东南区现状城市供水管网漏损率平均水平 13.2％。主要与供水管网已投产多年，部分管道锈蚀老化严重有关。

3. 现状节水潜力分析

（1）城镇生活节水潜力分析。供水管网漏损率方面，经调查，中心城区现状供水管网漏损率为 15％，高于节水型城市考核评定标准规定的基本漏损率 12％，我国东南区供水管网漏损率先进水平为 10.8％。供水管网漏损方面还有一定潜力可挖。

本次设计至 2030 年，管网渗漏损失控制在 10％以内。

（2）工业节水潜力分析。根据某市用水"三条红线"，某市 2010—

2015 年万元工业增加值用水量降幅目标为 38.39%；2015—2020 年万元工业增加值用水量降幅目标为 38%，年均降幅目标为 7.6%。考虑到某市地处本省内陆山区，受交通、资源、人口、用地等发展条件的限制，其工业多以建材、重工业、农产品加工等为主，现状工业万元增加值用水量较高，工业用水重复利用率较低，工业节水潜力较大。

4. 现状节水存在的主要问题

现状工业用水量占总用水量的 23% 左右。目前工业用水重复利用率低，工业万元增加值用水量偏高。根据前述分析可知，本地区节水方面主要存在以下几个问题：

(1) 工业节水亟须加强。

(2) 供水管网漏损严重。

(3) 供水区水源较为单一，应对供水风险能力不足。

供水区现状水源主要包括某河某水电站库区和某溪等，某市城区若不及早开发新的优质水源工程，未来水源仅为某江某干流的低质水，某市城区的饮水安全将得不到保障，更何况某江某干流水质不稳定，一旦发生突发性水污染事故，将影响到供水区 28.84 万人的饮水安全和生产生活。

(二) 节水目标与指标评价

1. 节水目标评价

(1) 节水目标。2030 年用水总量不超过 3.1 亿 m^3，其中供水区中心城区及某镇用水量控制在 0.72 亿 m^3 以内；工业用水效率方面，2030 年的工业用水重复利用率以 70% 为目标，经预测，工业用水定额降低至 22.8m^3/万元。

(2) 目标评价。用水总量方面，2018 年某市用水量 2.365 亿 m^3，距 2030 年用水总量红线 3.1 亿 m^3 尚有 0.735 亿 m^3 的增长空间。本次预测供水区用水量从 2018 年的 0.48 亿 m^3 增加至 2023 年的 0.72 亿 m^3，供水区用水增幅 0.24 亿 m^3，用水增幅低于全市控制值，满足全市用水总量控制的要求。

工业用水定额方面，根据某市用水"三条红线"，2015—2020 年万元工业增加值用水量降幅目标为 38%，年均降幅目标约为 7.6%。本次设计供水区万元工业增加值用水量 2018—2030 年的年均降幅为 10.96％，满足用水红线的要求，是合理的。

2. 节水指标评价

（1）节水指标。生活节水指标要达到的节水目标为：节水器具普及率不小于 90％；供水管网水损失率降低至 10％，服务业计划用水、定额管理率不小于 95％。

工业节水指标要达到的节水目标为：水重复利用率不小于 70％；间接冷却水循环利用率不小于 95％；计划用水实施率不小于 90％；产品用水定额管理率不小于 90％；万元工业增加值用水量降低至 22.8m³/万元。

（2）节水指标评价。

1）用水总量指标评价。本次预测供水区用水量从 2018 年的 0.48 亿 m³ 增加至 2023 年的 0.72 亿 m³，供水区用水增幅 0.24 亿 m³，用水增幅低于全市控制值，满足全市用水总量控制的要求。

2）生活节水指标评价。本次设计 2030 年某市在城市建成区节水器具普及率不小于 90％，服务业计划用水、定额管理率不小于 95％。供水管网漏损率降低至 10％，节水指标较为先进。

3）工业节水指标评价：

a. 工业用水重复利用率本次设计 2030 年提高至 70％，基本符合要求。

b. 万元工业增加值用水量本次规划 2030 年其工业用水水平低于我国东南区的先进水平 23.4m³/万元。

（三）规划水平年节水符合性评价

1. 需水预测节水符合性评价

2030 年中心城区及某镇平均日需水量为 19.72 万 m³/d，其中生活用水量 4.48 万 m³/d，公共建筑用水量（取生活用水量 10％）0.45 万 m³/d，工业用水量 12.18 万 m³/d，城镇浇洒水量 0.55 万 m³/d，牲畜用水量 0.27 万 m³/d，管网漏失水量未预见水量（取前五项 15％、10％）1.79 万 m³/d。

2. 供水预测节水符合性评价

至 2030 年，中心城区及某镇平均日需水量为 19.72 万 m³/d。中心城区及某镇农村供水工程可供水量为 0.15 万 m³/d。某水厂水源取之于某水库，可供水量扩容至 5 万 m^3/d。第二水厂原可供水量为 3 万 m^3/d，水源取之某河下游某水电站库区。根据《某省某市水资源配置规划报告》，规划近期在某镇某溪上建设一座小（1）型水库，以保障市中心城区及某镇的用水需求，某水库供水保证率 95％可供水量为 3.4 万 m^3/d。企业自备水源可供水量增加至 8.17 万 m^3/d。2030 年市中心城区及某镇供需可平衡。

3. 水资源配置方案节水符合性评价

某水库的水资源配置方案符合全市水资源配置规划，符合全市水资源配置格局，满足用水总量红线要求、下泄生态流量要求，输配水效率较高，水资源配置方案较为合理。

4. 取用水必要性与可行性评价

供水区在采取节水措施后，考虑节水后供水区总需水量为 19.72 万 m^3/d，在充分利用现有水源供水 8.15 万 m^3/d，以及企业自备水源可供水量 6.5 万 m^3/d 后，尚有 5.07 万 m^3/d 的城镇供水缺口，这是节水、供水挖潜无法满足的，需要另寻水源供水。除企业自备水新增可供水量 1.67 万 m^3/d 外，该水库位于某河支流某溪下游河段，在满足下游河道生态用水需求后，多年平均供水量达到 1231 万 m^3，水库日供水量（$P=$ 95％）3.4 万 m^3/d，供水量、水质及供水保证程度均满足要求，由此可见，该水库属于确有需要、生态安全、可以持续的工程项目。

该水库项目符合有关规划和各项节水政策，节水指标较为先进，用水总量符合区域水资源配置和用水红线的要求，节水措施方案贴合当地实际且较为先进可行，节水效果显著，该水库属于确有需要、生态安全、可以持续的工程项目，其必要性与可行性较强。

5. 取用水规模合理性节水评价

至设计水平年 2030 年，该水库建成后，取用水规模分析如下：

遇 $P=95％$ 来水保证率年份，中心城区及某镇需水量合计 19.72 万 m^3/d，中心城区已建的地表水供水工程可供水量 8.15 万 m^3/d，企业自备水源可供水量 6.5 万 m^3/d，至 2030 年，需建成该水库（可新增供水 3.4 万 m^3/d）及企业自备水源新增可供水量 1.67 万 m^3/d，2030 年供水工程可供水量 19.72 万 m^3/d，供需可平衡。

供水保证程度方面，设计水平年 2030 年，本水库建成后，根据长系列调节计算成果，多年平均向供水区供水 1231 万 m³，供水破坏月份共31 个月，并使供水区城镇生活和工业供水保证率达到 95.25%，最大供水破坏深度为 20%，符合规范要求，供水取用水规模满足设计要求。

（四）节水措施与节水效果评价

通过生活用水、工业、再生水利用等一系列节水措施，达到了一系列节水效果。其中：①供水成本方面，"优水优用"可减少水源工程供水量2414 万 m³，规划水平年 2030 年万元工业增加值用水量降低至 22.8 m³/万元，2030 年"优水优用"工业节水量为 2332 万 m³；城镇生活节水方面，中心城区现状供水管网漏损率为 15%，规划水平年将供水管网漏损率降低至 10%，则 2030 年城镇生活节水量为 82 万 m³，年均节约开源成本6035 万元；②污水处理成本方面，总节水量为 4774 万 m³，排水量相应减少约 3342 万 m³，污水处理费用按 0.8 元/m³ 计，则年均节约污水处理成本 2674 万元。因此，本次节水措施方案实施后，经济效果方面每年可节约 8709 万元。

（五）节水评价结论与建议

通过分析现状节水水平和节水潜力、节水目标的合理性、节水指标的先进性、水资源配置方案节水符合性、建设项目工程节水符合性等，明确提出，基本同意节水评价成果，取用水规模符合区域水资源配置方案，取用水规模合理。

二、某公司煤制烯烃示范项目

（一）现状节水水平评价与节水潜力分析

1. 现状节水水平评价

（1）现状供水状况分析。2019 年地表水供水工程实际供水量为3177.63 万 m³，其中蓄水工程供水量为 1120.01 万 m³、引水工程供水量为 1128.35 万 m³、提水工程供水量为 929.27 万 m³。年地下水供水工程实际供水量为 18103.62 万 m³。其他水源供水量为 3819 万 m³。

（2）现状节水水平分析。

1）现状水平年用水量分析。2019 年用水量为 25101 万 m^3，其中生活用水量 420 万 m^3，第一产业用水量 18762 万 m^3，第二产业用水量 4991 万 m^3，第三产业用水量 80 万 m^3，生态用水量 848 万 m^3。

2）现状用水效率评价。某县部分用水指标劣于某市平均用水水平，其中万元国内生产总值用水量为 $81.2m^3$/万元，优于西北地区平均水平。万元工业增加值用水量为 $25.51m^3$/万元，优于西北地区平均水平；农田亩均灌溉用水量为 $367.52m^3$/亩，优于西北地区先进水平；农田灌溉水有效利用系数为 0.568，优于西北地区先进水平；公共供水管网漏损率为 17%，高于西北地区平均水平；非常规水源利用水平为 15.22%，优于西北地区平均水平。

除现状年公共供水管网漏损率高于西北区用水定额平均水平外，其他指标均优于西北区用水定额平均水平，但部分指标距离先进水平仍具有一定的差距。

（3）节水管理水平分析。通过开展用水定额和计划用水的规范化管理、加强用水计量工作、建立水价机制、加大节水宣传力度、可提高社会节水意识，通过建立健全制度政策，可进一步提升节约用水管理。

2. 现状节水潜力分析

对照国内同类地区先进用水水平进行区域节水潜力分析，依据西北区先进指标对某县现状节水潜力进行分析计算。

若现状年用水水平达到西北区先进用水水平，可节约水量 1761.72 万 m^3，主要为工业节水。

根据供水公司统计数据，现状年公共供水管网漏损率为 17%，较西北区平均水平 12.30% 可节水 4.7%，较西北区先进水平可节水 7.8%。

3. 现状节水存在的主要问题

（1）现状年农田灌溉水有效利用系数优于西北区先进水平，可进一步提高节水灌溉面积占比，从农业进一步挖掘节水潜力。

（2）现状年万元工业增加值用水量优于西北区平均水平，但低于西北区先进水平，应进一步加强工业节水，挖掘工业节水潜力。

（3）现状年非常规水源利用水平为 15.22%，应加大再生水回用率，提高非常规水源利用水平。

（二）用水工艺与用水过程分析

1. 用水环节与用水工艺分析

该项目用水工艺主要分为四部分，分别为循环水系统、脱盐水站、热动力岛和工艺用水。

主要分析了不同用水工艺的基本情况、主要用水环节、消耗的水量。但从节水措施方面，本项目仍具有一定的节水潜力。

通过合理控制循环水站浓缩倍率、改变循环水站冷却方式、锅炉烟气余热及水分回收等，进一步减少水量，节约水处理费用。

2. 用水过程及水量平衡分析

（1）各用水环节水量分析。

1）生活用水系统。该项目生活用水主要供给主厂房、办公楼以及综合楼日常生活用水，生活用水量为 $10.0 m^3/h$。

2）该项目生产用水系统包括循环水补水系统、脱盐水制备和新鲜水用水系统。循环水站主要消耗于蒸发、风吹和排污，补水量为 $4061.5 m^3/h$（其中新鲜水补水 $1467.8 m^3/h$、回用水补水 $2593.7 m^3/h$），包括耗水量 $3260.1 m^3/h$ 和排水量 $801.4 m^3/h$。排水经回用装置＋蒸发结晶装置回收利用，结晶盐外售，无外排。

脱盐水站新水用量为 $2010.3 m^3/h$，冷凝水为 $3728.8 m^3/h$，则脱盐水产水量为 $5381.6 m^3/h$，含盐废水排水量为 $357.5 m^3/h$，产水率约为 82%。

新鲜水用水系统：该项目新鲜水主要用于气化、热动力岛、DMTO装置、烯烃分离装置、聚丙烯装置、设备及地面冲洗、绿化用水和未预见用水。其中热动力岛新鲜水补水量为 $260.0 m^3/h$，主要消耗于脱硫，耗水量为 $225.1 m^3/h$，脱硫废水排水量为 $12.0 m^3/h$，排入回用装置处理后回用；锅炉排污水量为 $22.9 m^3/h$，降温后直接用于空分循环水站补水。

3）消防用水系统。该项目消防用水为长期贮存方式供给，属短期用水，不计入水量平衡范围。

（2）水量平衡分析。

1）可研提出的水量平衡。根据可研报告，该项目采用了较为合理的用水工艺和节水措施，对厂内的各生产环节用水、耗水、排水量进行平衡分析和用水水平分析。

2）可研提供的用水量计算。根据可研提出的水量平衡中用水量、回用量、耗水量及排水量等的统计分析，并考虑到建设项目生产、生活年用水时间不同，将建设项目用水量按照生产用水、生活用水分别进行计算。

经以上分析计算可知，该项目需新水量 3092.72 万 m^3/a，其中生产用水 3074.24 万 m^3/a，生活用水 18.48 万 m^3/a。

（3）施工期水量平衡分析。

1）施工期用水合理性分析。根据可研报告，该项目施工期为 36 个月，其中生活用水量为 32.66 万 m^3/a；生产用水量（主要为混凝土搅拌和养护用水）175.20 万 m^3，其中 2021 年 43.74 万 m^3，2022 年 58.32 万 m^3，2023 年 58.32 万 m^3，2024 年 14.82 万 m^3。

2）施工期高峰用水。施工期高峰用水包括生活高峰用水和生产高峰用水，施工期高峰用水量为 5600m^3/d，其中生活 2700m^3/d、生产 2900m^3/d。

（三）取用水规模节水符合性评价

1. 节水指标先进性评价

该项目核定后甲醇单位产品新水量为 6.79m^3/t，低于《某地方标准　行业用水定额》中规定的甲醇（原料为煤）先进值（8.5m^3/t）；烯烃单位产品新鲜水量为 10.23m^3/t，低于《某地方标准　行业用水定额》中规定的煤制烯烃先进值（14m^3/t），符合《现代煤化工产业创新发展布局方案》中烯烃不大于 16m^3/t 的规定，且能够达到《煤制烯烃行业规范条件》中规定的先进值（≤12m^3/t）。

该项目工业用水重复利用率为 98.44%，高于《节水型企业　石油炼制行业》（GB/T 26926—2011）中规定的重复利用率大于 97.5% 的要求。该项目工业用水重复利用率略高于西北区最先进值。

2. 取用水规模合理性评价

该项目用水环节与用水工艺合理，用水过程及水量平衡分析真实可信，节水指标符合行业用水定额要求，处于同类项目中等水平。同时，该项目生产过程中产生的污废水全部回用，不外排，因此，该项目核定后年用水量及单位产品新水量指标更加合理，生产用水量更加有保证，用水规模确定合理。

该项目供水工程取水能力满足供水能力要求，取水量并未超过供水工程供水能力，取水规模确定合理。

3. 取用水规模核定

根据分析结果，该项目核定后取水量为 3126.25 万 m^3/a，其中生产取地表水 1591.37 万 m^3/a，疏干水 1516.40 万 m^3/a，生活取地下水 18.48 万 m^3/a。

（四）节水措施方案与保障措施

1. 节水措施方案

该项目虽然采用了节水设备和节水工艺，但仍有部分工序较耗水，为减少新鲜水使用量，在实现经济效益的前提下最大限度节约用水，该项目制定了节水措施方案，用水方面主要采取冷却塔加装除水器、工艺余热预热副产低压蒸汽、低温段的热量用来加热脱盐水等措施；排水方面对全厂生活污水、生产污水（含初期雨水及消防事故水）全部进行了回收，经污水处理装置、回用水装置处理后的水及结晶蒸发冷凝水作为循环水系统补充水回用。

2. 节水保障措施

为落实节水措施方案，确保达到预期的节水效果，本次论证提出了工程措施和非工程措施等节水保障措施。

（五）节水评价结论与建议

1. 结论

某第一用水户为第一产业，用水水平优于西北区先进水平，节水潜力有限。万元工业增加值用水量优于西北区平均水平，但低于西北区先进水平，可进一步加强工业节水，挖掘工业节水潜力。

该项目用水环节与用水工艺合理；用水过程及水量平衡分析真实可信；节水指标属于通用指标；生产过程中产生的污废水全部回用，不外排，取用水规模合理可行，同时企业采用一定的节水措施方案与保障措施保证该项目节水目标的顺利实现。

2. 建议

（1）建议企业在设计阶段对已有成功案例进行考察，根据成果案例实际运行情况，在保证环境、经济效益协调发展的前提下，加快该项目节水改造工程的建设步伐。

（2）建议企业加强内部节水保障措施的实施管理，确保节水措施方案达到预期效果。

【思考题】

1. 规划和建设项目节水评价分为哪几类？
2. 节水评价审查不通过情形是什么？

第六章　非常规水源利用

【本章概述】

开发利用非常规水源具有增加供水、减少排污、优化水资源配置体系、提高水资源利用效率等重要作用，是高质量发展的内在要求。本章主要内容为非常规水源的基本概述、管理要求、开发利用情况等。

第一节　基　本　概　述

非常规水源有"非常规水""非常规水资源""非传统水源"等较多表述，相关标准规范对于非常规水源概念内涵的表述不完全一致，主要不同是非常规水源名称以及涵盖的水源类型。非常规水源的相关概念见表6-1。

表6-1　　　　　　　　非常规水源的相关概念

表　述	定　义	来　源
非常规水源	矿井水、雨水、海水、再生水和矿化度大于2g/L的咸水的总称	《节约用水术语》（GB/T 21534—2021）
非常规水源	包括再生水、集蓄雨水、海水及海水淡化水、微咸水、矿坑（井）水等	水利部　国家发展改革委《关于加强非常规水源配置利用的指导意见》（水节约〔2023〕206号）
非常规水源	经处理后可以利用或在一定条件下可直接利用的再生水、集蓄雨水、淡化海水、微咸水、矿坑水等	水利部办公厅《关于进一步加强和规范非常规水源统计工作的通知》（办节约〔2019〕241号）
非常规水资源	经处理后可加以利用或在一定条件下可直接利用的海水、废污水、微咸水或咸水、矿井水等，有时也包括原本难以利用的雨洪水等	《水资源术语》（GB/T 30943—2014）

表　述	定　义	来　源
非常规水源	不同于常规地表水和地下水的水源，包括雨水、海水、再生水和微咸水等	《城市供水水源规划导则》（SL 627—2014）

　　为规范非常规水源相关表述和统计口径，2019 年水利部办公厅印发了《关于进一步加强和规范非常规水源统计工作的通知》（办节约〔2019〕241 号，以下简称《通知》），提出"非常规水源是指经处理后可以利用或在一定条件下可直接利用的再生水、集蓄雨水、淡化海水、微咸水、矿坑水等"。2023 年水利部、国家发展改革委印发了《关于加强非常规水源配置利用的指导意见》（水节约〔2023〕206 号），明确非常规水源包括再生水、集蓄雨水、海水及海水淡化水、微咸水、矿坑（井）水等。

一、再生水

　　再生水是指水质符合工业用水、城市非饮用水、景观环境用水等不同用途回用标准，并加以利用的水。再生水的相关概念见表 6 - 2。

表 6 - 2　　　　　　　　　再生水的相关概念

表述	定　义	来　源
再生水	经过处理后，满足某种用途的水质标准和要求，可以再次利用的污（废）水	《节约用水　术语》（GB/T 21534—2021）
再生水	污水经过适当处理后，达到一定的水质指标，满足某种使用要求，可以再次利用的水	《水资源术语》（GB/T 30943— 2014）
再生水	对经过或未经过污水处理厂处理的集纳雨水、工业排水、生活排水进行适当处理，达到规定水质标准，在一定范围内再次被利用的水	《再生水水质标准》（SL 368—2006）

二、集蓄雨水

　　目前主要有"雨水利用""雨洪水""集蓄雨水"等表述。为体现雨水利用特点，避免歧义，《通知》采用"集蓄雨水"表述，具体指通过修建集雨场地和微型蓄雨工程（水窖、水柜等）收集、存储并加以利用的天然降水。集蓄雨水的相关概念见表6-3。

表6-3 集蓄雨水的相关概念

表述	定 义	来 源
雨水利用	采用人工措施直接对天然降水进行收集、存储并加以利用	《水资源术语》（GB/T 30943—2014）
雨水利用	通过修建集雨场地和微型蓄水工程（水窖、水柜）对天然降水进行收集、存储并加以利用	《水资源公报编制规程》（GB/T 23598—2009）

三、海水及海水淡化水

《水资源术语》《全国海水利用报告》《水资源公报编制规程》及海洋部门出台的相关标准常用"海水淡化"表述，概念内涵比较统一明确，均指脱除海水中的盐分以获得淡水的过程。为体现名词属性，《通知》采用淡化海水表述，具体指通过海水淡化设施和工艺处理后加以利用的海水。在此基础上，《关于加强非常规水源配置利用的指导意见》将直接利用和淡化处理后加以利用的海水统称为海水及海水淡化水。

四、微咸水

有"咸水""微咸水""苦咸水"等表述，通常以矿化度（也称总含盐量）作为主要的界定依据。一般将矿化度大于1g/L的水称为苦咸水。同时又将矿化度在1～3g/L的水划分为微咸水、3～10g/L的水划分为咸水、10～50g/L的水划分为盐水、大于50g/L的水划分为卤水。《通知》中把微咸水定为矿化度为2～5g/L的地下水。微咸水的相关概念见表6-4。

表6-4 微咸水的相关概念

表述	概 念	资料来源
苦咸水	矿化度大于3g/L的水	《节约用水 术语》（GB/T 21534—2021）
苦咸水	矿化度大于3g/L、味苦咸，含有以硫酸镁、氯化钠为主的多种化学成分的水	《水资源术语》（GB/T 30943—2014）

表述	概　　念	资 料 来 源
咸水	矿化度大于或等于 1g/L 的水	《水文基本术语和符号标准》 （GB/T 50095—2014）
微咸水	矿化度为 1～3g/L 的水	《水资源术语》 （GB/T 30943—2014）
微咸水	指矿化度介于 2～5g/L 的地下水	《水资源公报编制规程》 （GB/T 23598—2009）

五、矿坑（井）水

目前有"矿坑水""矿井水""矿井疏干水"等表述。综合不同表述看，矿坑（井）水主要来源于两个方面：一是地下涌水和地表渗透水、天然降水等自然产生的水；二是生产排水、疏干水。《通知》定义矿坑水为煤矿等矿产资源开发过程中，直接利用或进行净化处理后利用的露天矿坑水、矿井水或疏干水。相关部门对矿坑（井）水的相关概念见表 6-5。

表 6-5　　　　　　　　矿坑（井）水的相关概念

表述	定　　义	资 料 来 源
矿井水	在矿山建设和开采过程中，由地下涌水、地表渗透水和生产排水汇集所产生的水	《节约用水　术语》 （GB/T 21534—2021）
矿坑水	汇集于采场、巷道内的水体	水文地质术语 （GB/T 14157—1993）

第二节　管　理　要　求

一、相关政策法规

国家对非常规水源利用高度重视，《中华人民共和国水法》《中华人民共和国黄河保护法》《中华人民共和国水污染防治法》《中华人民共和国循环经济促进法》《中华人民共和国清洁生产促进法》《城镇排水与污水处理条例》等法律法规均对非常规水源利用作出相关要求。为加强非

常规水源开发利用，中共中央、国务院及有关部委出台了一系列非常规
水源政策法规（表 6-6），提出了明确的目标任务和重点举措。

表 6-6　　　　　　　非常规水源相关政策法规

年份	政策法规名称	发布单位
2016 年	中华人民共和国水法	全国人民代表大会常务委员会
2022 年	中华人民共和国黄河保护法	全国人民代表大会常务委员会
2017 年	中华人民共和国水污染防治法	全国人民代表大会常务委员会
2018 年	中华人民共和国循环经济促进法	全国人民代表大会常务委员会
2012 年	中华人民共和国清洁生产促进法	全国人民代表大会常务委员会
2013 年	城镇排水与污水处理条例	国务院
2015 年	关于加快推进生态文明建设的意见	中共中央、国务院
	水污染防治行动计划	国务院
	资源综合利用产品和劳务增值税优惠目录	财政部、国家税务总局
2016 年	全国海水利用"十三五"规划	国家发展改革委、国家海洋局
	全民节水行动计划	国家发展改革委、水利部、住房城乡建设部、农业部、工业和信息化部、科技部、教育部、国家质检总局、国家机关事务管理局
	水资源税改革试点暂行办法	财政部、国家税务总局、水利部
	关于进一步鼓励和引导民间资本进入城市供水、燃气、供热、污水和垃圾处理行业的意见	住房城乡建设部、国家发展改革委、财政部、国土资源部、中国人民银行
2017 年	关于非常规水源纳入水资源统一配置的指导意见	水利部
	全国国土规划纲要（2016—2030 年）	国务院
	节水型社会建设"十三五"规划	国家发展改革委、水利部、住房城乡建设部
2019 年	国家节水行动方案	国家发展改革委、水利部

年份	政策法规名称	发布单位
2021年	黄河流域生态保护和高质量发展规划纲要	中共中央、国务院
	关于深入打好污染防治攻坚战的意见	中共中央、国务院
	关于推动城乡建设绿色发展的意见	中共中央、国务院
	"十四五"节水型社会建设规划	国家发展改革委、水利部、住房城乡建设部、工业和信息化部、农业农村部
	关于推进污水资源化利用的指导意见	国家发展改革委、科技部、工业和信息化部、财政部、自然资源部、生态环境部、住房城乡建设部、水利部、农业农村部、市场监管总局
	关于印发黄河流域水资源节约集约利用实施方案的通知	国家发展改革委、水利部、住房城乡建设部、工业和信息化部、农业农村部
	海水淡化利用发展行动计划（2021—2025年）	国家发展改革委、自然资源部
	关于做好"十四五"园区循环化改造工作有关事项的通知	国家发展改革委、工业和信息化部
	典型地区再生水利用配置试点方案	水利部、国家发展改革委、住房城乡建设部会同工业和信息化部、自然资源部、生态环境部
2022年	关于印发"十四五"用水总量和强度双控目标的通知	水利部、国家发展改革委
	"十四五"黄河流域生态保护和高质量发展城乡建设行动方案	住房城乡建设部
	中央财政关于推动黄河流域生态保护和高质量发展的财税支持方案	财政部
2023年	关于加强非常规水源配置利用的指导意见	水利部、国家发展改革委

二、典型地区再生水利用配置试点要求

2021 年，水利部、国家发展改革委、住房城乡建设部、工业和信息化部、自然资源部、生态环境部联合印发《典型地区再生水利用配置试点方案》（以下简称《试点方案》），明确"十四五"期间，缺水地区试点城市再生水利用率达到 35％以上，京津冀地区试点城市达到 45％以上，其他地区试点城市达到 25％以上，在再生水规划、配置、利用、产输、激励等方面形成一批效果好、能持续、可推广的先进模式和典型案例。《试点方案》要求，根据优化再生水利用规划布局、加强再生水利用配置管理、扩大再生水利用领域和规模、完善再生水生产输配设施、建立健全再生水利用政策等五方面内容，结合本地实际确定具体试点内容，有所侧重地开展试点工作。

2022 年，水利部、国家发展改革委、住房城乡建设部、工业和信息化部、自然资源部、生态环境部联合印发《关于公布典型地区再生水利用配置试点城市名单的通知》，公布全国 29 个省（自治区、直辖市）共 78 个城市为典型地区再生水利用配置试点城市。

三、关于加强非常规水源配置利用的指导意见

2023 年，水利部、国家发展改革委联合印发了《关于加强非常规水源配置利用的指导意见》，要求到 2025 年，全国非常规水源利用量超过 170 亿 m^3；地级及以上缺水城市再生水利用率达到 25％以上，黄河流域中下游力争达到 30％，京津冀地区达到 35％以上；具备条件的地区集蓄雨水、海水淡化水、矿坑（井）水、微咸水利用规模进一步扩大；非常规水源配置利用能力持续增强，形成先进适用成熟的再生水配置利用模式，全社会对非常规水源接受程度明显提高。到 2035 年，建立起完善的非常规水源利用政策体系和市场机制，非常规水源经济、高效、系统、安全利用的局面基本形成。具体要求包括如下。

（一）强化配置管理

（1）科学规划布局。编制流域综合规划、水资源综合规划等水利综合规划时，应当科学制定水资源配置方案，将非常规水源纳入水资源供

121

需平衡分析与配置体系。编制节约用水规划、非常规水源利用规划等水利专业规划时，应充分考虑非常规水源的用水需求、供水能力和设施布局，明确非常规水源最低配置量、配置对象及水源类型，统筹推进非常规水源配置利用设施建设和提质改造。规划相关内容不符合要求的，水行政主管部门不得同意其通过审查。

（2）实行目标管理。将非常规水源利用量纳入用水总量和强度双控指标体系，按年度把全国非常规水源利用量控制目标分解配置到各省（自治区、直辖市），各省（自治区、直辖市）结合实际进一步分解配置到市、县级行政区，有条件的地区进一步分解到水源类型及重点行业。

（3）纳入用水计划。将非常规水源合理纳入计划用水管理，核定年度用水计划时，对于具备利用非常规水源条件的用水户配置非常规水源。下达的用水计划应当明确非常规水源计划用水指标，对常规水源实行超定额超计划加征水资源税（费）或加价。按计划可以利用非常规水源而未利用的，核减其下一年度常规水源的计划用水指标。

（4）严格论证审批。规划和建设项目水资源论证、节水评价时，严格论证非常规水源配置利用的政策符合性及利用规模、方式、对象等的合理性。缺水地区、水资源超载地区建设项目新增取水未论证非常规水源利用的，不得批准其新增取水许可。

（5）引导市场配置。推动落实减免水资源税（费）、企业所得税等税费优惠政策，降低非常规水源生产和使用成本。培育壮大非常规水源交易市场，鼓励交易双方依据市场化原则自主协商定价。

（6）加强考核监督。将非常规水源配置利用情况纳入最严格水资源管理制度考核，重点考核非常规水源利用量目标完成情况，各级行政区非常规水源利用量超过年度目标时，超过部分不计入用水总量考核指标。对非常规水源利用设施等节水设施"三同时"制度落实情况进行监督检查。

（二）促进配置利用

（1）再生水。统筹将再生水用于工业生产、城市杂用、生态环境、农业灌溉等领域，稳步推进典型地区再生水利用配置试点。以缺水地区、水资源超载地区为重点，将再生水作为工业生产用水的重要水源，推行再生水厂与企业间"点对点"配置，推进企业内部废污水循环利用，支持工业园区废水集中处理及再生利用；河湖湿地生态补水、造林绿化、景观环境用水、城市杂用等，在满足水质要求条件下，优先配置再生水；有条件的缺水地区，按照农田灌溉用水水质标准要求，稳妥推动再生水用于农业灌溉。

（2）集蓄雨水。结合海绵城市建设，因地制宜提升公园、绿地、建筑、道路、广场等雨水资源综合利用水平。西北、华北缺水山区，西南岩溶地区以及沿海地区和海岛，结合地形地貌建设水池、水窖、坑塘等工程收集、处理雨水。水质型缺水地区，结合治污减排，积极推进雨污分流和雨水收集利用。因地制宜推广农业集雨节水灌溉技术，用于农业补充灌溉。

（3）海水。把海水作为沿海水资源的重要补充和战略储备，加强海水直接利用。沿海火电、核电及石化、化工、钢铁等重点用水行业在技术成熟的基础上推广海水作为冷却用水，鼓励脱硫、冲洗类工艺环节用水优先利用海水。支持沿海海域滩涂和盐渍化地区科学发展海水增养殖业和海水灌溉农业，推广海水源热泵技术。探索在消除含海水废污水对生态环境影响前提下，城市市政、消防、冲厕等领域直接利用海水。

（4）海水淡化水。沿海缺水地区要加强海水淡化水利用，因地制宜将海水淡化水作为生活补充水源、市政新增供水及应急备用水源，进一步提高海水淡化水配置量和覆盖范围，提升城市供水安全保障水平。对沿海地区工业园区和高耗水产业应科学配置海水淡化水，扩大工业园区海水淡化水利用规模，建设海水淡化水利用示范工业园区，依法严控具备条件但未充分利用海水淡化水的高耗水项目和工业园区新增取水许可。

（5）矿坑（井）水。西北、华北、两淮、云贵等煤矿矿坑涌水量丰富的地区，应统筹加强矿坑（井）水利用。矿区生产应充分使用矿坑（井）水。对于周边具备矿坑（井）水供水条件且水质满足利用要求的工业企业，在办理取水许可时应合理配置矿坑（井）水。具备条件地区在矿坑（井）水水质符合农田灌溉水质标准前提下，可推广用于农业灌溉。

（6）微咸水。西北及沿海地区等微咸水丰富的缺水地区，在不影响生态环境安全、不造成土壤盐碱化的前提下，稳妥发展咸淡混灌、咸淡轮灌等微咸水灌溉利用模式，因地制宜推广种植耐盐碱作物品种。在农村供水水源不足地区，可因地制宜加强微咸水淡化处理利用，作为生产、生活供水的补充水源。

（三）加强能力建设

（1）增强计量统计能力。依托用水统计调查制度和用水计量监控体系建设，加强非常规水源计量监测。加强跨部门计量统计协作，推动建立数据要素共建共享机制。加强对非常规水源供水单位水量水质监督检查，保障非常规水源安全利用。

（2）健全技术标准体系。加快推进非常规水源技术标准制修订工作，按照不同非常规水源类型，建立健全不同用途水质标准，完善水处理、水质检测、安全利用、规划配置、工程设计等技术规范。各地结合实际编制差别化的非常规水源地方标准，鼓励相关行业协会、企业等主体编制非常规水源团体标准和企业标准。

（3）提升科技支撑能力。加强再生水、海水及海水淡化水等非常规水源开发利用关键技术科研攻关，支持新技术、新工艺、新材料、新设备的研究开发，推动先进实用技术设备集成、示范和应用。鼓励引导建立非常规水源开发利用产业技术创新联盟，推动跨领域跨行业协同创新。

第三节　开 发 利 用

一、利用现状及变化

2022 年，非常规水源利用量为 175.8 亿 m³。其中，再生水利用量为 150.9 亿 m³，集蓄雨水利用量为 10.5 亿 m³，海水淡化水利用量为 4.0 亿 m³，微咸水利用量为 3.2 亿 m³，矿坑（井）水利用量为 7.2 亿 m³。2022 年各省级行政区非常规水源利用量及组成情况见表 6-7 和图 6-1。

表 6－7　2022 年各省级行政区非常规水源利用情况统计表　单位：亿 m³

省级行政区	再生水	集蓄雨水	海水淡化水	微咸水	矿坑（井）水	小计
北　京	12.1	0.0	0.0	0.0	0.0	12.1
天　津	5.7	0.0	0.4	0.0	0.0	6.0
河　北	12.2	0.5	0.6	0.7	0.5	14.4
山　西	5.2	0.1	0.0	0.0	1.1	6.4
内蒙古	5.0	0.0	0.0	0.3	1.6	6.9
辽　宁	6.2	0.0	0.8	0.0	0.1	7.2
吉　林	2.7	0.0	0.0	0.0	0.0	2.7
黑龙江	2.4	0.0	0.0	0.0	0.2	2.6
上　海	0.9	0.0	0.0	0.0	0.0	0.9
江　苏	13.5	0.5	0.0	0.0	0.0	14.0
浙　江	3.4	0.1	1.5	0.0	0.0	5.0
安　徽	6.8	0.1	0.0	0.0	0.4	7.4
福　建	5.3	0.1	0.0	0.0	0.0	5.4
江　西	1.1	1.6	0.0	0.0	0.4	3.0
山　东	13.9	0.5	0.5	1.5	0.9	17.3
河　南	10.1	0.1	0.0	0.0	0.4	10.6
湖　北	4.5	0.1	0.0	0.0	0.1	4.7
湖　南	4.4	0.0	0.0	0.0	0.0	4.5
广　东	10.4	1.0	0.2	0.0	0.0	11.7
广　西	3.1	0.7	0.0	0.0	0.0	3.8
海　南	0.6	0.0	0.0	0.0	0.0	0.6
重　庆	2.3	0.2	0.0	0.0	0.0	2.5
四　川	1.7	1.9	0.0	0.0	0.1	3.6
贵　州	0.7	0.1	0.0	0.0	0.5	1.2
云　南	2.7	1.3	0.0	0.0	0.0	4.0
西　藏	0.1	0.0	0.0	0.0	0.0	0.1
陕　西	4.4	0.2	0.0	0.1	0.5	5.3
甘　肃	2.4	0.8	0.0	0.0	0.3	3.4

续表

省级 行政区	再生水	集蓄雨水	海水淡化水	微咸水	矿坑 （井）水	小计
青 海	0.7	0.0	0.0	0.1	0.0	0.8
宁 夏	0.7	0.0	0.0	0.5	0.1	1.3
新 疆	5.7	0.5	0.0	0.0	0.0	6.2
合 计	150.9	10.5	4.0	3.2	7.2	175.8

注 部分小计数据存在取舍误差。

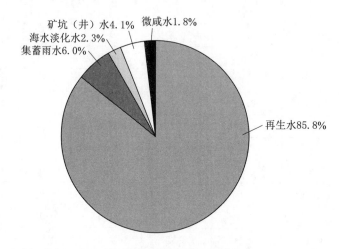

图 6-1 2022 年全国非常规水源利用量组成情况图

2012—2022 年全国非常规水源利用总量从 47.6 亿 m³ 增加至 175.8 亿 m³，其中再生水利用量增幅最大，由 2012 年的 35.8 亿 m³ 增加至 2022 年的 150.9 亿 m³，增加了 115.1 亿 m³。各类非常规水源利用量变化情况见表 6-8 和图 6-2。

表 6-8　　　2012—2022 年全国非常规水源利用量统计表　　单位：亿 m³

年份	非常规水源					合计
	再生水	集蓄雨水	海水淡化水	微咸水	矿坑（井）水	
2012	35.8	7.7	1.1	3.0	—	47.6
2013	36.8	12.3	0.8	3.0	—	52.9
2014	46.5	10.1	0.9	3.2	—	60.7

续表

年份	非 常 规 水 源					合计
	再生水	集蓄雨水	海水淡化水	微咸水	矿坑（井）水	
2015	52.7	11.2	0.7	4.1	—	68.7
2016	59.2	10.3	1.3	2.8	—	73.6
2017	66.1	13.8	1.2	2.4	—	83.5
2018	73.5	11.4	1.5	2.3	—	88.7
2019	87.3	9.6	1.3	3.3	6.2	107.7
2020	109.0	8.2	2.0	3.9	8.9	132.0
2021	117.1	6.9	2.8	3.4	8.0	138.3
2022	150.9	10.5	4.0	3.2	7.2	175.8

注：2012—2018 年未对矿坑（井）水利用量进行统计。

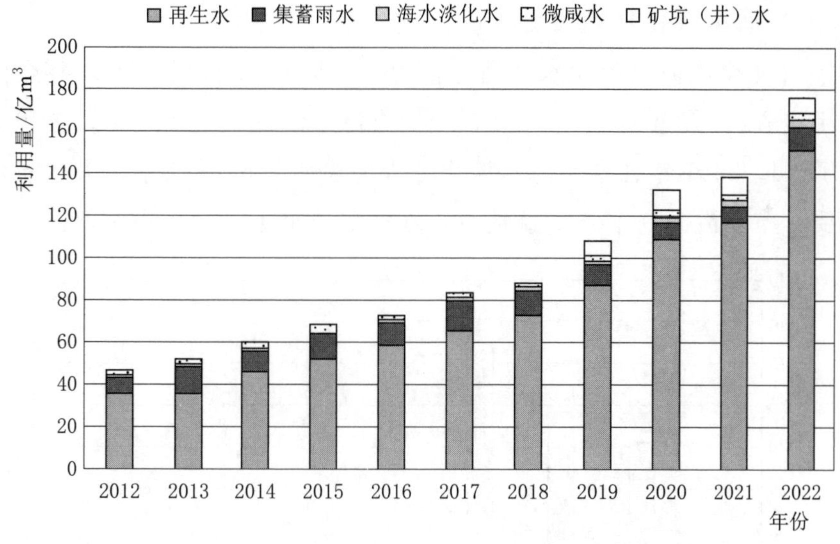

图 6-2 2012—2022 年全国非常规水源利用量变化情况图

注：2012—2018 年未对矿坑（井）水利用量进行统计。

（一）再生水利用量

2022 年全国再生水利用量为 150.9 亿 m^3，占非常规水利用总量的 85.8%。主要分布在黄淮海流域。

（二）集蓄雨水利用量

1. 集蓄雨水利用分区

根据区域降水量，对雨水集蓄利用适宜区域进行了划分。

（1）生活利用。雨水集蓄利用工程适宜建设在降水量 250mm 以上地区。

（2）旱作大田灌溉利用。雨水集蓄利用工程适宜建设在降水量 300mm 以上地区。

（3）蔬菜、经济林果业灌溉利用。雨水集蓄利用工程适宜建设在降水量 1000mm 以上地区。

2. 利用量及分布区域

2022 年全国集蓄雨水利用量 10.5 亿 m³。近年来集蓄雨水利用的区域有所扩大，主要分布在西北、华北半干旱缺水山区，西南石灰喀斯特地区以及海岛和沿海地区。

（三）海水淡化水利用量

2022 年全国海水淡化水利用总量为 4.0 亿 m³。根据《2021 年全国海水利用报告》，截至 2021 年年底，全国有海水淡化工程 144 个，工程规模 186 万 t/d。2021 年各省份海水淡化工程规模如图 6-3 所示。海水淡化工程主要分布在沿海 9 个省（直辖市）水资源严重短缺的城市和海岛。

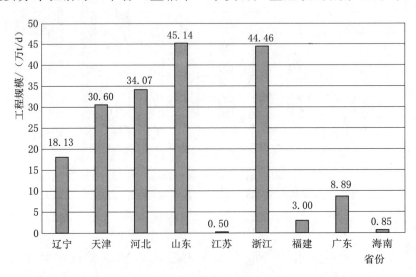

图 6-3 2021 年各省份海水淡化工程规模

（四）微咸水利用量及区域分布

根据 2000—2002 年国土资源部组织的全国地下水资源调查数据（见表 6-9），我国咸水总面积为 160 万 km²，约占国土面积的 16.7%，主要分布在华北平原、长江三角洲、黄河中游的鄂尔多斯高原及银川平原。其中，微咸水可开采量为 198 亿 m³/a。2022 年，全国微咸水利用总量为 3.2 亿 m³。

表 6-9　　　　各省级行政区微咸水可开采量　　　单位：亿 m³

省级行政区	微咸水（2~5g/L）	省级行政区	微咸水（2~5g/L）
山东	64.34	广东	4.06
河北	20.32	黑龙江	3.69
内蒙古	13.89	山西	3.13
甘肃	11.56	天津	5.43
江苏	49.16	西藏	1.42
宁夏	8.61	上海	0.89
河南	7.12	福建	0.39
吉林	4.40		

（五）矿坑（井）水利用量及区域分布

据全国煤炭协会统计资料，2015 年全国矿坑涌水量为 52.26 亿 m³，主要分布在贵州、河南、内蒙古等 15 个省（自治区）（见表 6-10）。2022 年全国矿坑（井）水利用量为 7.2 亿 m³。

表 6-10　　　　各省级行政区矿坑涌水量　　　单位：亿 m³

省级行政区	矿坑涌水量	省级行政区	矿坑涌水量
贵州	13.29	辽宁	1.98
河南	8.52	山东	1.97
内蒙古	5.67	陕西	1.94
河北	3.85	四川	1.21
山西	3.65	新疆	0.66
云南	3.30	宁夏	0.54
黑龙江	3.00	甘肃	0.07
安徽	2.61		

二、利用模式

(一) 再生水

再生水主要有集中式与分散式两种利用方式。在市政排水管网通达区域，且用户分布较为密集、用户规模和水质要求比较稳定的条件下，一般采用集中式利用模式，通过建设再生水处理厂、加压泵站、再生水供水管网、再生水取水栓等，集中开发利用再生水；在市政排水管网或再生水供水管网未通达区域，一般采用分散式利用模式，由住宅小区、学校、机关单位、工业企业等按照节水"三同时"制度，自建或拼建分散式再生水利用设施，将污水收集处理和再生利用。我国主要采用"集中式与分散式相结合"的模式。按照利用途径，我国再生水利用主要划分为城市杂用水、工业用水、生态补水、农业用水四种模式。

(二) 海水

海水直接利用主要集中工业冷却水、海水农业灌溉、海水养殖、特定条件下的市政和生活用水等方面。沿海火电、核电及石化、化工、钢铁等重点用水行业可直接利用海水作为冷却用水，在脱硫、冲洗类工艺环节中也可直接使用海水。在沿海海域滩涂和盐渍化地区，可直接用于海水增养殖业和海水灌溉农业。其次，在消除含海水废污水对生态环境影响的前提下，城市市政、消防、冲厕等方面也可直接利用海水。

(三) 海水淡化水

按照受水区域，我国海水淡化水利用主要划分为市政供水、工业园区"点对点"供水和海岛独立供水三种模式。市政供水模式的特点是，海水淡化水进入市政管网，由地方水务公司或自来水公司统一调配使用，该模式适应性较强、稳定性较好，适用于水资源短缺的沿海城市。工业园区"点对点"供水模式是在沿海产业园区，依托电力、化工、石化、钢铁等重点行业，规划建设大型海水淡化工程，配套建设输送管网，实施"点对点"分质供水，该模式主要适用于高耗水工业企业。海岛独立供水模式是由于海岛的特殊性而独立存在的一种供水模式，该模式的主要特点是，海水淡化水主要用于军民饮水，工程规模一般为中小规模，但对于解决海岛军民用水需求意义重大。

（四）集蓄雨水

按照利用途径，我国雨水集蓄利用主要划分为农村生产生活用水、城市市政生活杂用水、工业用水三种模式。农村生产生活用水模式是在农村地区（尤其是山丘区），结合地形地貌建设水池、水窖和坑塘工程等，收集、处理雨水，主要用于农业灌溉、居民生活用水、牲畜用水等；城市市政生活杂用水模式是利用建筑屋顶、草坪、庭院、道路等，或建设雨水收集池、处理池等设施，收集、处理雨水，主要用于园林绿化、道路喷洒、景观补水、消防、洗车、冲厕等；工业用水模式是工业企业通过建设集流系统、水质预处理系统、储存系统、净化系统和取用水系统等，收集、处理雨水，用于工业生产，补充置换自来水。

（五）微咸水

按照利用方式，我国微咸水开发利用主要划分为灌溉利用、淡化利用两种模式。灌溉利用模式又可分为直接灌溉、咸淡混灌和咸淡轮灌等，主要用于解决淡水灌溉水量不足的问题。淡化利用模式与海水淡化模式类似，但主要以小型化、分散化的反渗透淡等工艺处理为主，主要用于城乡供水的水源补充，以解决部分地区的饮水困难问题。

（六）矿坑（井）水

按照受水区域，我国矿坑（井）水开发利用主要划分为矿区自用、工业园区"点对点"供水、景观环境用水三种模式。矿区自用模式是收集、处理矿坑（井）水，主要用于矿区工业生产用水、绿化、降尘、居民生活用水等；工业园区"点对点"供水模式是收集、处理矿坑（井）水，通过管网输送至附近的工业园区，主要用于园区工业生产用水、农业灌溉、水产养殖、居民生活用水等；景观环境用水模式是收集、处理矿坑（井）水，用于景观环境用水、园林绿化、河湖补水等。

三、利用特点

一是区域发展不均衡。我国非常规水源利用整体增长较快，但区域发展不均衡，主要集中在缺水严重的黄淮海流域。山东、北京、江苏、河南、河北、内蒙古6省（自治区、直辖市）非常规水源利用总量占全国的50%。再生水利用主要集中在北京、江苏、山东等经济发达的地区；海水淡化水主要集中在浙江、天津、山东等省份沿海缺水城市和岛屿。

二是再生水利用量占比大。从非常规水源利用分类看，再生水具有水源较为稳定、技术最为成熟、用户相对稳定的特点，2022年再生水利用量约占非常规水源利用总量的85.8%。

三是非常规水源用途相对单一。再生水主要用于生态环境和工业用水，两者利用量占再生水利用总量的80%以上。海水淡化水主要用于工业用水和市政供水，两者利用量占海水淡化水利用总量的88%。与国外先进国家非常规水源利用相比，我国利用非常规水源的用户相对单一。

第四节 典 型 案 例

一、某市再生水利用

2020年在全国31个省级行政区中，该市再生水利用量最多，利用量为12.0亿 m³，占全国再生水利用量的11.0%。

（一）水资源条件及开发利用状况

该市地处海河流域，是一座人口密集、水资源严重短缺的特大型城市。其年均形成水资源总量37.4亿 m³，人均水资源占有量不足300m³。根据该市《2020年水资源公报》数据，2020年全市总供水量为40.6亿 m³，其中地表水为8.5亿 m³，地下水13.5亿 m³，再生水12.0亿 m³，南水北调水6.6亿 m³。

（二）再生水配置利用水平

该市再生水利用工作始于20世纪80年代，主要是通过建设小型建筑中水设施处理生活污水，用于冲厕和绿化。1987年，市政府出台了《某市中水设施建设管理试行办法》。进入20世纪90年代，再生水利用由分散式建筑中水向集中式污水处理厂方向发展，一些大型污水处理厂相继建成。2001年以来，再生水设施建设得到了快速发展，实现了从削减污染物向污水资源化转变，建成了该市第一座高品质再生水厂。然而，污水处理和再生水利用工作在快速发展的同时，也面临着设施建设滞后于城市发展、处理能力严重不足的问题。2013 年以来，该市政府相继出台了《某市加快污水处理和再生水利用设施建设三年行动方案（2013—2015 年）》《某市进一步加快推进污水治理和再生水利用工作三年行动方案（2016 年 7 月—2019 年 6 月）》，污水处理率显著提高，基本解决了城镇地区污水处理能力不足的问题。

截至 2019 年年底，全市有大中型污水处理厂和再生水厂（规模 1 万 m^3/d 以上）共 67 座，污水处理能力 679.6 万 m^3/d，再生水生产能力 636.1 万 m^3/d。全市污水处理率达 94.5%，其中中心城区 99.3%，郊区 84%。

该市从 2004 年起，正式将再生水纳入水资源统一调配，再生水的利用量由 2 亿 m^3 增加到 2020 年的 12.0 亿 m^3，在全市总供水中的占比从 5.9% 上升到 29.6%。2019 年，该市再生水利用量中生产用水 0.7 亿 m^3，占再生水利用量的 6.1%；生活用水 0.2 亿 m^3，占比为 1.7%；生态环境用水 10.6 亿 m^3，占比为 92.2%，为再生水利用的主要用水户。

（三）再生水生产及输配模式

1. 生产工艺

该市污水处理厂和再生水厂采用的处理工艺大致分为 3 类，分别为化学处理工艺、膜处理工艺和曝气生物滤池 BAF 工艺，其中膜处理工艺较为常用。

2. 出水水质

随着再生水利用的发展，该市陆续颁布了城市污水再生利用的相关标准，初步构建了较为完善的再生水标准体系。2012 年，该市颁布了《城镇污水处理厂水污染物排放标准》（DB11/ 890—2012），此标准于 2012 年 7 月 1 日开始实施。要求主要出水指标一次性达到地表水 IV 类标准。其中排入该市 II、III 类水体的城镇污水处理厂执行 A 标准，排入 IV、V 类水体的城镇污水处理厂执行 B 标准。

3. 输配设施建设

截至 2019 年，该市共有排水管线 2.2 万 km，其中污水管线 1.3 万 km、雨水管线 0.83 万 km、合流管线 0.15 万 km、再生水管线 1719km。为实现再生水跨流域调度配置，建设了一系列再生水调水工程。

（四）再生水配置利用体制机制

1. 政策制度

2009 年，该市政府发布实施《某市排水和再生水管理办法》，要求将再生水纳入水资源统一配置，实行地表水、地下水和再生水等联合调度、总量控制；新建、改建工业企业、农田灌溉应当优先使用再生水，河道、湖泊、景观补充水优先使用再生水，再生水供水区域内的施工、洗车、降尘、园林绿化、道路清扫和其他市政杂用用水应当使用再生水。

2012 年，该市政府进一步修订完善《某市节约用水办法》。办法要求，该市用水要遵循生活用新水适度增长、环境用新水控制增长、工业用新水零增长、农业用新水负增长的原则。鼓励绿化使用雨水和再生水，逐步减少使用自来水。住宅小区、单位内部的景观环境用水和其他市政杂用水，应当使用雨水或者再生水，不得使用自来水。再生水输配水管线覆盖地区内的洗车服务单位，应当使用再生水。

2012 年以来，先后出台了《关于进一步加强污水处理和再生水利用工作的意见》《某市加快污水处理和再生水利用设施建设三年行动方案》《某市进一步加快推进污水治理和再生水利用工作三年行动方案》《某市进一步聚焦攻坚加快水环境治理工作实施方案》等，持续推进该市污水处理和再生水利用设施建设。

2018 年，该市人大及其常委会修订发布《某市水污染防治条例》。条例要求，生态环境用水应当优先使用雨水和再生水。严格限制使用地下水和自来水作为城市景观用水。住宅小区、单位内部景观用水和市政杂用水具备使用雨水或者再生水条件的，应当使用雨水或者再生水，不得使用地下水和自来水。

2022 年，该市发布《某市节水条例》，从取水、供水、用水和非常规水利用 4 个维度，对水的社会循环全过程节水作出制度规定，要求鼓励利用雨水、再生水等非常规水源，加快再生水管网建设，扩大再生水利用等。

2. 体制机制

2004 年，该市政府在原有市水利局的基础上，组建市水务局，将市政管理部门承担的供排水职能统一划归市水务局负责。市水务局承担对排水运营管理单位的监督等职能，指导各区县开展排水管理工作。

2018年年底，按照该市机构改革工作部署和要求，该市水务局对职能配置、内设机构和人员编制做了新的调整，并已获得市政府批准。2019年2月底，市水务局完成内设机构的调整工作，专门成立"污水处理与再生水管理处"，承担本市污水处理和再生水利用行业管理工作。

3. 再生水水价

自2003年以来，该市再生水价格一直维持在1元/m³，再生水与自来水价格相差3~4元/m³，大大推动了再生水的利用。2014年5月，该市发展改革委将再生水价格由政府定价管理调整为政府最高指导价管理，价格不超过3.5元/m³，与非居民自来水价格差距扩大到4.65元/m³。目前，绝大多数用户仍执行1元/m³的收费标准，利用价格杠杆激励再生水利用。

如经济开发区某园区内污水处理厂排出的中水价格为1元/m³，开发区确定的再生水价格为7元/m³，该市工商业自来水价格（城六区外）为9元/m³，且高品质再生水许多指标优于自来水，能够减低企业深度处理的成本；而且企业使用再生水还可以享受增值税优惠政策，实际价格约为6.1元/m³。

（五）再生水配置利用领域和模式

1. 配置利用领域

该市再生水主要用于生态环境补水、经济开发区工业用水和市政杂用水等领域。

2. 配置利用模式

（1）生态环境补水。通过河（渠）道自流、泵站提水等，用于公园内湖泊景观补水、河道生态补水等。目前大部分公园湖泊及河道均已使用再生水补水。

（2）经济开发区工业用水。经济开发区管委会投资建设园区内再生水基础设施，包括附近污水处理厂的中水入区、再生水水厂、园区内再生水输配管网，形成覆盖全区的再生水网络，拥有7万m³/d的再生水生产能力和10万m³/d的再生水输配能力，再生水直接入户。开发区建设的某些再生水厂等以污水处理厂排出的中水为原水，进一步处理形成高品质再生水，售卖给园区内的工业企业。目前经济开发区一些高科技产业全面使用再生水，园区内工业再生水利用量占工业用水总量的40%以上。

（3）市政杂用水。通过在主要市政道路沿线安装再生水加水机、建设专用加水站点，用作绿化、冲洗道路、施工降尘等取水设施。目前已在中心城区建设再生水供水站点85个。

二、某市海水淡化水利用

2020年在全国31个省级行政区中，该市的海水淡化水利用量排名第二，为0.4亿 m^3，占全国海水淡化水利用量的20%。

（一）水资源条件及开发利用状况

该市长期水资源短缺，人均本地水资源占有量仅160 m^3。此外，该市地下水超采严重，水质污染程度较高。根据该市《2020年水资源公报》，全市总供水量27.82亿 m^3，其中地表水19.23亿 m^3，地下水3.01亿 m^3，其他水源供水量5.58亿 m^3。

（二）海水淡化水配置利用水平

该市是我国最早开展海水淡化与综合利用技术研究应用的城市之一，也是国家海水淡化示范城市。该市海水淡化利用工作始于20世纪70年代末，主要研究热法海水淡化。1978年经国务院批准成立了自然资源部某海水淡化与综合利用研究所，专门从事海水淡化、海水直接利用、海水化学资源利用等海水利用技术研究。截至2019年年底，该市有海水淡化工程规模30.6万 t/d，占全国总规模的19.4%，在全国海水淡化工程的省份中排名第三，海水淡化水的利用集中在电力、钢铁、石化等高耗水行业。

（三）淡化海水生产工艺

该市采用海水淡化的工艺主要有三种：反渗透法、低温多效蒸馏法和多级闪蒸法。

（四）海水淡化水配置利用体制机制

1. 政策制度

自2005年以来，国家出台了《关于印发海水利用专项规划的通知》

（2005 年）、《国务院办公厅关于加快发展海水淡化产业的意见》（2012年）、《国家海洋局关于促进海水淡化产业发展的意见》（2012 年）、《科技部发展改革委关于印发海水淡化科技发展"十二五"专项规划的通知》（2012 年）、《某市海洋经济科学发展示范区规划》（2013 年）、《某市海洋经济发展试点工作方案》（2013 年）、《全国海水利用"十三五"规划》（2016 年）；该市出台了《某市海水资源综合利用循环经济发展专项规划（2015—2020 年）》（2015 年），促进了该市海水淡化产业的发展。其中，《某市海洋经济科学发展示范区规划》和《某市海洋经济发展试点工作方案》将海水利用行业列入 6 条核心产业链之一。

2. 体制机制

该市海洋局成立经济管理处后，负责推动海水淡化和综合利用等海洋产业发展，建立海洋经济业务支撑体系，开展海洋经济运行监测与评估、出台海洋产业专项规划和支持政策等一系列工作。

（五）海水淡化水配置利用领域和模式

1. 配置利用领域

该市淡化海水工程主要集中在电力、钢铁、石化等高耗水行业及市政供水。

2. 配置利用模式

高耗水行业主要用作冷却用水。

市政供水方向，是将海水淡化水与自来水按 1∶3 的比例掺混后进入市政管网供水。

三、某省集蓄雨水利用

2020 年在全国 31 个省级行政区中，该省的集蓄雨水利用量最大，为 2.1 亿 m^3，占全国集蓄雨水利用量的 25.6%。

（一）水资源条件及开发利用状况

该省位于我国西北部，多年平均降雨量仅为 276mm，人均水资源量仅占我国平均水平的 1/2。根据该省《2020 年水资源公报》，2020 年全省总供水量 109.9 亿 m^3，其中地表水 82.1 亿 m^3，地下水 23.6 亿 m^3，其他水源 4.2 亿 m³。

（二）集蓄雨水配置利用水平

该省集蓄雨水的利用发展史大致可分为技术形成阶段、示范应用阶段、推广利用阶段、完善发展阶段和拓展提升 5 个阶段。

20 世纪 80 年代后期为技术形成阶段，这一阶段主要开展雨水适用技术的试验研究，即主要探讨雨水适用技术理论可行性和技术上的持续性。20 世纪 90 年代前期为示范应用阶段，此阶段主要开展雨水集续利用技术的试点示范工作，即基于雨水集蓄的初步试验结果，选择典型区域开始雨水集蓄试点示范工作。20 世纪 90 年代中后期为推广利用阶段，重点开展了雨水集蓄技术的推广利用工作，包括"121 雨水集流工程"和"集雨节灌工程"等，并制定了《某省雨水集蓄利用工程技术标准》。21 世纪第一个十年为雨水集蓄工作的完善发展阶段，此阶段主要发展和完善雨水集蓄的利用工作，进一步挖掘有限的降水资源潜力。2010 年至今为雨水集蓄利用的拓展提升阶段，雨水集蓄利用已成为该省中东部地区发展农业生产、促进农村经济增长的重要支撑点。

截至 2008 年，全省共建成集雨水窖（池、塘）301 万眼（处），蓄水能力达 13545 万 m³。其中用于农村饮水水窖有 60 万眼，解决了 296 万人的饮水困难；用于灌溉的水窖有 241 万眼，发展农田补灌面积 480 万亩。

（三）集蓄雨水生产及输配模式

1. 雨水集蓄储存

集蓄方式：在该省中东部地区主要利用水窖和集流场对雨水进行集蓄。

储存方式：主要采用集水雨窖对集蓄雨水进行存储。

2. 集蓄雨水水质

对集雨水窖水体取样化验的结果显示，除细菌总数、总大肠菌群 2 项超标外，其余指标均符合《农村生活饮用水卫生标准》。对于细菌总数和大肠菌群超标问题可通过普通加药、煮沸等方法解决。因此，评价认为雨水集蓄利用工程水体可以作为干旱缺水地区农村饮水和灌溉用水水源。

3. 水窖建造程序

（1）根据形势、场地大小选择窖址。

（2）根据场地及土质确定窖型大小。

（3）修建配套工程，包括集流场、输水渠、沉沙地、防污栅、进水管、窖口井台、省力设施等，最后动工修建水窖。

（四）集蓄雨水相关政策性文件

1995 年，该省在经历 60 年未遇的特大干旱后，决定实施"121 雨水集流工程"，即每户修建 100m² 左右的集流场，两口水窖，一亩以上经济庭院。工程实施以后效益显著，稳定解决了农村吃水问题。

2007 年公示了《某省 2007 年第一、二批农村饮水安全项目》，包括雨水集蓄利用工程 300 处；《某省 2006 年第三、四批农村饮水安全项目》，包括雨水集蓄利用工程 1491 处。

2010 年该省财政厅和水利厅联合下达《关于抓紧报送 2010 年度第二批中央财政小型农田水利重点县和专项工程项目申报材料的通知》，要求重点建设雨水集蓄利用工程（蓄水容积小于 500m³）。

2011 年该省财政厅和水利厅联合下达《关于抓紧报送 2011 年度第三批中央财政小型农田水利重点县和专项工程项目申报材料的通知》，要求一般重点县以节水灌溉工程、末级渠系、小型水源工程和雨水集蓄利用工程建设为主。

2014 年该省水利厅下发《关于贯彻实施〈某省取水许可和水资源费征收管理办法〉的通知》。新办法按照国家实行最严格水资源管理制度和深化资源产权制度改革的要求，全面体现水资源管理控制指标，提出利用再生水、矿井排水、苦咸水和集蓄雨水等非常规水源不受用水总量控制指标限制，以政府令形式作此规定在全国尚属首次。

2019 年下达《关于征集国家成熟适用节水技术推广目录的通知》，要求申报雨水集蓄利用技术等成熟适用节水技术。

（五）集蓄雨水配置利用领域和模式

1. 配置利用领域

该省 2020 年集蓄雨水利用量为 2.1 亿 m³，主要用于农村饮水和农业灌溉。

2. 配置利用模式

农村饮水：主要用于人和牲畜日常生活饮水。

农业灌溉：通过集雨节灌工程，补充作物灌溉，提高作物产量。

四、某省微咸水利用

2020 年在全国 31 个省级行政区中，该省微咸水利用量在全国中排名第三，为 0.5 亿 m^3，占全国微咸水利用总量的 12.8%。

（一）水资源条件及开发利用状况

该省属于典型的资源型缺水省份，人均水资源占有量 307m^3，仅为全国平均水平的 1/4。该省 2020 年供水量为 182.8 亿 m^3，其中地表水源供水量 84.8 亿 m^3，地下水源供水量 88.2 亿 m^3，其他水源供水量 9.8 亿 m^3。

（二）微咸水配置利用水平

该省咸水主要分布在该省平原的中东部地区。该省在 20 世纪 60 年代就开始了微咸水的利用研究和尝试，并先后提出了培肥改盐、大水压盐、雨季淋盐、咸淡混浇及轮浇等措施。1989 年，某市利用微咸水进行水产养殖；1991 年，某县利用微咸水进行灌溉；2001 年，某市利用咸水淡化技术淡化咸水，解决了部分农村饮水问题。

（三）微咸水配置利用领域和模式

1. 配置利用领域

该省微咸水除用于农田灌溉和养殖业以外，还通过淡化技术处理咸水，用于农村饮用。

2. 配置利用模式

（1）农田灌溉。微咸水灌溉的方式主要有直接灌溉、咸淡水混灌和咸淡水轮灌三种方式。

（2）水产养殖。微咸水与一定比例的淡水混合用于发展海水鱼虾养殖。

（3）农村饮水。通过开发苦咸水淡化技术，使水质基本达到纯净水标准。

【思考题】

1. 针对当前我国非常规水源的利用情况和存在问题，如何进一步提高非常规水源的开发利用水平？

2. 我国已出台哪些优惠政策促进非常规水源的开发利用？

第七章　县域节水型社会达标建设

【本章概述】

本章主要内容为县域节水型社会达标建设工作背景、评价标准、管理办法、进展情况及成效等。为推动各地顺利开展县域节水型社会达标建设工作，总结了部分省、市、县的典型经验做法及案例，供参考借鉴。

第一节　工　作　背　景

2016 年 12 月，《中共中央　国务院关于深入推进农业供给侧结构性改革加快培育农业农村发展新动能的若干意见》（中发〔2017〕1 号）提出"开展县域节水型社会建设达标考核"。2017 年水利部决定在全国范围内开展县域节水型社会达标建设工作，在"十五""十一五"开展 100 个全国节水型社会试点建设的基础上，印发《关于开展县域节水型社会达标建设工作的通知》（水资源〔2017〕184 号），制定《节水型社会建设评价标准（试行）》，部署在全国范围内开展县域节水型社会达标建设工作。明确了 2020 年总体目标，达标建设主要任务、考核程序和保障措施。到 2020 年，北方各省（自治区、直辖市）40％以上县（区）级行政区、南方各省（自治区、直辖市，西藏除外）20％以上县（区）级行政区应达到《节水型社会评价标准（试行）》要求。

2019 年，国家发展改革委和水利部联合印发《国家节水行动方案》，要求以县域为单元，全面开展节水型社会达标建设，到 2022 年，北方50％以上、南方 30％以上县（区）级行政区达到节水型社会标准。2021年 10 月，国家发展改革委、水利部、住房城乡建设部、工业和信息化部、农业农村部联合印发《"十四五"节水型社会建设规划》（发改环资〔2021〕1516 号），明确到 2025 年，北方 60％、南方 40％以上县（区）级行政区达到节水型社会标准。

2020 年 3 月，《全国评比达标表彰工作协调小组办公室关于公布第一批全国创建示范活动保留项目目录的通告》中保留了县域节水型社会达标建设。

2021 年 12 月，水利部印发《县域节水型社会达标建设管理办法》（水节约〔2021〕379 号），规范和促进县域节水型社会达标建设。

第二节　评　价　标　准

2023 年水利部完成《节水型社会评价标准（试行）》修订工作，印发《节水型社会评价标准》。标准中明确总分达到 85 分及以上的县级行政区认定为达到节水型社会标准要求。

标准共 5 部分内容，包括适用范围、必备条件、评价内容、评价方法以及节水型社会评价赋分表。

一、适用范围

本标准适用于直辖市所辖区，设区市所辖区，县（县级市、自治县、旗）等节水型社会评价工作。

经济开发区等区域的节水型社会达标建设可参照本标准进行评价。

二、必备条件

（1）制定县域节水型社会达标建设实施方案，明确达标建设目标任务、责任分工和完成时限。

（2）评价年县域用水总量和强度符合控制指标要求。

（3）评价年县域江河取水量和地下水取水量符合控制指标要求。

（4）评价年中央环保督察、长江经济带和黄河流域生态环境警示片、中央巡视、国家审计、媒体报道等未发现节水重大问题。

三、评价内容

本标准评价指标共分 12 项，具体包括用水定额管理、计划用水管理、用水计量、水价机制、节水评价、节水"三同时"管理、节水载体建设、供水管网漏损控制、生活节水器具推广、非常规水源利用、节水宣传和加分项。12 项评价指标细化为 24 项评价内容。

四、评价方法

（1）除标准特别指出之外，计算得分采用上一年的资料和数据进行评价。

（2）发现同一问题，涉及多个评价指标扣分项的，不重复扣分。

（3）总分 85 分及以上者认定为达到节水型社会标准要求。

五、节水型社会评价赋分表

（一）用水定额管理（8 分）

在水资源论证、节水评价、取水许可、计划用水、节水载体认定等工作中符合用水定额管理规定的，得 8 分；发现（指在复核评估、评价年监督检查中发现，下同）一例不符合用水定额管理规定的，扣 1 分，扣完为止。

（二）计划用水管理（8 分）

纳入计划用水管理的用水单位数量占应纳入计划用水管理的用水单位数量比例达到 100%，得 8 分；每低 2%，扣 1 分，扣完为止；发现一例计划用水管理不规范的，扣 1 分，扣完为止。

（三）用水计量（8 分）

1. 农业灌溉用水计量率（4 分）

北方地区：农业灌溉用水计量率≥80%，得 4 分；每低 3%，扣 1 分，扣完为止；南方地区：农业灌溉用水计量率≥60%，得 4 分；每低 3%，扣 1 分，扣完为止；发现大中型灌区渠首和干支渠口门没有实现取水计量的，每处灌区扣 1 分，扣完为止；发现有 5 万亩以上的大中型灌区渠首取水口未实现在线计量的，每处灌区扣 1 分，扣完为止。

2. 工业用水计量率（4 分）

工业用水计量率为 100%，得 4 分；每低 2%，扣 1 分，扣完为止；发现一例工业用水计量不符合要求的，扣 1 分，扣完为止；发现有国家、省、市三级重点监控工业企业用水户用水计量率未达到 100％ 的，本项不得分。

（四）水价机制（20分）

1. 推进农业水价综合改革（4分）

农业水价综合改革实际实施面积占全县灌溉面积比例达到 80％ 的，得 2 分；每低 1％，扣 0.1 分，扣完为止；印发农业水价综合改革精准补贴办法的，得 1 分；财政落实农业水价综合改革精准补贴资金的，得 1 分。

2. 实行居民用水阶梯水价制度（4分）

实行城镇居民生活用水阶梯水价制度，得 4 分；发现一例制度未有效落实的，扣 1 分，扣完为止。

3. 推进农村供水工程水费收缴（4分）

农村集中供水工程水费收缴率 ≥90％，得 4 分；每低 1％，扣 0.2 分，扣完为止。

4. 实行非居民用水超计划超定额累进加价制度（4分）

实行非居民用水超计划超定额累进加价制度，得 4 分；发现一例制度未有效落实的，扣 1 分，扣完为止。

5. 水资源费（税）征缴（4分）

按标准足额征缴水资源税（费），得 4 分；发现一例未足额征缴，且未采取催缴措施的，扣 1 分，扣完为止。

（五）节水评价（6分）

严格落实节水评价制度，得 6 分；发现一例在水资源论证、相关规划编制等工作中节水评价应开展未开展或不符合技术、管理要求的，扣 1 分，扣完为止。

（六）节水"三同时"管理（6分）

新建、扩建、改建建设项目全部执行节水"三同时"管理制度，得 6 分；发现一例未落实节水"三同时"管理制度的，扣 1 分，扣完为止。

（七）节水载体建设（16分）

1. 节水型灌区建设（4分）

通过省级复核确认的大中型节水型灌区面积占全县灌溉面积 70％ 以

上，得 3 分；占 60%～70%（含）得 2 分；占 50%～60%（含）得 1 分。其中，一个以上大中型节水型灌区通过水利部复核确认的，加 1 分。

2. 节水型企业建设（4 分）

北方地区：重点用水行业节水型企业建成率≥50%，得 4 分；每低 2%，扣 1 分，扣完为止；南方地区：重点用水行业节水型企业建成率≥40%，得 4 分；每低 2%，扣 1 分，扣完为止；发现一例节水型企业建设不规范，未达到节水型企业相关标准的，扣 1 分，扣完为止。

3. 公共机构节水型单位建设（4 分）

公共机构节水型单位建成率≥50%，得 4 分；每低 2%，扣 1 分，扣完为止；发现一例公共机构节水型单位建设不规范，未达到公共机构节水型单位相关标准的，扣 1 分，扣完为止。

4. 节水型居民小区建设（4 分）

北方地区：节水型居民小区建成率≥20%，得 4 分；每低 1%，扣 2 分，扣完为止；南方地区：节水型居民小区建成率≥15%，得 4 分；每低 1%，扣 2 分，扣完为止；发现一例节水型居民小区建设不规范，未达到节水型居民小区相关标准的，扣 1 分，扣完为止。

（八）公共供水管网漏损率（8 分）

按《城镇供水管网漏损控制及评定标准》（CJJ 92）规定核算后的漏损率≤9%，得 8 分；每高 1%，扣 1 分，扣完为止。

（九）生活节水器具推广（6 分）

公共场所和新建小区居民家庭全部采用节水器具，得 6 分；发现一例不符合节水标准或不符合水效标识管理规定的，扣 1 分，扣完为止。

（十）非常规水源利用（8 分）

1. 加强非常规水源配置利用（2 分）

对具备非常规水源利用条件的用水户，在下达用水计划时配置非常规水源的，得 2 分；发现一例应配置而未配置的，扣 1 分，扣完为止。

2. 再生水利用率（6 分）

北方地区：再生水利用率≥20%，得 6 分，每低 1%，扣 1 分，扣完为止；南方地区：再生水利用率≥15%，得 6 分，每低 1%，扣完为止。

（十一）节水宣传（6分）

在世界水日、中国水周、城市节水宣传周开展节水宣传活动，得3分；开展节水宣传进机关、进校园、进企业、进社区、进农村等活动，每做一项得1分，最多得3分。

（十二）加分项（10分）

1. 节水激励机制（2分）

本级人民政府对节水项目建设、节水科技创新、节水技术推广应用、节水产业发展等出台补贴或其他激励政策，加2分。

2. 节水示范引领（2分）

县域内有企业、公共机构、产品、灌区被评为国家级水效领跑者的，加2分；被评为省级水效领跑者或省级节水标杆的，每个加1分；本项最多加2分。

3. 合同节水管理（3分）

每实施一个合同节水管理项目加1分，本项最多加3分。

4. 水权市场化交易（3分）

每实施一笔水权市场化交易加1分，本项最多加3分。

第三节　管　理　办　法

水利部高度重视县域节水型社会达标建设工作，每年将其作为年度重点督办考核事项，并将省级完成情况纳入实行最严格水资源管理制度考核。全国节约用水办公室狠抓工作落实，建立工作台账，强化过程管理，加强业务指导和政策标准解读，对重点省份进行现场调研指导，对滞后省份进行"一省一单"督导；争取中央财政资金支持，自2019年每年安排5亿元中央节水补助资金，推进县域达标建设；全国节约用水办公室组织水利部水资源管理中心和各流域机构加强技术指导，严格监督管理，并定期举办培训班，开展达标建设复核。按照水利部工作部署和要求，各省级水行政主管部门提出总体目标、年度工作计划和保障措施，组织编制县域达标建设实施方案，加强工作推动，强化过程指导和监督管理，全面推进辖区内县域达标建设工作。县级人民政府进一步强化节水观念，积极发挥政府主导作用，制定县域达标建设工作方案，认真落实目标责任，绝大部分县域都建立了节水型社会建设工作领导小组。

一、责任分工

按照《县域节水型社会达标建设管理办法》要求，水利部负责达标建设的组织指导、标准制定、复核认定和监督管理等工作；流域管理机构根据职责分工，负责达标建设的复核、监管等工作；省级水行政主管部门负责推动县级人民政府开展达标建设，组织开展审核、监管、评估等工作。

县级人民政府应发挥积极主导作用，落实主体责任，组织制定达标建设具体方案，分解落实目标任务和保障措施，建立健全工作机制，确保按期完成达标建设任务。通过完善节水相关政策制度，加强节水宣传，实行节水激励政策，开展节水载体创建、管网改造、完善计量设施等工作，扎实推进县域节水型社会达标建设。

二、申请审核

县级人民政府应按照《节水型社会评价标准》进行自评，自评得分达到 85 分及以上的，向省级水行政主管部门提出审核申请。申请材料包括申请文件、达标建设工作报告、指标完成情况、具体说明及必要佐证材料等。

省级水行政主管部门应审核申请材料的合规性和真实性；依据节水型社会评价标准，审核指标完成情况；现场核查相关指标完成情况。审核通过的县（区）名单，由省级水行政主管部门公示不少于 5 个工作日。省级水行政主管部门应对公示期收到的投诉和举报问题，组织调查核实。于每年 12 月底前，将本年度达标建设审核情况及必要佐证材料形成省级年度达标建设工作报告上报水利部。

三、复核监管

水利部组织流域管理机构按照职责分工对备案县（区）的达标建设

情况进行复核。复核包括资料复核和现场复核。资料复核主要对备案资料合规性、审核程序规范性、指标赋分合理性和各项建设指标完成情况进行核验。现场复核主要对资料复核中发现的需要现场核实的问题、相关指标完成情况等进行复核。现场复核县（区）比例一般不低于上报县（区）总数的20%。水利部根据复核情况进行审议，审议通过后公告达标县名单。

流域管理机构和省级水行政主管部门应对达标县进行日常监管，督促达标县对发现的问题限期整改。对整改后仍不满足节水型社会评价标准的县（区），上报水利部取消其达标县命名，被取消达标县命名的三年内不得重新申请。

省级水行政主管部门对达标县每五年开展一次评估，并将评估结果于当年12月底前报送水利部。经评估发现未持续巩固达标建设成果、已不满足节水型社会评价标准的县（区），水利部取消其达标县命名。被取消达标县命名的三年内不得重新申请。

第四节　进展情况及成效

一、进展情况

截至2022年年底，全国节约用水办公室共组织完成五批次31个省（自治区、直辖市）的县域节水型社会达标建设复核工作，1443个县（区）被评为达标县（区）。

2019年3月12日水利部以《关于公布第一批节水型社会建设达标县（区）名单的公告》（2019年第5号），向社会公布了第一批65个达标县（区）名单；2019年11月12日《关于公布第二批节水型社会建设达标县（区）名单的公告》（2019年第14号），公布了第二批201个达标县（区）名单；2020年11月25日《关于公布第三批节水型社会建设达标县（区）名单的公告》（2020年第21号），公布了第三批350个达标县（区）名单；2021年7月15日《关于公布第四批节水型社会建设达标县（区）名单的公告》（2021年第6号），公布了第四批478个达标县（区）名单；

2022 年 12 月 30 日《关于公布第五批节水型社会建设达标县（区）名单的公告》（2022 年第 19 号），公布了第五批 349 个达标县（区）名单。

经水利部公布的 1443 个达标县（区）中，北方地区共 792 个县（区），南方地区共 651 个县（区）。北方地区总完成比例为 60%，完成比例最高的是北京市、天津市，已完成全部县（区）的达标县（区）创建工作；南方地区总完成比例为 43%，完成比例最高的是江苏，达到 72%。基本完成 2025 年北方 60%、南方 40% 的建设目标（见表 7-1）。

表 7-1 各省（自治区、直辖市）县域节水型社会达标建设进展统计

分类	序号	省级行政区	县级行政区数量	实际建设数量					累计完成	累计完成占比/%
				第一批	第二批	第三批	第四批	第五批		
北方	1	北京	16	3	4	9	0	0	16	100
	2	天津	16	0	0	9	5	2	16	100
	3	河北	167	0	18	24	36	21	99	59
	4	山西	117	0	0	25	24	12	61	52
	5	内蒙古	103	15	0	20	11	10	56	54
	6	辽宁	100	0	4	9	27	10	50	50
	7	吉林	60	0	0	2	22	19	43	72
	8	黑龙江	121	4	7	9	29	27	76	63
	9	山东	136	14	23	26	31	25	119	88
	10	河南	157	0	41	30	24	15	110	70
	11	陕西	107	11	18	11	14	13	67	63
	12	甘肃	86	0	0	20	19	11	50	58
	13	宁夏	22	0	5	4	2	2	13	59
	14	新疆	107	0	0	0	8	8	16	15
	小计		1315	47	120	198	252	175	792	60
南方	1	上海	16	0	2	3	4	0	9	56
	2	江苏	95	7	11	14	13	23	68	72
	3	浙江	90	0	24	15	13	12	64	71

续表

分类	序号	省级行政区	县级行政区数量	实际建设数量					累计完成	累计完成占比/%
				第一批	第二批	第三批	第四批	第五批		
南方	4	安徽	104	0	4	15	35	17	71	68
	5	福建	84	0	0	8	14	4	26	31
	6	江西	100	0	7	16	10	7	40	40
	7	湖北	103	0	0	11	10	10	31	30
	8	湖南	122	0	0	5	21	16	42	34
	9	广东	122	0	0	10	20	13	43	35
	10	广西	111	6	10	6	10	13	45	41
	11	海南	25	0	0	0	4	3	7	28
	12	重庆	38	0	4	4	4	6	18	47
	13	四川	183	0	0	15	30	21	66	36
	14	贵州	88	0	7	12	8	8	35	40
	15	云南	129	5	8	13	22	14	62	48
	16	西藏	74	0	0	0	2	3	5	7
	17	青海	44	0	4	5	6	4	19	43
小计			1529	18	81	152	226	174	651	43
全国合计			2844	65	201	350	478	349	1443	51

注　县级行政区数量采用《中国统计年鉴（2020）》发布的 2019 年底统计数据。

二、取得成效

县域节水型社会达标建设实践，全方位推动了以县级行政区为单元的节约用水工作，提升了全社会节水意识，提高了区域节水水平和用水效率，促进了区域粗放用水方式向高效节约集约用水方式转变。通过县域达标建设，各县（区）严格落实用水总量和用水效率控制目标，用水总量得到有效控制，用水效率进一步提升。在推进政府主导、加强建设保障、强化节水意识等方面均取得显著成效。

（一）政府主体责任得到有效落实

县级人民政府是县域节水型社会达标建设的主体，对达标建设工作起到关键的主导作用。近年来，县级人民政府节水意识不断提升，充分发挥政府的主导作用，落实主体责任，强化部门联动，积极推动县域节水型社会达标建设。大部分县（区）成立了达标建设领导小组，由政府负责领导担任组长，相关职能部门参与，强化组织保障和经费保障，协同推进达标建设。

（二）制度建设进展明显

各地在开展节水型社会建设过程中，按要求制定了节水"三同时"、定额管理、计划用水管理、阶梯水价等节水政策性文件，节水管理制度体系日趋完善，有效规范了用水行为，提高了节水管理水平。81％的县（区）对应纳入计划用水管理的用水单位实现"应纳尽纳"；91.7％的县（区）提供有效材料证明实行了居民用水阶梯水价制度；95.5％的县（区）提供有效材料证明实行了非居民用水超计划超定额累进加价制度。

（三）强化各领域节水及载体建设

农业节水方面，开展灌区节水改造，不断提高灌溉利用效率。北方地区农业用水计量率平均为80％，南方地区农业用水计量率平均为62％。工业节水方面，严格用水定额管理，加强工业用水计量安装，工业用水计量率稳步提高。城镇节水方面，推进供水管网漏损改造，积极推广节水器具，开展多种形式的节水宣传，绝大多数县（区）公众场所及新建居民小区节水器具普及率达到100％。达标县（区）重点用水行业节水型企业和公共机构节水型单位平均建成率超过55％，节水型居民小区平均建成率超过25％。通过发挥节水载体典型示范和辐射带动作用，提高了区域节水水平和用水效率。

（四）节水理念不断提升

各地围绕推动县域达标建设，利用世界水日、中国水周等时间节点组织节水宣传活动，借助新媒体丰富节水宣传方式，普及水情知识和节水常识，营造全社会节水、爱水、护水的氛围。如全国节约用水办公室组织开展"县委书记谈节水"活动，达标县（区）县委书记畅谈和分享

151

县域达标建设的创新理念、经验做法与实践成效，通过《中国水利报》和"节水护水在行动"微信公众号开设专栏进行广泛宣传，发挥示范引领作用，深化节水型社会建设成果。

第五节　经　验　做　法

在县域节水型社会达标建设实践探索过程中，各地区结合自身实际，提高认识，从强化各部门合作、加强政策引领、提供资金保障、加大节水宣传等多方面开展节水型社会建设工作，积累了许多行之有效的经验和做法，值得学习和借鉴。

一、强化责任监督，部门协同推进

各省（自治区、直辖市）认真部署，合理布局，制定了年度计划，有效地保障了县域节水型社会达标建设工作顺利推进。省级层面结合《国家节水行动方案》实施，健全节水协调联动机制，落实节水考核。

某省成立了由水利厅厅长任组长，水利厅、发展改革委、经信厅、住建厅、农业农村厅5个部门分管领导任副组长，财政厅、生态环境厅、自然资源厅等20个部门为成员单位的"5＋20"省级节约用水工作联席会议机制，并印发文件，明确各单位工作任务，制定各年度任务清单，扩大节水工作的参与面和认可度；某省将推进节水型社会建设列入省委全面深化改革2018—2022年行动计划，写进省委常委会工作要点，实施国家节水行动2019—2021年连续三年写入省生态文明体制改革工作要点，将用水效率完成情况作为推进河湖长制的重要内容，对市（自治州）党政领导班子进行严格考核，强化地方政府节约和保护水资源的主体责任；某直辖市由市政府发文部署节水型区创建工作，多部门协同发力，建立工作长效机制。各级水行政主管部门和节水办发挥主牵头作用，建立了良好的部门联动机制，形成了良性工作制度。建立市、区两级节水管理部门研究信息共享机制，畅通沟通渠道，充分共享管户信息，研究计划用水户分级标准，以管户为基本单元进行管理。建立部门间长效工作机制，构建运转规范的日常监管体系，完善用水台账制度和节水信息统计制度，及时录入该市节水管理信息系统，积极创建公众参与和社会监督机制，提升节水型区建设公众参与度。动态调整考核标准，按照《水利部关于开展县域节水型社会达标建设工作的通知》的要求，参考相关评价标准，随着国家节水行动的深入实施，不断优化、动态调整创建评估标准。

绝大多数达标县（区）制定了达标建设实施方案或规划，由政府批复后实施，并成立了达标建设领导小组，由政府负责领导担任组长，相关职能部门参与，协同推进达标建设，为推进达标建设工作提供组织保障。某县制定了县域达标建设目标责任制、考核制和问责制，明确各相关单位分工要求，并作为县政府年终目标考核内容。

二、加强政策引领，强化资金保障

各地水资源禀赋条件、用水结构、经济水平、产业布局和管理能力等存在较大差异，在节水工作中各地因地制宜，完善助力节水产业发展的价格、投融资政策，增强用水户节水的内生动力。

某些省推出"节水贷"，明确节水型企业或实施节水技改项目的企业可享受低息贷款；某自治区出台了节约用水奖励、高效节水灌项目"先建后补"、水资源税奖补等办法，初步建立了节水激励奖补的新格局，对达标县（区）奖补 300 万元；某区每年从水资源费返还款中列支 10％用于节水型社会建设；某县加强对节水型企业建设工作的政策引导和支持，在争取项目安排技术改造、清洁生产等财政专项资金时，优先支持节水型企业，同等条件下，优先保证节水型企业新建（改、扩）项目用水需求；某县积极创新节水补助模式，在实行居民阶梯水价基础上执行更优惠节水价格，当每人每月用水量不超过 2m³ 时，执行更优惠的水价 1.55 元/m³，比最低一级阶梯水价（每人每月 3m³ 以内）低 0.4 元/m³；某区自 2010 年开始，累计投入 2.4 亿余元大力发展以再生水为代表的非常规水利用工程，分批次实施全区中水回用设施改造。至 2021 年，该区再生水利用率为 44.8％。再生水的广泛应用，大幅度提高了该区水资源利用效率，也减少了污染物排放，取得了良好的经济效益、社会效益和生态效益。

三、注重理念培育，提升节水意识

各地在节水型社会达标建设过程中开展了形式多样的节水宣传活动，利用新媒体扩大节水宣传覆盖面，在"世界水日""中国水周"期间持续开展节水宣传活动的同时，注重节水宣传的日常化，把节水宣传融入到人们的日常生活、生产、教育中去。

某省水利厅通过多年努力打造了节水品牌形象大使"水宝"，组织了"水宝小当家 节水进万家"节水护水志愿服务活动，编制了以"水宝"为主角的《节水知识科普读物》《节水知识挂图》和《节水总动员》动画片，受到社会各界广泛关注和好评；某自治区水利厅会同自治区党委宣传部、团委等8部门联合开展了"节水护水，保护河湖"主题宣传教育活动，推出70篇优秀作文，制作12部优秀微电影、微视频、纪录片和公益广告，评选出5名"节水大使"和"节水小卫士"，吸引了30多万名青少年广泛参与；某省水利厅联合共青团、西部网启动"寻找节水达人"主题活动，公众广泛参与，吸引上百万人关注；某县县政府组织了"节水杯"绘画比赛、"共享—水—文明"主题征文、节水进校园等形式多样的节水宣传，社会各界积极参与；部分达标县（区）还结合农村集日、旅游名胜资源、少数民族特色等，开展节水宣传教育活动，节水理念逐步深入人心，取得较好的宣传成效。

【思考题】

县域节水型社会达标建设主体是县级人民政府，涉及水行政、发改、财政、住建、工信、农业农村、市场监管、教育等部门，如何建立节约用水工作部门协调机制，高效协调解决节水工作中的重大问题，将各项节水政策制度、措施要求落到实处，是各级水行政主管部门在下一步工作中需要重点考虑的一个问题。

第八章 节水载体建设

【本章概述】

本章主要内容为节水载体建设概况、节水型灌区、节水型企业、公共机构节水型单位（水利行业节水机关、节水型高校）、节水型社区（居民小区）的建设情况，包括相关要求、建设标准、建设成果等内容。

第一节 建设概况

一、定义及分类

根据《节约用水 术语》（GB/T 21534—2021）的规定，节水载体是指采用先进适用的管理措施和节水技术，用水效率达到一定标准或同行业先进水平的用水单位或区域。

本章所述节水载体包括节水型灌区、节水型企业、公共机构节水型单位（水利行业节水机关、节水型高校）、节水型社区（居民小区）等。

二、建设意义

节水载体建设是高质量发展的现实需要。水是保障农业发展、工业生产、城镇建设、居民生活的重要生产力要素。随着工业化和城市化快速发展，我国水资源环境约束问题突出，转变高耗水生产方式、生活方式势在必行。目前，我国水资源利用效率仍然不高，与高质量发展的要求仍有差距。大力推进节水载体建设，有利于推动淘汰高耗水高污染生产方式和落后产能，推动产业绿色低碳转型升级、经济提质增效，是实现经济社会发展与人口、资源、环境良性循环的现实需要。

节水载体建设是保障水安全的重要举措。当前，我国水安全形势严峻，新老问题叠加，水资源短缺、水生态损害、水环境污染等问题在不同时空时有显现。"治国先治水",节约用水是治水的关键所在,也是解决错综复杂的水安全问题的前提。以用水单位为主体,开展节水载体建设,一是可以抑制不合理用水需求,从总量上减少水资源消耗;二是可以提升用水效率,控制水资源开发利用强度;三是可以减少工业和城镇废污水排放,减少水处理的能源消耗。通过节水载体建设,可以保障我国水安全,以水资源可持续利用支撑经济社会高质量发展、可持续发展。

节水载体建设是生态文明建设的应有之义。人与自然和谐共生是生态文明的鲜明特征,也是社会主义现代化强国的重要标志。"逐水而居"反映了水对人类生存和发展的极端重要性,人水和谐是人类社会的不懈追求。节水载体建设涉及农业、工业、服务业等领域,涵盖党政机关、企事业单位、居民小区、农业灌区等主体,必须从建设生态文明的战略高度认识节水的重要性,以节水载体建设践行绿水青山就是金山银山的理念,推动将节约用水贯穿于经济社会发展全过程各领域,加快形成节水型生产和生活方式,为实现人与自然和谐共生提供有力支撑。

三、建设成效

多年来,我国大力推进节水载体建设,探索总结节水载体建设模式和经验,成效显著。2012 年起,水利部会同相关部委积极推进工业企业、农业灌区、公共机构、居民小区等开展节水载体建设,引导全社会节约用水良好风尚(见表 8-1)。2019 年起,水利部发挥"刀刃向内、自我革新"精神,推动水利行业全面建成节水机关,探索可向社会复制推广的节水机关建设模式。全国各地各行业扎实推进节水载体建设工作,探索适合本地区本行业的节水载体建设模式,取得了显著成效。为强化节水型单位创建管理,2020 年水利部办公厅印发《关于开展节水载体信息统计登记工作的通知》(办节约〔2020〕193 号),组织建立节水载体名录库,将地方各级水行政主管部门创建公布的节水型单位纳入名录库。

据《节水载体名录库》相关数据,截至 2022 年年底,全国累计创建节水载体 13.80 万个,其中,节水型灌区 869 个,节水型工业企业 20340 个,节水型单位 88038 个,节水型居民小区 28837 个。

表 8-1　　　　　　　　节水载体建设政策文件

序号	文 件 名 称	文　号	发布部门
1	工业和信息化部　水利部　全国节约用水办公室关于深入推进节水型企业建设工作的通知	工信部联节〔2012〕431 号	工业和信息化部水利部全国节约用水办公室
2	水利部　国家机关事务管理局全国节约用水办公室关于开展公共机构节水型单位建设工作的通知	水资源〔2013〕389 号	水利部国家机关事务管理局全国节约用水办公室
3	全国节约用水办公室关于开展节水型居民小区建设工作的通知	全节办〔2017〕1 号	全国节约用水办公室
4	水利部关于开展水利行业节水机关建设工作的通知	水节约〔2019〕92 号	水利部
5	水利部　教育部　国家机关事务管理局关于深入推进高校节约用水工作的通知	水节约〔2019〕234 号	水利部教育部国家机关事务管理局
6	水利部办公厅关于深入推进市县级水利行业节水机关建设工作的通知	办节约〔2020〕95 号	水利部
7	水利部办公厅关于开展 2020 年高校节约用水有关工作的通知	办节约〔2020〕178 号	水利部
8	水利部办公厅关于深入开展节水型灌区创建工作的通知	办农水〔2021〕107 号	水利部
9	水利部办公厅关于开展水利行业节水型单位建设工作的通知	办节约〔2021〕119 号	水利部
10	国家机关事务管理局办公室水利部办公厅关于深入推进公共机构节约用水工作的通知	国管办发〔2021〕33 号	国家机关事务管理局水利部
11	水利部办公厅　教育部办公厅国家机关事务管理局办公室关于开展节水型高校典型案例遴选工作的通知	办节约〔2022〕4 号	水利部教育部国家机关事务管理局

第二节　节水型灌区

一、建设要求

根据水利部农村水利水电司的数据，截至 2020 年，我国现有设计灌溉面积 30 万亩以上的大型灌区 459 处，有效灌溉面积 2.8 亿亩，约占全国耕地灌溉面积的 27%。现有设计灌溉面积 1 万亩以上的中型灌区 7380 处，有效灌溉面积 2.4 亿亩，约占全国耕地灌溉面积的 23.5%。大中型灌区生产的粮食约占全国粮食总产量的 50%，是我国重要的粮食生产功能区和重要农产品生产保护区，并具有重要的生态功能，在北方生态脆弱地区灌区是当地不可替代的生态屏障。同时，大中型灌区年均灌溉用水量 2150 亿 m^3 左右，占全国农业灌溉用水总量的 63%，是我国农业节水的主战场。

2021 年 4 月，水利部印发了《水利部办公厅关于深入开展节水型灌区创建工作的通知》（办农水〔2021〕107 号），要求省、市、县级水利机关要以提升农业用水效率、保障国家粮食安全，促进灌区高质量发展为目标，深入开展节水型灌区创建工作，有效推进灌区建立完善节水制度、创新节水体制机制、提高节水技术应用水平，促进农业用水方式由粗放向节约集约转变，以水资源的可持续利用支撑经济社会的可持续发展。

具体创建目标：实施大中型灌区续建配套和现代化改造的灌区要率先创建节水型灌区，力争到 2022 年，先行创建 150 个具有区域特色的节水型灌区；到 2030 年，力争 30% 的大中型灌区达到节水型灌区标准。

创建基本条件如下：

（1）现状灌溉面积达到 1 万亩及以上、具有相对独立统一的管理主体。

（2）灌区已办理取水许可证且灌溉水量不超过取用水许可或分配用水量指标。

（3）近 3 年内未发生工程安全、水质安全或重大水事纠纷等事件。

此外，地方积极探索，制定地方节水型灌区标准，推进节水型灌区建设。2009 年，江苏省发布了地方标准《江苏省节水型灌区评价标准》（DB32/T 1368—2009），规定了节水型灌区的相关术语和定义、评价指标体系、评价方法、评价程序。2017 年，宁夏回族自治区发布地方标准《节水型灌区评价标准》（DB64/T 1536—2017），规定了节水型灌区的相关术语和定义、评价指标体系、评价方法、评价程序，适用于自治区境内相对独立的灌区节水评价和农业示范区节水评价。

二、建设标准

2021 年 4 月，水利部印发了《水利部办公厅关于深入开展节水型灌区创建工作的通知》（办农水〔2021〕107 号），明确了节水型灌区评价指标，包括工程设施、用水管理、灌区管理和节水宣传 4 类共 9 项指标，总计 100 分（见表 8-2）。各省（自治区、直辖市）可结合本省（自治区、直辖市）实际适当增加指标，确定指标计算方法与评分标准；节水型灌区评价总得分应不低于 90 分。

表 8-2　　　　　　　　　　　节水型灌区评价指标

指标类型	评价指标	赋　分　说　明	赋分建议
工程设施	灌溉供水保障率	灌溉供水保障率达到 100%，得 10 分。黄淮海、东北和西北地区每降低 1%，扣 0.5 分；南方地区每降低 1%，扣 1 分。扣完为止	10
	有效灌溉面积占比	有效灌溉面积应占设计灌溉面积比例达 80% 以上，达到 80%，得 6 分；每增加 1%，加 0.2 分	10
用水管理	灌溉水有效利用系数	灌区灌溉水有效利用系数应超过本省（自治区、直辖市）同规模同类型灌区平均值且大型灌区灌溉水利用系数不低于 0.5，中型灌区不低于 0.55，达到平均值得 10 分；每增加 0.01，加 0.5 分	15
	用水计量率	黄淮海、西北和东北地区干支渠口门计量率应超过 80%，南方地区干渠口门计量率应超过 80%，达到 80%，得 10 分；每增加 1%，加 0.25 分	15
灌区管理	"两费"落实率	工程维修养护经费落实率应超过 60%，达到 60%，得 3 分；每增加 1%，加 0.05 分； 人员基本支出经费落实率应超过 80%，达到 80%，得 3 分；每增加 1%，加 0.1 分	10

指标类型	评价指标	赋　分　说　明	赋分建议
灌区管理	执行水价	执行水价达到运行维护成本水价，或未达到运行维护成本水价，但已落实财政补贴且工程运维经费有稳定保障，得10分；低于成本水价且未落实财政补贴的，低于成本水价每减少10%，扣2分	10
	水费收缴率	实行按量收费，水费收缴率应超过90%，达到90%，得8分；每增加1%，加0.2分； 实行按面积收费，水费收缴率应超过90%，达到90%，得6分；每增加1%，加0.2分； 实行财政转移支付收费的灌区，视同实收水费，计算方法同上	10
	取水许可	灌区主要水源取得取水许可证，或已完成灌区用水分配指标确定，得10分； 西北、黄淮海地区近3年平均用水量每超过取水许可量或用水分配指标的5%，扣2分，扣完为止； 东北、南方地区近3年平均用水量每超过取水许可量或用水分配指标的5%，扣1分，扣完为止	10
节水宣传	节水宣传与培训	充分利用新闻媒体、灌排工程设施，宣传普及节水知识，得5分，否则酌情扣分； 开展群众性宣传教育活动、定期开展节水主题讲座和培训，得5分，否则酌情扣分	10

注　1. 各省（自治区、直辖市）可结合本省（自治区、直辖市）实际适当增加指标，确定指标计算方法与评分标准；节水型灌区评价总得分应不低于90分。

2. 黄淮海地区包括北京市、天津市、河北省、山西省、江苏省北部、安徽省北部、山东省、河南省；东北地区包括辽宁省、吉林省、黑龙江省、内蒙古自治区东部；南方地区包括上海市、江苏省南部、浙江省、安徽省南部、福建省、江西省、湖北省、湖南省、广东省、广西壮族自治区、海南省、重庆市、四川省、贵州省、云南省、西藏自治区；西北地区包括内蒙古自治区中西部、陕西省、甘肃省、青海省、宁夏回族自治区、新疆维吾尔自治区（含新疆生产建设兵团）。

3. 灌溉供水保障率是反映灌溉水源与输配水系统保障农业灌溉用水程度的指标，以"当年实际灌溉供水量/相应水平年设计灌溉供水量"计算，该指标与常用的灌溉保证率相比，灌溉保证率反映多年平均的供水保障程度，主要用于灌区规划。供水保障率可用于逐年计算，用于灌区供水保障程度的评价，其理想值为100%。

4. 干支渠口门指干渠直开口和支渠进口。

节水型灌区评价指标的具体要求内容如下。

1. 工程设施

（1）灌溉供水保障率应达到100％。

（2）有效灌溉面积占比应达到80％。

2. 用水管理

（1）灌区灌溉水有效利用系数应超过本省（自治区、直辖市）同规模同类型灌区平均值且大型灌区灌溉水利用系数不低于0.5，中型灌区不低于0.55。

（2）黄淮海、西北和东北地区干支渠口门计量率应超过80％，南方地区干渠口门计量率应超过80％。

3. 灌区管理

（1）工程维修养护经费落实率应超过60％，人员基本支出经费落实率应超过80％。

（2）执行水价应达到运行维护成本水价，未到达的，应落实财政补贴且稳定保障工程运维经费。

（3）水费收缴率应超过90％。

（4）灌区主要水源应取得取水许可证，或完成灌区用水分配指标确定。

4. 节水宣传

（1）应充分利用新闻媒体、灌排工程设施宣传普及节水知识。

（2）应开展群众性宣传教育活动，定期开展节水主题讲座和培训。

三、建设成效

据《节水载体名录库》相关数据，截至2022年年底，全国累计创建节水型灌区869个。

【案例】

某灌区：节约用水、科学调水、保障供水

某灌区是新中国成立后兴建的全国最大灌区。灌区以大别山6大水库

为主水源，由3大渠首、2.5万km七级固定渠道、6万多座渠系建筑物构成"长藤结瓜"系统，设计灌溉面积1198万亩，有效灌溉面积1000万亩，受益范围涉及安徽省、河南省4市17个县（区），受益人口约1400万人。

灌区管理总局坚持完善工程体系，持续强化灌区管理，努力提高供水保障能力和节水水平。2021年，该灌区荣获全国第二批灌区水效领跑者称号。

一、以加大工程建设为基础，提升灌区工程节水能力

1996年以来，实施大型灌区续建配套与节水改造等项目，累计配套改造渠道864km、加固改造建筑物4447座，工程体系不断完善，累计改善灌溉面积860万亩，新增和恢复灌溉面积140万亩；新建或改建量测水站点469个，建立了分级计量的水计量体系。灌区渠系水利用系数、灌溉水利用率分别由改造前的0.50、0.45提高到改造后的0.56、0.525，新增年节水能力3.62亿 m^3。

二、以强化水资源管理为重点，提高灌区供水保障能力

一是开展水资源优化配置研究。先后开展了《灌区城市供水需求及方式研究》《灌区抗旱供水优化调度研究》，制定地方标准《大型灌区供水调度规程》。提高了灌区水资源优化配置、抗旱供水调度水平，促进了灌区节约用水，保障了灌区城乡生活与灌溉供水协调发展。

二是加强供水调度控制。坚持和完善"计划供水、统一调度、总量控制、综合利用"水资源配置与调度模式。合理编制灌区供水计划，严格按计划控制各县区的供水量；强化引蓄提水源综合利用联合调度，充分发挥中小型水库和塘坝的拦蓄与反调节作用和外水补给作用，优先利用灌区内部蓄水，尽量提用灌区尾部湖泊外水，合理利用6大水库引水，提高供水保障；按照"水量包干、流量包段"，细化落实各用水单元流量、水量指标，严格总量控制、定额管理，促进灌区节约用水。

三是推广节水灌溉技术。灌溉试验站试验研究出"浅湿间歇""浅晒深湿"等水稻节水灌溉制度；依托试验成果制定《江淮地区中稻干旱损失估算指标》《中稻节水减排灌溉技术规程》等地方标准。这些成果的推广应用，提升了灌区节水灌溉管理科技水平。

三、以创建节水型灌区为抓手，示范带动灌区节水工作

一是加大节水宣传。向灌区用水户印发节水宣传材料，在灌区公共场所设置节水宣传标语等，加强常态化宣传。结合"世界水日""中国水周""安徽水法宣传月"活动和灌溉服务关键节点，向广大用水户宣贯节水知识，倡导节水意识，推动全灌区节约用水。

二是打造灌区水效领跑者。根据灌区各县区工程基础和节水管理水平，按照灌区水效领跑者遴选标准和要求，打造水效领跑者，围绕提高用水效率，加强精细化管理，按照水利部部署积极申报灌区水效领跑者。2021年，该灌区荣获全国第二批灌区水效领跑者称号。

第三节 节水型企业

一、建设要求

2012年9月，工业和信息化部、水利部、全国节约用水办公室联合印发了《关于深入推进节水型企业建设工作的通知》（工信部联节〔2012〕431号），要求在重点行业推进节水型企业建设，必须加强节水管理、推进节水技术进步，切实加强企业单位产品用水定额、工业用水重复利用率、水表计量率、锅炉冷凝水回收率、企业用水综合漏失率考核，推动企业对标达标，降低单位产品用水量，提升工业水循环利用水平。要求2015年年底前，钢铁、纺织染整、造纸、石油炼制等重点用水行业企业全部达到节水型企业标准，并在工业领域形成节水型企业建设长效机制。

为贯彻落实党中央、国务院决策部署，推进华北地区地下水超采综合治理，全面提高工业用水效率，保障京津冀地区水资源和生态安全，促进区域经济社会高质量发展，2019年9月，工业和信息化部、水利部、科技部、财政部四部委联合印发《京津冀工业节水行动计划》。要求力争到2022年，京津冀重点高耗水行业（钢铁、石化化工、食品、医药）用水效率达到国际先进水平，万元工业增加值用水量（新水取用量，不包括企业内部的重复利用水量）下降至10.3m³以下，规模以上工业用水重

复利用率达到 93% 以上，年节水 1.9 亿 m^3。

二、建设标准

根据《关于深入推进节水型企业建设工作的通知》（工信部联节〔2012〕431 号），节水型企业评价的基本标准要求如下：符合国家产业政策相关要求；符合节水型企业相关标准；满足节水型企业基本要求的各项条件；符合单位产品取水量、水重复利用率、用水漏损等各项具体技术考核要求；按照节水型企业管理评价要求进行评价得分达到 48 分以上（含 48 分，满分 60 分）。

《节水型企业评价导则》（GB/T 7119—2018）对节水型企业的评价指标体系和考核要求进行了规定。节水型企业评价指标体系包括基本要求、管理考核指标和技术考核指标三个方面。

截至 2022 年，已制定的部分行业的节水型企业标准如下：

（1）《节水型企业 纺织染整行业》（GB/T 26923—2011）。

（2）《节水型企业 钢铁行业》（GB/T 26924—2011）。

（3）《节水型企业 火力发电行业》（GB/T 26925—2011）。

（4）《节水型企业 石油炼制行业》（GB/T 26926—2011）。

（5）《节水型企业 造纸行业》（GB/T 26927—2011）。

（6）《节水型企业 乙烯行业》（GB/T 32164—2015）。

（7）《节水型企业 味精行业》（GB/T 32165—2015）。

（8）《节水型企业 氧化铝行业》（GB/T 33232—2016）。

（9）《节水型企业 电解铝行业》（GB/T 33233—2016）。

（10）《节水型企业 铁矿采选行业》（GB/T 34608—2017）。

（11）《节水型企业 炼焦行业》（GB/T 34610—2017）。

（12）《节水型企业 啤酒行业》（GB/T 35576—2017）。

（13）《节水型企业 氮肥行业》（GB/T 36895—2018）。

（14）《节水型企业 氯碱行业》（GB/T 37271—2018）。

（15）《节水型企业 船舶行业》（GB/T 37332—2019）。

（16）《节水型企业 现代煤化工行业》（GB/T 37759—2019）。

（17）《节水型企业 化纤长丝织造行业》（GB/T 37832—2019）。

（18）《节水型企业 多晶硅行业》（GB/T 38907—2020）。

三、建设成效

据《节水载体名录库》相关数据，截至 2022 年年底，全国累计创建节水型工业企业 20340 个。

【案例】

某炼油化工有限责任公司创建水效领跑者

某炼油化工有限责任公司位于某经济技术开发区重化工园区，目前实际加工原油 1170 万 t/a 左右。该炼化公司没有自备水源，所用新鲜水通过城市自来水系统直接进入公司给水加压泵站，经过加压后输送到各用水单元。设计日供水量最大为 4 万 m³，目前实际日用水平均约为 1.2 万 m³（不含引入城市精制中水）。

一、节水亮点

（一）除氧器、锅炉排污放空 4 套乏汽回收装置

该装置投运多年，运行良好，平均回收蒸汽（凝结水）10m³/h，每年按 8000h 计算，年节水 8 万 m³。

（二）使用市政中水

2017 年上半年引进市政中水，不断优化中水使用方案，在化学水系统中合理调配使用比例，在循环水系统中结合水冷器装置的运行状况调整补水比例，中水使用比例达到 50%。在确保安全运行前提下最大限度地降低成本，使用中水后化学水制水成本降低 1 元/m³ 左右。

（三）蒸汽凝结水回收

蒸汽凝结水处理后可以作为高压锅炉补给水，其相对于新鲜水处理成本要低。2020 年通过技术改造，将酸性水汽提和溶剂再生产生的 120℃、每小时 80 多 m³ 的蒸汽凝结水，直接供给全厂低压除氧水系统，蒸汽凝结水得到回收利用。同时，控制好凝结水回收装置的运行，对运行时间较长的过滤器及时清洗，保证处理效果，减少清洗水的消耗，目前回收蒸汽凝结水平均为 370m³/h。

实施储运罐区蒸汽凝结水伴热、部分装置蒸汽凝结水回收等项目。由于储运罐区比较分散，在最初设计时其伴热系统输水就地排放，浪费热能和优质水资源，也对环境造成污染。通过节水改造，将分散排水的凝结水统一收集，集中输送到回收系统，每年可回收约 7 万 m^3 凝结水。

（四）循环水旁滤节水装置

针对循环水旁滤在反洗时连续进水，致使部分新鲜水被排放浪费的问题，在旁滤节水装置增设节水装置，在反洗时自动运行后停止进水，每年可节约新鲜水十几万吨。

（五）化学水树脂再生清洗水回用

化学水采用离子交换工艺，改造前在化学水再生过程中废水全部排入中和水池，直接排入污水系统。通过增设化学水树脂再生清洗水回用系统，将清洗水回收到污水处理厂，经过适度处理后全部回用到循环水系统。年回收清洗水约 10 万 m^3。

（六）供水管网及消防水管网漏失治理

随着运行时间延长，地下管网漏点逐渐增多，新鲜水管网和消防水管网泄漏频次提高，为此每两年请专业查漏公司对地下管网进行查漏，要求企业班组每班至少对全厂管网彻底巡检一遍。每年处理地下水管网漏点 20 多处，节水 $30m^3/h$，公司供水管网漏损率控制在 1.18% 以下。

（七）回用污（废）水

公司在夏季降雨时将雨水收集到监控池中储存，再逐步输送到污水处理厂，与含油污水混合，经过适度处理进行回用，每年回用雨水 12 万 m^3 左右。

公司从设计之初就对污水系统进行污水分流和清污分流，从上、中、下游分别进行控制，收集的含油污水经适度处理后全部回用到公司循环水系统，同时含盐污水也有少部分回用。每年回用污水 150 万 t 左右，污水回用率为 55% 左右，污水外排合格率达到 100%。

二、节水成效

通过实施技术改造，实现含油污水、蒸汽凝结水全部回用，城市中水使用比例达到 50%。原油加工吨油取水平均为 $0.32m^3$，在中石化系统内处于领先水平，获评 2020 年度石油和化工行业"水效领跑者"。

第四节 节水型单位

一、公共机构

（一）建设要求

2013 年 10 月，水利部、国家机关事务管理局、全国节约用水办公室联合印发了《关于开展公共机构节水型单位建设工作的通知》（水节约〔2013〕389 号），要求到 2015 年，50％以上的省级机关建成节水型单位，并逐步将各类公共机构纳入节水型单位建设范围。到 2020 年，全部省级机关建成节水型单位，50％以上的省级事业单位建成节水型单位。各地区要根据实际情况，有计划地组织有条件的市县级公共机构创建节水型单位。

各地区水行政主管部门、公共机构节能管理部门、节约用水办公室要组织、指导本地区公共机构完善内部节水管理规章和办法，建立节水管理岗位责任制，明确节水管理相关领导职责、管理部门、人员和岗位职责。

1. 完善节水管理制度

完善内部节水管理规章和办法，建立节水管理岗位责任制，明确节水管理相关领导职责和管理部门、人员岗位职责。制定、实施节水计划和年度用水计划，加强目标责任管理和考核。

2. 强化节水日常管理

严格用水设施设备的日常管理，定期巡护和维修，杜绝跑冒滴漏。依据国家有关标准配备和管理用水计量器具，建立完整、规范的原始记录和统计台账，重点加强食堂、浴室等重点耗水部位的用水监控。编制详细的供水排水管网图和计量网络图，按照规定开展水平衡测试，加强用水效率和总量分析。结合自身特点，加强节水宣传教育，提高干部职工的节水意识。

3. 加快推广使用节水技术和设备

积极推广应用先进实用的节水新技术、新产品，加快淘汰不符合节水标准的用水设备和器具。稳步实施卫生洁具、食堂用水设施、空调设备冷却系统、老旧管网和耗水设备等的节水改造。新建、改建、扩建项目，要制定节水措施方案，节水设施要与主体工程同时设计、同时施工、同时投入使用。

4. 积极利用非常规水源

缺水地区和有条件的地区要积极建设雨水集蓄和再生水利用系统，绿化和景观用水尽量利用非常规水源。泳池、浴室等用水量大的场所应设置污水处理再利用装置。

（二）建设标准

2013 年 10 月，水利部、国家机关事务管理局、全国节约用水办公室发布了《关于开展公共机构节水型单位建设工作的通知》（水节约〔2013〕389 号），制定了《节水型单位建设标准》。《节水型单位建设标准》由节水技术标准、节水管理标准两部分组成，总计 100 分，其中节水技术标准 40 分，节水管理标准 60 分（见表 8-3）。节水技术标准，由水计量率、节水器具普及率、人均用水量、用水器具漏失率、中央空调冷却补水率和锅炉冷凝水回收率 6 项指标组成；节水管理标准由规章制度、计量统计、节水技术推广与改造、管理维护、非常规水源利用、节水宣传 6 项指标组成。

表 8-3   节水型单位建设标准

一、节水技术标准（40 分）				
序号	指标	计 算 方 法	评 分 规 则	分值
1	水计量率	$\dfrac{\text{水计量器具计量水量}}{\text{总水量}} \times 100\%$	用水单位水计量率达到 100%，次级用水单位水计量率达到 95%，分别达到得 8 分，有一项不达到不得分	8
2	节水器具普及率	$\dfrac{\text{节水设备器具数量}}{\text{总用水设备器具数量}} \times 100\%$	节水设备、器具数量占总用水设备、器具数量的比例低于 96% 不得分，每高 1 个百分点得 2 分，满分 8 分	8

序号	指标	计 算 方 法	评 分 规 则	分值
3	人均用水量	$\dfrac{单位全年用水量}{用水总人数}$	依据评价上一自然年度本省（自治区、直辖市）同类型单位用水量平均值进行判定： 人均用水量≤0.9×平均值，得8分； 0.9×平均值＜人均用水量≤平均值，得6分； 平均值＜人均用水量≤1.1×平均值，得3分； 1.1×平均值＜人均用水量≤1.2×平均值，得1分； 1.2×平均值＜人均用水量，得0分	8
4	用水器具漏失率	$\dfrac{漏水件数}{总件数}\times100\%$	用水器具漏失率≤4%得8分，否则每高1%扣2分，直至扣完	8
5	中央空调冷却补水率	$\dfrac{中央空调冷却塔补水量}{中央空调冷却塔总循环量}\times100\%$	中央空调冷却补水率≤1%，得5分	5
6	锅炉冷凝水回收率	$\dfrac{年蒸汽冷凝水回收量}{年蒸汽发气量}\times100\%$	锅炉冷凝水回收率大于50%，得3分，每低2%扣1分直至扣完	3

二、节水管理标准（60分）

序号	指标	计 算 方 法	评 分 规 则	分值
1	规章制度	查看文件和相关资料	（1）建立计量、统计、定期维修等节水管理规章和制度，得3分； （2）编写用水计划实施方案并落实下达用水计划得2分，完成当年内部节水指标得2分； （3）明确节水主管部门和节水管理人员，得2分； （4）制定节水目标责任制和考核制度，得2分； （5）两年内未受到浪费用水处罚，得2分	13

序号	指标	计 算 方 法	评 分 规 则	分值
2	计量统计	查阅有关资料，核实数据	（1）依据《公共机构能源资源计量器具配备和管理要求》（GB/T 29149—2012），用水计量器具的配备按分户、功能分区、主要设备实现三级计量，得5分，实现按分户、功能分区计量得3分，实现按分户计量得1分； （2）有原始用水记录和统计台账得2分	7
3	节技术推广与改造	查阅节水改造资料和设施建设材料、核对节水器具清单，现场查看	（1）节水设施与主体工程同时设计、同时施工、同时投入使用，得3分； （2）实施食堂用水设施、中央空调冷却塔、老旧管网和耗水设施等节水改造和节水设施建设，每实施一项，得1分，满分3分； （3）铺设透水地面或地面采取透水措施，得1分； （4）所用节水设备和器具全部列入《节能产品政府采购清单》的节水产品，得3分； （5）景观用水、泳池、浴室等设置水处理再利用装置，每一项得1分，满分2分； （6）绿化采用高效浇灌方式得1分	13
4	管理维护	查阅相关资料、现场抽查	（1）定期巡护和维修用水设施设备且记录完整，得3分； （2）无擅自停用节水设施行为，得2分； （3）有完整的管网图，得3分； （4）有完整的计量网络图，得3分； （5）开展水平衡测试，得2分，有5年内水平衡测试报告书，得2分	15

续表

序号	指标	计 算 方 法	评 分 规 则	分值
5	非常规水源利用	查阅有关资料、现场查看	(1) 建设雨水集蓄、海水淡化设施或再生水利用系统并有效利用,得3分; (2) 绿化、景观用水等采用非常规水源,每一项得1分,总分2分	5
6	节水宣传	查阅有关资料、现场查看	(1) 编制节水宣传材料,得2分; (2) 开展节水宣传主题活动、专题培训、讲座等,每开展一次得1分,满分3分; (3) 在主要用水场所和器具显著位置张贴节水标识,得2分	7

《关于开展公共机构节水型单位建设工作的通知》要求,省级节约用水办公室要积极会同有关部门,按照本地区节水工作要求,参照制定本地区节水型单位的建设标准,于2014年3月底前报水利部、国家机关事务管理局、全国节约用水办公室备案。对本地区节水型单位建设标准进行调整的,需在调整后1个月内重新备案。

(三)建设成效

据《节水载体名录库》相关数据,截至2022年年底,全国累计创建公共机构节水型单位(含高校)88038个。

【案例】

某市行政中心:数字赋能 打造国家级公共机构水效领跑者

近年来,某市行政中心贯彻落实"节水优先"思路,围绕"精准施策、数字赋能、定位检修、高效管理"目标,开展节水改造和数字化系统建设,构建了用水节水长效机制,节水成效明显。该中心先后获得全国第一批节约型公共机构示范单位、全国第一批公共机构水效领跑者等荣誉,为省机关、事业单位等公共机构树立了示范标杆。

（1）实施节水改造工程。累计改造智能远传水表 62 个，开挖水表井 14 口，改造管网 11 条，整改隐蔽漏水点位 4 处。实现一到四级水表全覆盖、分户分区分项计量，计量率 100%。其中一、二级水表 25 个，三、四级水表 37 个。主楼分层、辅楼、食堂、会议中心及消防、人防工程等均安装独立水表，实现单独计量。

（2）建成水资源动态平衡监测系统。建成首个公共机构水资源动态平衡监测系统，通过智能远传水表实时计量实现全覆盖，定期对一级与二级、二级与三级的水平衡进行实时监测预警、定期分析对比，及时发现并解决地下用水管网漏损、管道破裂等问题，避免漏水持续性。同时创新用水设备设施维护模式，建成微信移动端报修模块，随时上传报修，动态掌握进展，精准实施维修，做到时间、人员、内容全流程可记录、可查询、可导出闭环管理，达到"第一时间发现、最小范围查漏、最低程度减损"的效果。用水数字化动态管理实现了数据的收集、存储、分析和调用，降低了人工抄表成本，满足数据的准确性、完整性、及时性要求，为节水管理的科学决策提供了有效支撑。

（3）推进全方位节水举措。制定节水管理制度和年度用水方案，形成节水长效机制。全面覆盖节水器具，采用红外感应水龙头、自动断水冲洗阀、延时节水水龙头和即热式节能开水器等。各楼层放置隔夜热水回收桶，回收后用于日常保洁。实施雨水蓄水（人工河）浇灌绿化，夏季每月可节水约 1000m^3。普及透水地面、透水砖，使用草坪砖建生态停车场。对三组冷却塔补水方式进行改造，采用地下消防水替换原自来水补水，加装冷却塔溢水回收装置，年节水 300m^3。通过"二微二信"、电子屏宣传、用水场所和器具张贴节水标识等方式，提升中心干部职工节水意识。2021 年，该市行政中心节水工作视频在省电视台新闻频道播出宣传。

近六年，该市行政中心利用节水数字化赋能，大幅提升水使用效率，年用水量从 2017 年的 6.63 万 m^3 降到 2021 年的 4.97 万 m^3，呈逐年下降趋势。人均年度用水量达到先进定额值，实现了月节水 2500m^3、月节水费 1.1 万元，系统实时水平衡流失率从 39.5% 降至 1.3%，累计避免水资源流失约 1.6 万 m^3，减少损失 7.2 万元，真正实现了技改节水、数字控水的目标。

二、水利行业节水机关

(一) 建设要求

为深入贯彻落实"节水优先、空间均衡、系统治理、两手发力"治水思路，水利部在2019年全国水利工作会议上作出"打好节约用水攻坚战"的重要部署，要求利用两年时间，全国各级水利机关全面建成节水型单位。要求各级水利机关站在做到"两个维护"高度，带头落实节水优先方针，按照"节水意识强、节水制度完备、节水器具普及、节水标准先进、监控管理严格"的标杆定位开展建设，带动全社会节水。

2020年4月，水利部印发了《水利部办公厅关于深入推进市县级水利行业节水机关建设工作的通知》（办节约〔2020〕95号），要求市县级水利机关全面开展节水机关建设，带动全社会节水。

1.2019年建设要求

2019年全国水利工作会议和节约用水工作会议明确提出，要打好节约用水攻坚战，重点抓好四个"一"。其中一个"一"就是树立一个标杆，开展水利行业节水机关建设。2019年3月，水利部印发了《关于开展水利行业节水机关建设工作的通知》（水节约〔2019〕92号），要求2019年年底前，水利部机关、各直属单位机关，各省（自治区、直辖市）水利（水务）厅（局）机关建成节水机关。2020年年底前，各省地（市）、县级水利（水务）局机关建成节水机关。水利行业其他机关单位参照通知要求积极开展节水机关建设。

工作要求如下：

（1）完善节水管理制度。建立节水管理岗位责任制，明确节水管理领导职责及管理部门、●人员岗位职责。建立健全巡回检查、设备维护、用水计量等用水管理制度。制定、实施节水计划和年度用水计划，加强目标责任管理和考核。

（2）实施精细化管理。严格用水设施设备的日常管理，定期巡护和维修，杜绝跑冒滴漏。依据国家有关标准，配备和管理用水计量器具，建立完善、规范的用水记录，鼓励建立用水实时监控平台，加强用水总量和效率评估。

（3）加强节水设施建设。积极推广使用先进实用的节水新技术、新产品，淘汰不符合节水标准的用水设备和器具，开展卫生洁具、食堂用水设施、空调设备冷却系统、老旧供水管网、耗水设备等节水改造。绿化用水应采用喷灌、滴灌等高效节水灌溉方式。

（4）积极利用非常规水。缺水地区和有条件的地区应开展雨水集蓄利用建设，鼓励建设再生水利用系统和灰水处理装置。纯净水生产设备应安装尾水回收利用设施，空调冷凝水应进行收集利用，绿化和景观用水尽量利用非常规水。

（5）强化节水宣传教育。在主要用水场所和器具的显著位置张贴节水标识。定期发布节水信息，开展节水宣传主题活动，引导干部职工参与节水志愿活动，遵守节水行为规范。发挥新媒体作用，普及节水知识，营造良好节水氛围。

（6）总结推广建设经验。及时总结提炼本单位节水机关建设经验，为节水型单位建设提供示范，充分利用多种措施宣传推广，推进本地区公共机构节水型单位建设工作。

2．2020 年建设要求

2020 年，全国水利工作会议明确要求县级以上水利机关全面建成节水标杆单位，水利系统节约用水工作视频会议要求市县级水利机关全面开展节水机关建设，带动全社会节水。按照水利部工作部署，全国节约用水办公室组织水利部节约用水促进中心深入推进全国市县两级水利行业节水机关建设，印发《水利部办公厅关于深入推进市县级水利行业节水机关建设工作的通知》（办节约〔2020〕95 号），就深入推进市、县级水利行业节水机关建设工作进行部署。

工作要求如下：

（1）落实建设任务。各级水利机关要进一步提高政治站位，充分认识节水机关建设的重要意义，按照 2020 年全面建成水利行业节水机关的要求，围绕"节水意识强、节水制度完备、节水器具普及、节水标准先进、监控管理严格"节水标杆定位，坚持因地制宜、经济适用的原则，强化组织领导，加强经费保障，加快推进节水机关建设，按时保质落实建设任务。

（2）分类推进工作。各省级水行政主管部门要准确掌握辖区内市、县级水利机关物业管理情况，分为具备独立物业管理条件和不具备独立物业管理条件两类推进工作，明确分类范围和建设任务，确保应建尽建。具备独立物业管理条件的单位要对照水利行业节水机关建设标准，坚持硬件软件一起抓，充分挖掘节水潜力，真正达到节水标杆水平。不具备独立物业管理条件的单位要参照标准，着重在节水意识、节水制度、节水管理等方面，加强节水机关建设。

（3）加强督促指导。全国节约用水办公室组织水利部节约用水促进中心、各流域管理机构，以明察和暗访相结合的方式开展督导检查，并把水利行业节水机关建设情况作为 2020 年最严格水资源管理制度考核中节水考核部分的重要内容。省级水行政主管部门要加强组织领导，强化检查指导和技术支撑。

（4）严格组织验收。各省级水行政主管部门要认真核定辖区内市、县级水利行业节水机关建设标准，充分体现指标先进性和标杆定位。要按照建设标准和程序，严格开展验收，确保水利行业节水机关名实相符。要深入统计分析各单位年节水量、节水率、人均用水量等节水指标，形成辖区内水利行业节水机关建设验收报告和验收通过单位名单，于 2020 年 11 月 15 日前报送全国节约用水办公室。

（5）总结推广经验。各省级水行政主管部门要深入总结提炼市、县级水利行业节水机关建设典型案例和成功经验，借助媒体进行宣传推广。各单位要探索可复制推广的节水工作模式和节水机关建设模式，巩固和深化节水机关的建设成效，为当地树立节水标杆，推动全社会节约用水。

3. 2021 年建设要求

2021 年，水利部持续深化水利行业节水机关建设成果，部署数量多、占比大的地方各级水行政主管部门所属单位和部直属单位所属单位全面开展节水型单位建设。工作要求如下：

（1）提高思想认识。地方各级水行政主管部门所属单位和部直属单位所属单位数量多，在水利行业机关单位中占比大，将这些单位全部建成节水型单位，对树立水利行业节水标杆，示范带动全社会节约用水意义重大。各省级水行政主管部门和部直属单位要切实提高政治站位，深刻理解水利行业节水型单位建设的重要意义，全面做好水利行业节水型单位建设工作。

（2）落实建设任务。要全面掌握水利行业各单位物业管理情况，分具备独立物业管理条件和不具备独立物业管理条件两类推进节水型单位建设。按照因地制宜、经济适用的原则，强化组织领导，制定建设方案，明确年度目标任务，到 2022 年年底，将水利行业各单位建成节水型单位，并于 2021 年 6 月底前将建设方案函告全国节约用水办公室。

（3）规范建设标准。要组织所属水利行业各单位按照《水利部关于开展水利行业节水机关建设的通知》（水节约〔2019〕92 号）和《水利行业节水机关建设标准》开展节水型单位建设。规范建设标准和程序，确保建设质量，努力将水利行业各单位建设成为"节水意识强、节水制度完备、节水器具普及、节水标准先进、监控管理严格"的节水型单位。

（4）加强督促指导。要广泛开展动员，加强督促指导，积极推广市场化模式，运用合同节水管理等新机制，为节水型单位建设提供技术支撑。全国节约用水办公室将组织水利部节约用水促进中心、各流域管理机构进行跟踪指导，并把各省水利行业节水型单位建设任务完成情况作为 2021 年和 2022 年节水考核的重要内容。

（5）严格组织验收。要按照管理权限，分级组织验收，确保水利行业节水型单位建设取得实效。要统计分析各单位年节水量、节水率、人均用水量等节水指标，形成各省（自治区、直辖市）和部直属各有关单位水利行业节水型单位建设年度总结报告和验收通过名单，于 2021 年 11 月 15 日前报送全国节约用水办公室。

（6）宣传推广经验。要组织水利行业各单位及时总结提炼节水型单位建设经验，充分利用广播、电视、网络等手段，开展形式多样、内容丰富的节水型单位建设宣传活动。积极组织广大水利职工认真学习、自觉遵守《水利职工节约用水行为规范（试行）》，加强节水型单位典型案例宣传推广，为当地树立节水标杆，推动全社会节约用水。

（二）建设标准

2019 年 3 月，水利部发布了《水利行业节水机关建设标准》（见表 8-4）。《水利行业节水机关建设标准》适用于水利部机关、各直属单位机关，省（自治区、直辖市）水利（水务）厅（局）机关节水机关的建设和验收。《水利行业节水机关建设标准》由节水技术指标、节水管理指标和特色创新指标三部分组成，总计 105 分。其中，节水技术指标 50 分，包含人均用水量、用水总量、水计量率、节水器具普及率、用水管网漏损率、中央空调冷却补水率 6 项指标；节水管理指标 50 分，包含规章制度、计量统计、管理维护、非常规水源利用、宣传教育 5 项指标；此外，对体现地方特色，取得显著成效的节水技术和管理等方面创新工作，视创新工作成效赋分，最高得 5 分。

表 8-4　　　　　　　　水利行业节水机关建设标准

一、节水技术指标（50 分）				
序号	指标	计算方法	评　分　规　则	分值
1	人均用水量	机关用水量/机关人数	依据地方用水定额标准进行判定： 人均用水量≤0.9×用水定额，得 10 分； 0.9×用水定额<人均用水量≤0.95×用水定额，得 8 分； 0.95×用水定额<人均用水量≤用水定额，得 6 分； 人均用水量>用水定额，不得分	10
2	用水总量	根据实测计量统计数据计算	用水总量≤地方下达的用水计划，得 10 分，每超过 1 个百分点扣 2 分，直至扣完	10
3	水计量率	水计量器具计量水量/总水量×100%	用水单位水计量率达到 100%，次级用水单位水计量率达到 95%，全部达到得 10 分，有一项未达到不得分	10
4	节水器具普及率	节水设备器具数量/总用水设备器具数量×100%	节水设备、器具数量占总用水设备、器具数量的比例为 100% 得 10 分，每低 1 个百分点扣 2 分，直至扣完	10

序号	指标	计算方法	评　分　规　则	分值
5	用水管网漏损率	用水管网漏损水量/总水量×100%	用水管网漏损率≤1%，得5分； 1%＜用水管网漏损率≤2%，得3分； 用水管网漏损率＞2%，不得分	5
6	中央空调冷却补水率	中央空调冷却塔补水量/中央空调冷却塔总循环量×100%	中央空调冷却补水率≤1%，得5分，每高0.2%，扣1分，直至扣完	5

二、节水管理指标（50分）

序号	指标	考核方法	评　分　规　则	分值
1	规章制度	现场查看、随机抽查	（1）建立巡回检查、设备维护、用水计量等节水管理规章和制度，每建立一项得1分，满分3分； （2）建立节水管理岗位责任制，明确节水主管领导、主管部门和节水管理人员，得3分； （3）编写用水计划实施方案并落实下达用水计划得2分，完成当年内部节水指标，得2分； （4）制定节水目标责任制和考核制度，得2分	12
2	计量统计	现场勘查、核实数据	（1）依据《公共机构能源资源计量器具配备和管理要求》（GB/T 29149—2012），用水计量器具的配备按分户、功能分区实现二级计量，得3分，实现按分户计量得1分； （2）用水原始记录和统计台账实现分户、功能分区二级，且记录完整，得3分，实现分户，且记录完整得1分； （3）建立用水实时监控系统/平台，或能耗监控平台涵盖了用水系统，得3分	9

序号	指标	考核方法	评　分　规　则	分值
3	管理维护	现场查看、复核	（1）定期巡护和维修用水设施设备且记录完整，得2分； （2）无擅自停用节水设施行为，得1分； （3）有完整的管网图，得2分； （4）有完整的计量网络图，得2分； （5）近3年内利用水平衡测试等方式进行节水诊断的，得2分； （6）绿化采用喷灌、滴灌等高效节水灌溉方式，得2分	11
4	非常规水源利用	现场查看	（1）建设雨水集蓄设施并有效利用，得3分； （2）建设灰水、纯净水尾水、空调冷凝水等水处理再利用装置并用于景观、绿化等的，每建设一项得1分，满分3分	6
5	宣传教育	现场查看、随机抽查	（1）编制节水宣传材料得1分，开展节水宣传主题活动、专题培训、讲座得2分； （2）在主要用水场所和器具显著位置张贴节水标语得2分，一处未实施扣0.5分，直至扣完； （3）在办公楼大厅滚动播放节水宣传标语，得1分； （4）定期发布节水信息，对浪费水现象进行曝光，得2分； （5）动员职工积极参与节水、护水志愿活动，得2分； （6）发挥新媒体作用，普及节水知识、宣传经验做法，得2分	12

三、特色创新指标（5分）

对体现地方特色，取得显著成效的节水技术和管理等方面创新工作，视创新工作成效赋分，最高得5分对于市县级水利行业节水机关建设，31 个省（自治区、直辖市）均制定了本地水利行业节水机关建设标准，其中有 13 个省份直接采用了水利部的节水机关建设标准；18 个省份是在水利部建设标准和公共机构节水型单位建设标准的基础上，结合实际，进行了适当修改。部分省份的县级水利行业节水机关建设标准由所在市结合实际制定。

（三）建设成效

1. 2019 年节水机关建设成效

2019 年水利行业节水机关建设工作顺利完成。根据验收结果，45 家单位中有 43 家单位节水机关建设达到《水利行业机关建设标准》要求，通过验收。其中长江委机关、黄委机关、江苏省水利厅、湖北省水利厅等 19 家单位专家评分超过 100 分，建设效果显著。

通过节水机关建设，各单位用水水平明显提高，职工节水意识进一步提升，社会效益日益显现。在节水效率方面，根据各单位节水机关建成后运行阶段用水量与前一年同期用水量比较，年均节约水量达 27.10 万 m^3，年均节水率为 29%。其中部机关年均节水率为 18%，7 家流域管理机构年均节水率为 33%，15 家部直属单位机关年均节水率为 23%，省级水行政主管部门机关年均节水率为 32%。

在人均用水量方面，节水机关建成后，各单位用水水平显著提高，人均用水量从 24.34m^3/a 降低到 17.86m^3/a。具体到不同类型单位，部机关、部直属单位机关和省级水行政主管部门机关人均用水量分别从 22.52m^3/a、23.62m^3/a 和 25.35m^3/a 降低到 18.40m^3/a、18.51m^3/a 和 17.07m^3/a。

通过节水机关建设，验收通过的 43 家机关单位中，38 家单位节水器具普及率达到 100%，41 家单位管网漏损率控制在 1% 以内，所有装有中央空调的单位中央空调冷却水补水率都小于 1%。

【延伸阅读】　　水利职工节约用水行为规范（试行）

为坚持和落实节水优先方针，倡导节约每一滴水，发挥水利职工模范表率作用，推动全社会形成节约用水良好风尚，制定本行为规范。

一、知晓水情状况，了解节水政策

知晓我国基本水情，关注当地水资源状况，知道单位家庭用水情况。树牢节约用水意识，了解节水政策法规，关注重大节水行动，知道用水价格和节水标准，践行节水优先方针。

二、懂得节水知识，成为节水表率

饮用水：要按需取水，不可多取浪费；外出自带水杯，少用公共水杯，减少清洗用水；收集利用暖瓶剩水和净水机尾水等。不要丢弃没喝完的瓶装水。

餐厨用水：要注重清洗次序，清洗餐具前先擦去油污，少占用餐具，减少洗涤用水；收集利用洗菜水和淘米水等；适量使用洗涤剂，减少清洗水量。不要用长流水解冻食材；用容器盛水清洗食材餐具，不要用长流水冲洗。

洗漱用水：洗漱间隙要随手关闭水龙头，控制洗漱水量和时间；适量使用洗手液，减少冲洗水量。

洗浴用水：洗浴间隙要关闭水龙头，控制洗浴水量和时间；洗澡宜用淋浴，收集利用浴前冷水；适量使用沐浴液，减少冲淋水量。

冲厕用水：要正确使用便器大小水按钮，冲厕优先使用回收水。不要将垃圾倒入便器后冲走。

洗衣用水：洗衣机清洗衣物宜集中；少量衣物宜用手洗；适量使用洗涤剂，减少漂洗水量；收集利用洗衣水。不要用长流水冲洗衣物。

保洁用水：要用容器盛水清洗抹布拖把；适量使用洗涤剂，减少清洗水量；保洁优先使用回收水；合理安排洗车次数。接水时避免水满溢出，不要用长流水冲洗拖把。

浇灌用水：要优先使用回收水浇灌。不要用漫灌方式浇灌绿地。

用水器具：要知道用水器具水效等级。不要选购非节水型用水器具。

三、宣传节水观念，劝阻浪费行为

宣传节水和洁水观念，倡导节约每一滴水。宣传节约用水知识，积极参加节水志愿活动。宣传人人参与节水，带动身边人节约用水。发现水龙头未关紧，及时关闭。发现跑冒滴漏，及时报修。发现浪费水行为，及时劝阻。

【案例】

水利部机关开展节水机关建设

2019 年水利部提出实施节水攻坚战，建设水利行业节水机关。水利部提出把部机关建设成高标准、引领性、示范性节水机关，打造成为国家部委节水机关建设中的标杆。水利部机关服务局会同全国节水办、部节约用水促进中心，从行为节水、管理节水、技术节水三个方面入手，广泛开展节水宣传，普及节水知识，不断增强干部职工节水意识，在机关各司局设立节水宣传员，为节水工作建言献策、监督节水运行；制定《水利职工节约用水行为规范》等节水用水管理与监督考核制度，针对 6 种用水类型、21 个用水环节、721 个用水器具逐个排查、逐项分析，不断完善节水管理制度体系；建立完善用水计量监控设施，实现用水精细化管理，对标最新国家标准和国际先进技术水平，选用技术先进、适合部机关实际的节水技术和节水产品，实施节水器具更换、非常规水收集利用、高效节水灌溉等节水技术改造工程，全力推进节水机关建设。

实施节水机关建设后，水利部机关节水器具普及率 100%，三级水表覆盖率达到 100%，管网漏损率控制在 1% 以下，绿化和景观用水全部采用非常规水，年人均用水量 18.41 m^3，低于北京市用水定额标准值，年用水总量低于下达的用水计划指标。经过试运行，预计年节水率达 20% 左右。

节水机关建设工作开展以来，可以看到开会自带水杯的多了，随身带走未喝完的矿泉水的多了，只打半壶水的多了，没喝完的水一水多用的多了，职工的节水意识显著提升。经现场问卷调查，干部职工普遍具有较强的节水意识。

2019 年 12 月 11 日，水利部机关节水机关建设通过水利部专家验收组验收。验收组认为，水利部机关节水机关建成后，形成了一套"节水意识强、节水制度完备、节水器具普及、节水标准先进、监控管理严格"的节水机关建设模式，高标准完成节水机关建设，可复制可推广。

2. 2020 年节水机关建设成效

2020 年，全国共建成水利行业节水机关 1790 家，其中市级机关 299 家，县级机关 1491 家。节水机关建成后，预计年节水量 140 万 m^3，平均节水率为 30.9%。对照水利部发布的《服务业用水定额：机关》人均用水定额先进值（南方 15m^3/a，北方 10m^3/a），在通过节水机关验收的单位中，有约五成的单位人均用水量在先进值以内。其中，南方 17 省（自治区、直辖市）共有 521 家机关人均用水量低于 15m^3/a，北方 14 省（自治区、直辖市）有 365 家机关人均用水量低于 10m^3/a。

【案例】

某市推动节水机关建设

根据水利部、省水利厅关于开展水利行业节水机关建设的工作部署，某市认真组织落实，科学制定方案，按照"高标准要求、高效率推进、高质量完成，打造节水标杆、形成示范效应、面向全社会推广"的建设思路，加强组织领导，强化市县联动，重点突出"三抓"，全面完成建设目标。

一是市局带头抓示范。坚持高位推进，市局率先召开专题会议动员，列入重点工作，建设方案经局党委会讨论研究同意，并落实资金渠道；加强局水资源处、办公室、财审处、节水办等协调联动，规范项目招投标，实施分级分楼层用水计量，改造节水器具，检漏堵漏、更新管网，新建雨水、纯净水机尾水、分体式空调冷凝水等非常规水源利用和绿化喷滴灌设施，开发建设用水监控平台，实现用水实时计量、实时分析、实时预警，做到用水全过程智能监控、节水全方位宣传教育，高分通过省级验收。

二是自加压力抓覆盖。在广泛调查研究、充分沟通协调的基础上，召开全市水利行业节水机关建设工作部署会，要求具备独立物业管理条件的大丰、盐都、建湖、射阳、阜宁、响水和尚未具备独立物业管理条件的东台、滨海共 8 个县（市、区），明确建设目标和时间节点，强力推进，实现县级水利行业节水机关建设全覆盖。同时，注重宣传引导，常态化跟踪督查指导市、县"1＋8"水利行业节水机关建设工作，分别于 8 月底、10 月中旬两次通报建设进度、存在问题，要求各建设主体压实工作责任，保证建设质量，加快建设进度。

三是巩固提升抓长效。按照省、市验收组提出的意见、建议和要求，全面限期落实整改；强化节水机关建设的后续管理，对制定的水利行业节水机关工作管理制度，组织开展进行"回头看"，在此基础上，切实抓好制度的健全完善和执行落实。坚持"走出去"与"请进来"相结合，加强与先进地区建设经验的学习交流，努力在巩固建设成果的基础上学习借鉴，在学习借鉴的基础上务实创新，在务实创新的基础上巩固提升，进一步加强系统内节水型单位建设，并充分发挥示范引领作用，会同市级机关事务管理局加快推进其他行业节水机关、节水型单位建设工作，不断提高全市节水机关建设数量和质量，为经济社会高质量发展提供节水示范。

通过建设，某市、各县（市、区）水利（务）局坚持因地制宜，全面完成建设任务，顺利通过验收，打造"廉政＋节水"阵地、发明应用雨水和中水收集回用专利、设立节水集中展示区、制作播放节水公益小视频和专题宣传片、开发用水巡检报修小程序、收集处理楼上灰水用于楼下冲厕、分享建设经验做法等具体措施亮点纷呈，特色明显，7 家机关人均用水量优于水利部颁布的用水定额先进值，既节水降耗减排、增强水利职工节水意识，又标杆引领、发挥示范带动作用，为全社会贯彻"节水优先"方针、提高自主节水自觉性提供了水利先行典范。

3.2021 年节水机关建设成效

2021 年，全国共建成 1914 家水利行业节水型单位。根据对部分水利行业节水型单位的统计，各单位年平均节水量 1500.73m³，平均节水率 20.80％。对照水利部发布的《服务业用水定额：机关》人均用水定额先进值（南方 15m³/a，北方 10m³/a），南方 17 个省份中，上海、福建、湖南、广东、贵州、云南、青海 7 个省份的水利行业节水型单位的人均用水量低于用水定额先进值，其中，上海、福建、青海分别为 7.3m³/a、8.75m³/a、9.4m³/a，为南方最低；北方 13 个省份和新疆生产建设兵团中，山西、内蒙古、河南、陕西、新疆 5 个省份和新疆生产建设兵团的水利行业节水型单位的人均用水量低于用水定额先进值，其中，内蒙古、新疆、山西分别为 6.04m³/a、6.40m³/a、8.13m³/a，为北方最低。

【案例】

某省推动节水机关建设

根据水利部关于开展水利行业节水机关建设的工作部署，某省上下高度重视、积极参与、多措并举，克服新冠肺炎疫情影响，全面完成建设目标，水利干部职工节水意识进一步提高，用水效率大幅度提升，示范引领作用显著。

一是强化认识抓落实。将水利行业节水单位建设作为年度节约用水重点工作之一，高度重视，加强组织领导，认真梳理各级水行政部门所属单位的情况，按照提高节水意识、推广节水器具、强化节水监管、健全节水制度、营造节水氛围的思路，以树立全省水利行业节水标杆为抓手，示范带动全社会节约用水工作。对照水利行业节水单位建设的工作要求，明确各市、县级水务局负责辖区内水利行业节水型单位的具体建设工作，并根据各单位的基本情况，制定了 2021 年和 2022 年建设计划。各地充分利用已有条件，因地制宜开展建设工作，力争把水利行业节水型单位建设成某省节水创建的示范点。

二是强化措施抓落实。参照《水利行业节水机关建设标准》（以下简称《标准》），各单位按照因地制宜、经济适用的原则，明确目标任务，制定实施方案，积极协调建设资金，有效保障了工作进展。在用水计量、非常规水再利用、节水器具使用等方面都有新的探索，并且结合各地特点，优化节水各环节，形成较为科学的实施方案，并且按时间节点有序推进工作进展。

（1）强化用水计量和台账管理。由于各市、县局属单位办公场所普遍面积较小或用水情况简单，在不适合建立水量监控平台的情况下，各单位通过新增二级表，完善抄表台账，加强内部计划用水管理，为强化节水管理提供了良好的基础。

（2）强化节水器具和标识标语管理。各地根据办公场所用水器具的情况，对老式、损坏的用水器具进行更换，确保节水设备和器具普及率达到100%。同时重视节水标识的张贴，在食堂、卫生间、洗手池等重点区域大量张贴节水标识，让标识的提醒作用覆盖办公区域的用水单元。

（3）强化非常规水利用和节水宣传。在雨水收集方面，有些办公院落较大的单位积极建设雨水收集池等雨水利用系统，不具备场地条件的单位则通过安装雨水收集桶，有效满足了绿化浇灌要求。在有饮水机和中央空调的单位，积极回收饮水机尾水和空调冷凝水，进一步提高了非常规水的利用。在世界水日、中国水周、全国城市节水宣传周等时间节点，在加强单位内部节水宣传的同时，积极参与各地水利（务）局组织的社会节水宣传活动，提高干部职工节水意识。

三是强化责任抓落实。某省在此次节水型单位创建工作中，坚持标本兼治，全面实施改造，从思想、制度、设施、管理到行为的全面改造，真正达到从硬实力到软实力全面提升的目标。

（1）严格审查创建方案。创建工作开展初期，要求创建单位根据自身条件及用水情况进行分析，并制定节水型单位建设实施方案。方案按照因地制宜、经济适用的原则，综合集成各项节水措施，强化用水过程管理。《节水型单位实施方案》在通过技术审查后方可组织实施。

（2）严格跟踪督促指导。省节水办要求各市、县（市、区）定期上报工作进度，对工作中存在的问题及时给予指导，利用年中节水监督检查对有关单位创建情况进行督导，有效地促进了各家节水型单位的整体建设。

（3）严格规范验收标准。各市、县对具备验收条件、已申请验收的创建单位组织验收，并邀请相关专家组成技术评估组，逐一开展技术评估，为进一步的行政验收工作奠定了基础。行政验收工作有序开展，验收组通过听取节水型单位情况汇报、现场查看建设情况、核查台账资料，严格对标《标准》进行评分，根据验收组评分平均值给出验收意见。经现场考核评分，各创建单位均达到水利部规定的标准和省水利厅相关要求。

四是强化质量抓落实。为确保创建验收工作取得实效，采取"分步实施、整体推进"的工作思路，严格制定创建标准，保证节水型单位建设质量和水平。

（1）节水成效明显。通过水利行业节水单位建设验收主要指标统计情况分析，经初步推算，本次创建的 59 家单位，建设后年度用水量较建设前年度用水量明显下降。建成前用水量 46288t/a，建成后用水量 35745t/a，实现年度节水量 10541t/a，建成后人均用水量 16.53t/a，节水率 23%。

（2）加强日常管理。多个单位都建立了节水责任制和节水激励机制。加强用水设备日常维护和管理，及时维修损坏的供水管和设施。定期检查更换水龙头、管道阀门、冲水阀等用水器具，防止跑、冒、滴、漏，坚决杜绝"长流水"现象。

（3）增强节水意识。在节水型单位建设过程中，高标准实现建设目标，制度保障是关键。在日常管理层面，各单位通过制定节水型单位工作管理制度，成立领导小组，确定岗位责任，落实节水目标，明确日常管理维护分工和监督检查考核奖惩，形成了具有自身特色、行之有效的制度体系，为有力有序开展节水机关建设"保驾护航"。

三、节水型高校

（一）建设要求

党的十九大报告中明确提出：倡导简约适度、绿色低碳的生活方式，反对奢侈浪费和不合理消费，开展创建节约型机关、绿色家庭、绿色学校、绿色社区和绿色出行等行动。

高校是全社会高端人才的摇篮，肩负着为全社会立德树人的责任，在经济社会发展和节水型社会建设中处于重要地位。建设节水型高校，从点上来看，能够提高高校的用水效率，减少用水损失，减少污水排放，降低办学成本，培养学生节水理念，培育校园节水文化；从面上来看，通过师生的示范作用，能够辐射周边人群，带动家庭，能够带动其他公共机构开展节水工作，从而引领全社会形成节约用水的生活习惯和良好风尚，对于建设资源节约型、环境友好型社会具有十分重要的意义。

2019 年 4 月，国家发展改革委、水利部联合印发《国家节水行动方案》，对节水型高校的建设提出了明确要求，"到 2022 年，建成一批具有典型示范意义的节水型高校"。为贯彻落实此项任务，水利部高度重视高校节水工作，做出了一系列工作部署。2019 年 8 月，水利部、教育部、国家机关事务管理局联合印发《关于深入推进高校节约用水工作的通知》，明确了节水型高校建设的任务和要求。2020 年 9 月，水利部办公厅印发《关于开展 2020 年高校节约用水有关工作的通知》，提出"到 2020 年底，各省节水型高校建成数量应不低于本省高校总数的 10%。依据《节水型高校评价标准》（T/CHES 32—2019、T/JYHQ 0004—2019）进行复核验收，发布节水型高校名单"。2022 年 3 月，水利部、教育部、国家机关事务管理局联合印发《黄河流域高校节水专项行动方案》，提出"到 2023 年底，黄河流域 50% 高校建成节水型高校；到 2025 年底，黄河流域全面建成节水型高校"。

（二）建设标准

中国水利学会和中国教育后勤协会于 2019 年 8 月联合发布《节水型高校评价标准》（T/CHES 32—2019　T/JYHQ 0004—2019），为开展节水型高校评价工作提供了技术支撑。

标准指标由节水管理评价指标、节水技术评价指标和特色创新评价指标三部分组成，见表 8-5。

表 8-5　　　　　　　　　节水型高校评价标准

节水管理评价指标（50 分）				
一级指标	二级指标	评 价 标 准	分值	评价方法
制度建设（8 分）	机构职责	有高校领导负责的节水管理机构和人员，得 1 分；职责明确，运行管理规范，得 1 分	2	查阅原始文件、资料
	节水规划	将节水型高校建设纳入高校总体发展规划，得 1 分；制定节水型高校建设实施方案及年度实施计划，得 1 分	2	查阅原始文件、资料
	节水制度	制定并实施节水目标考核、用水设施管理等节水用水管理制度，得 2 分	2	查阅原始制度文件、资料
	目标考核	将节水目标纳入学年（期）工作目标考核和表彰奖励范围，得 2 分	2	查阅目标考核原始资料和表彰结果文件

一级指标	二级指标	评价标准	分值	评价方法
宣传教育（15分）	宣教计划与考核	把节水宣传教育和实践活动纳入高校年度工作计划和考评，得2分；将学生参加情况作为德育教育和考核指标之一，得2分	4	查阅原始文件、资料，开展师生随机抽查
	节水教育	开展节水讲座、培训、观摩、知识竞赛等各具特色的节水教育活动，普及节水知识，培育浓厚的校园节水文化。每年开展2次以上，得4分；少于2次者，每少一次扣2分，扣完为止	4	查阅原始文件、资料，开展师生随机抽查
	节水宣传	利用校园广播、网络、标语、标识等宣传手段，面向校内师生普及节水知识技能，得1分；举办节水主题征文、演讲、绘画以及创作节水标语标志等活动，得1分；主要用水场所、用水设施、器具旁有节水宣传标志或标语，校园网有节水宣传内容，得2分	4	查阅资料、现场抽查核实
	节水实践	深入街道社区、工矿企业、政府机关等单位，开展学生节水实践活动，普及节水知识和技能，传播节水新技术、新工艺，得3分	3	查阅资料、现场抽查核实
用水管理（12分）	资料规范	有规范的用水记录，并及时分析核算，得2分；用水记录相对完整，得1分	2	查阅用水记录、计量网络图、供排水管网图和用水设施分布图等原始资料，并现场抽查核实
		有计量网络图、供排水管网图和用水设施分布图，资料完整且管理规范，得2分；资料相对完整，得1分	2	
	水平衡测试	近三年开展水平衡测试或用水评估，并运用成果促进节水工作，得4分	4	查阅水平衡测试或用水评估等原始文件、资料
	日常管理	加强对用水设施的日常管理，定期巡检和维护，饮用水安全措施到位，得2分；有跑冒滴漏、长流水等浪费水现象，每发现1项，扣1分，扣完为止	2	查阅日常管理资料、现场抽查核实
	精细化管理	建设节水监控平台，实施用水精细化管理，得2分	2	现场抽查核实

一级指标	二级指标	评 价 标 准	分值	评价方法
节水设施（15分）	管网维护	按照 CJJ 92 规定的漏损检测周期和方法，对地下供水管网进行漏损检测，及时更换和维护老旧供水管网，减少管网漏损，得2分	2	查阅管网漏损检测、水平衡测试和用水计量等资料、现场抽查核实
	用水设备	终端用水设备使用节水产品，生活用水器具符合 GB/T 31436 要求，得2分；使用淘汰落后产品的发现1件扣1分，扣完为止	2	查阅采购清单等资料，现场抽查核实
	用水计量	高校用水计量实现用水分级分户精准计量，得1分；安装使用远程智能水表，得1分	2	查阅资料、现场抽查核实
	节能节水	集中浴室和开水房使用智能节水型热水控制器，得1分	1	查阅资料、现场抽查核实
	重点用水环节	景观绿化、食堂餐饮、洗浴、游泳池、洗车、中央空调冷却水、锅炉冷凝水等重点用水环节参照 GB/T 26922 达到节水要求，得4分；有1项重点用水环节未达到要求的，扣1分，扣完为止	4	参照 GB/T 26922，现场抽查核实
	非常规水利用	设置雨水收集、再生水利用、杂排水收集处理、浓水收集等非常规水利用设施，并运行良好，每建设1项得1分，共4分	4	现场抽查核实

节水技术评价指标（50分）

技术评价指标	计 算 方 法	评价标准	分值
标准人数人均用水量	普通高校全年用水总量/标准人数。 标准人数依据 GB/T 32716 的计算方法： $$N_u = N_{ud} + 0.2 \times (N_{uds} + N_{ut}) + 2.5 \times N_{ua}$$ 式中： N_u——高校标准人数，人； N_{ud}——高校住宿生人数，人； N_{uds}——高校走读生人数，人； N_{ut}——教职工人数，人； N_{ua}——留学生人数，人	标准人数人均用水量≤所在省（自治区、直辖市）普通高校用水定额，得10分；高于用水定额不得分	10

续表

技术评价指标	计 算 方 法	评价标准	分值
年计划用水总量	年实际总用水量与年度计划用水总量比较	年实际总用水量≤地方下达的用水指标，得10分；高于用水指标不得分	10
水计量率	在一定计量时间内，水计量器具计量的水量/高校总用水量×100%	用水单位水计量率应达到100%，次级用水单位水计量率应达到100%，得10分；任一项不达标不得分	10
节水型器具安装率	节水型器具数量/总用水器具数量×100%	达到95%，得2分；每提高1%，加2分，满分10分	10
管网漏损率	用水管网漏损水量/用水总量×100%	管网漏损率≤10%，得6分；每降低1%，加2分，管网漏损率≤8%，得10分；管网漏损率＞10%不得分	10

特色创新评价指标（10分）

一级指标	二级指标	评 价 标 准	分值	评价方法
节水管理创新（6分）	合同节水管理	引入社会资本，采用合同节水管理方式，实施校园整体节水改造或重点用水环节节水改造，得4分	4	通过查阅合同文本、实地核实具体节水设施
	宣传推广	在节水理念或制度建设上有独创，并面向社会宣传推广，受到上级主管部门认可，得2分	2	查阅上级主管部门认可的证明材料以及宣传推广相关材料
节水技术创新（4分）	节水研发及应用推广	发挥高校科研优势，自主开展节水技术、产品的创新和研发，得2分；对研发的节水技术、产品进行应用及推广，推动高校产学研结合，得2分	4	查阅高校获得的节水技术和产品专利证书、鉴定证明材料、获奖证书、应用推广证明等相关材料

1. 节水管理评价指标

节水管理评价指标包括：机构职责、节水规划、节水制度、目标考核等方面制度建设情况；宣教计划与考核、节水教育、节水宣传、节水实践等开展情况；用水资料管理是否规范，近三年开展水平衡测试情况，日常管理工作是否定期开展，精细化管理是否到位；管网维护、用水设备、用水计量、节能节水、重点用水环节、非常规水利用等方面节水设施建设运维情况。

2. 节水技术评价指标

节水技术评价指标包括：标准人数人均用水量、年计划用水总量、水计量率、节水型器具安装率、管网漏损率。

3. 特色创新评价指标

特色创新评价指标包括：合同节水管理、宣传推广等方面节水管理创新措施；节水研发及应用推广情况。

（三）建设成效

截至 2022 年年底，各地依据《节水型高校评价标准》（T/CHES 32—2019　T/JYHQ 0004—2019）复核或建成了 1122 所节水型高校，占全国普通高校数量的 40.7%。另外，为发挥节水型高校示范作用，水利部办公厅、教育部办公厅、国家机关事务管理局办公室于 2022 年 1 月联合印发《关于开展节水型高校典型案例遴选工作的通知》，提出遴选公布一批可复制、可推广的节水型高校典型案例，为全国高校节约用水工作提供借鉴。经三部委组织专家对各省报送的 130 个节水型高校案例进行评选，共遴选出了 88 个节水型高校典型案例，并将典型案例名单公布。

【案例】

某大学节水型高校典型案例

学校共两个校区，总占地 3400 余亩，公共区域建筑面积约 77 万 m²，公共建筑楼宇 98 栋，绿地面积 35.4 万 m²，师生员工 38788 人。

一、主要举措

（一）注重顶层设计，体制机制健全

学校成立节水型高校建设领导小组，分管副校长担任组长，各相关职能部门为节水型高校建设领导小组成员。总务处根据实际需求，在两校区成立节水工作小组，保证日常节水工作正常有序开展。

学校按照国家、省、市有关节能政策、法律法规要求，建立了比较完善的规章制度，深入推进节水管理工作。推行"分类管理、计量收费""定额使用、节约奖励、超额付费"的管理机制，规范和保障校园科学用能管理，促进了节水工作的深化开展。

（二）重视标准运维，设备运行高效

学校积极开展标准化水资源管理体系建设、标准化水泵房建设，建立校园供水运行与管理技术规范试点，结合日常重点用水设备运行情况，出台《校园供水系统运行管理规范》《校园供热系统运行管理规范》，制定运行数据台账，规范过程保养。在计量器具方面，一级表、二级表实现全部远程计量，定期按比例抽检，确保提供准确、可靠、完整的计量数据，保证分析结果的准确性与真实性。

（三）开展精细管理，提升节水效益

对管网、阀门井、管道阀门及仪表进行编号管理，明确设备、管道、阀门、仪表的所在位置及具体型号，确保与供水管网图纸资料的一致性，便于对管网进行有效的管理。对超过使用年限、材质落后或受损失修的供水管网进行更新改造，有效减少了爆管频次。实施定额管理，核定公共区域定额指标，与两校区节能工作小组负责人签订定额目标，与绿化中心核定用水定额，推进用水指标化管理。利用学校给排水专业优势，定期委托学院专业团队开展校园水平衡测试。

（四）实施智慧建设，助力管理水平

学校能源监管平台包含无负压供水系统、给水管网监测系统、智慧化水泵房监测系统等，通过给水管网监测系统对当日 00：00—05：00 时各个区域及总进口供水量与压力数据进行精确分析，对供水量异常的片区及时反馈水暖班组，同时调度探漏队伍进行针对性探漏，对各个片区漏点分布情况进行记录、分析，从源头上发现问题，解决问题。同时，依托平台数据，定期开展水平衡测试工作。

二、节水成效

学校用水单位水计量器具配备率和次级用水单位水计量器具配备率均为 100%，标准人数人均用水量为 26.36m³/（人·a），达到国家高校用水定额先进值，节水型器具安装率为 100%，管网漏损率为 4.59%。学校被授予"2016 年省级节水示范学校""某省节水型公共机构先进单位""某市节水型公共机构"和"省级节水型示范居民小区"称号。

第五节　节水型社区（居民小区）

一、建设要求

为提高全社会节水意识，倡导绿色生活方式，形成"珍惜水、爱护水、保护水"的社会氛围，全面推进节水型社会建设，2017 年，全国节约用水办公室印发了《全国节约用水办公室关于开展节水型居民小区建设工作的通知》（全节办〔2017〕1 号），开展节水型居民小区建设工作。

1. 总体要求

（1）建设思路。以居民小区为载体，以提高居民节水意识、倡导科学用水和节约用水的文明生活为核心，通过健全标准，对标达标，加大宣传，发挥居民委员会、物业公司的引导作用，调动居民家庭节水积极性，营造全民节水的良好氛围，使节约用水成为小区居民的自觉行动。

（2）建设范围。包括由物业公司统一管理的、实行集中供水的城镇居民小区。各地可结合实际逐步扩大建设范围。

（3）建设目标。到 2020 年，直辖市、省会城市和计划单列市节水型居民小区建成率达到 20% 以上，其他地级城市节水型居民小区建成率达到 10% 以上。

2. 建设任务

（1）开展节水科普宣传。将节水宣传教育和水利精神文明建设紧密结合，居民委员会、物业公司定期开展面向小区居民、家庭的节水科普宣传，普及节水知识、技能，提高节水意识。居民委员会开展节水志愿服务和社会实践活动，引导小区居民积极参与节水，倡导节水型生活方式和消费模式。

（2）规范用水管理。落实物业公司节水责任，建立健全小区用水管理制度，制定年度节水计划，加强目标责任管理。全面实施居民用水"一户一表"计量，加强小区内公共用水设施设备的日常管理和定期巡护、维修。积极引导基层妇联组织、居民委员会、业主委员会等参与节水管理和日常监督，推动建立公众参与节水机制和用水监督制度。

（3）推广使用节水技术和设备。在家庭和小区公共场所推广使用先进的节水技术、产品和设备，加快淘汰不符合节水标准的用水产品和设备，稳步推进老旧管网改造，有条件的小区积极推进再生水利用和雨水集蓄利用。

二、建设标准

《全国节约用水办公室关于开展节水型居民小区建设工作的通知》（全节办〔2017〕1号）提出了节水型居民小区评价标准，标准由节水技术指标、节水管理指标、加分项三部分组成。节水型居民小区的总得分应不低于90分。各地可按照本地区节水工作要求，参照制定本地区节水型居民小区评价标准。

节水技术指标包括居民人均月用水量、家庭用水计量率、家庭节水器具普及率、公共用水计量率和公共用水设施漏水率5项指标，每项指标10分，合计50分。节水管理指标包括公众参与、用水管理、设施管理3项指标，合计50分。加分项包括非常规水源利用1项指标，10分（见表8-6）。

与此同时，地方积极探索，开展节水型小区创建工作。为深入贯彻"节水优先"思路，积极落实《国家节水行动方案》和最严格水资源管理制度，大力推进节水型社会（城市）建设，进一步加强"十四五"期间节水型小区建设工作的指导力度，2021年1月，上海市水务局、市文明办对照新要求、新目标，在原《上海市节水型社区（小区）评价指标及考核办法》（沪水务〔2016〕579号）的基础上，对相关考核指标和内容进行了修订完善，修订印发《上海市节水型小区评价指标及考核办法》。评价体系包括通用评价指标（适用于节水型小区的建设）和先进评价指标〔适用于节水型示范（标杆）小区的建设〕两方面。通用评价指标包括节水工作组织机构、节水型器具普及率、居民生活用水量、报修检漏制度及记录和开展节水宣传教育 5 方面内容；先进评价指标包括公共用水设施和用水器具漏水率、居民生活用水户表率、日常用水管理、节水洗车、河道水或非常规水源利用、节水特色（附加指标）6 方面内容。考核设有否决条件，包括使用国家明令淘汰的用水器具和用水设备、存在严重违章用水或浪费用水现象，且不及时整改的 2 项内容。

表 8－6　　　　　　　　　节水型居民小区评价标准

一、节水技术指标（50 分）				
序号	指标	计 算 方 法	考 评 标 准	分值
1	居民人均月用水量	$\dfrac{住户年用水总量}{住户人口数量\times12}$	居民人均月用水量不高于省级居民用水定额标准，得 10 分；每高于省级用水定额标准 5%（含本数，下同），扣 1 分，扣完为止。根据供水部门提供的住户用水情况资料核算居民人均月用水量	10
2	家庭用水计量率	$\dfrac{小区内安装计量器具的住户数量}{小区内住户数量}\times100\%$	家庭用水计量率为 100%，得 10 分；每低 5%，扣 1 分，扣完为止。验收时，采用随机抽查方法，抽查户数不得少于 20 户	10
3	家庭节水器具普及率	$\dfrac{小区内住户的节水器具数量}{小区内住户的用水器具数量}$	节水器具指符合国家节水技术标准的水嘴、便器系统、淋浴器、洗衣机等用水器具。家庭节水器具普及率为 100%，得 10 分；每低 5%，扣 1 分，扣完为止。验收时，采用随机抽查方法，抽查范围为小区内居民家庭的用水器具，抽查数量不得少于 20 个	10
4	公共用水计量率	$\dfrac{安装计量器具的公共用水设施数量}{公共用水设施数量}\times100\%$	公共用水计量率根据小区内全部公共用水设施计量情况计算，计量率为 100%，得 10 分；每低 5%，扣 1 分，扣完为止	10

序号	指标	计 算 方 法	考 评 标 准	分值
5	公共用水设施漏水率	$\dfrac{漏水的公共用水设施数量}{公共用水设施数量} \times 100\%$	公共用水设施漏水率根据小区内全部公共用水设施漏水情况计算，漏水率为零，得10分；每高5%，扣2分，扣完为止	10

二、节水管理指标（50分）

序号	指标	考 评 方 法	考 评 标 准	分值
6	公众参与	查看资料、文字记录，走访用户	（1）公共场所设置节水宣传标语、宣传栏或板报等，得3分； （2）公共用水设施旁张贴节水宣传标志，得3分；发现1处无节水标志，扣1分，扣完为止； （3）物业公司年均开展节水宣传活动3次以上，居民节水意识强，得3分；宣传活动少1次扣1分，扣完为止； （4）设立浪费用水举报电话或其他举报方式，得3分；及时处理举报问题并做相关记录，得3分	15
7	用水管理	查看资料、文字记录，走访用户	（1）专人负责节水管理，岗位职责明确，得3分； （2）制定节水工作计划、节水宣传制度、用水管理制度，得3分，缺少1项扣1分； （3）建立管网设备维护、检修制度，得2分；维护、检修原始记录完善，得2分； （4）用水统计数据清楚完整，得2分； （5）商业用水户单独装表计量，实行分类管理，得3分	15

续表

序号	指标	考 评 方 法	考 评 标 准	分值
8	设施管理	查看资料、现场抽查	（1）供水管道、排水管道、用水设施和计量设施分布图完整齐全，得4分，缺少一项扣1分； （2）公共场所用水设施无跑、冒、滴、漏等用水浪费现象，得6分；发现1处问题扣1分，扣完为止； （3）公共场所全部采用节水设施（器具），得3分；节水设施（器具）维护良好、运行正常，得2分； （4）绿化用水全部采用喷灌、微灌等节水灌溉设施，得5分；发现1处非节水灌溉的，扣1分，扣完为止	20

三、加分项（10分）

序号	指标	考 评 方 法	考 评 标 准	分值
9	非常规水源利用	查看资料、现场抽查、走访用户	（1）建立再生水利用系统，并正常运行，得2分； （2）中央空调冷却水和景观用水循环使用，得2分； （3）实行雨水集蓄利用，建有下凹式绿地，得2分； （4）人行道、地面停车场等场所全部采用透水地面，得2分； （5）绿化、景观用水优先使用再生水、雨水，得2分	10

三、建设成效

据《节水载体名录库》相关数据，截至2022年年底，全国累计创建节水型居民小区28837个。

【案例】

某市积极推进节水型小区建设

根据《全国节约用水办公室关于开展节水型居民小区建设工作的通知》要求，某市在全市范围内深入开展节水型小区创建工作，2022年该市供水节水指导中心联合市物业管理办公室、市物业管理行业协会，经行业初审及物业、节水专家现场考评，授予29个居民小区"节水型小区"称号。

一、多措并举创建节水型小区

该市各物业小区高度重视节水型小区创建工作，建立健全小区节水管理制度，成立节水工作小组，明确岗位职责；加强设施设备的管理和维护，对小区的给排水管道、用水设施、计量设施以及公共节水设备进行日常巡查和定期保养，杜绝跑、冒、滴、漏现象的发生；合理利用水资源，做到一水多用。

组织开展形式多样的节水宣传。利用小区公告栏、LED屏、业主微信群、物业企业公众号等多种形式开展节水宣传，发放节水倡议书，张贴节水宣传画，提升居民的节水意识；召开节水知识讲座、节水动员会、分享节水小妙招，倡导居民科学用水、节约用水。

二、节水型小区建设卓有成效

某小区采用雨水回收系统，将杂质、泥沙及其他污染物较少的屋顶雨水，通过弃流和简单过滤后，直接排入蓄水系统，进行处理后使用；杂质较多、污染物复杂的地面雨水，在弃流和粗略过滤和沉淀后，再进入蓄水系统，雨水收集流程更具针对性，园区内的保洁用水、绿化灌溉均使用雨水回收系统存水。

某小区建立中水回用系统，建有下凹式绿地，人行道采用透水面包砖地面，实行雨水集蓄利用，景观用水循环使用，绿化优先使用中水、雨水，采用微喷喷淋方式浇灌。小区降低了水耗，节约了成本，每年节水达$500m^3$，节约水费约6万元。

某小区把节水工作纳入物业服务工作的检查考核中，小区建有雨水收集系统，雨水存储量约为$450m^3/a$，全部用于绿化浇灌，小区景观水池每年节约用水约 4320m^3 用于浇灌，居民家中每年约 1510m^3 生活用水经处理后用于冲洗马桶或者绿植浇灌。

三、持续推进节水型小区创建

2022 年全市共有 102 家小区物业企业进行了节水型小区申报，创建规模不断增加，节水成效日渐显著。该市将进一步加强对节水型小区的监督指导，充分发挥节水型小区引领示范作用，让节约用水、合理用水、保护水资源成为每一位居民的自觉行动。做好"回头看"，进一步总结创建工作经验，巩固和扩大创建工作成果，推动节水工作整体水平的提升，为全市节水工作作出新的贡献。

【思考题】

为进一步提高节水载体建设的数量和质量，规范节水载体管理工作，有哪些工作可以进一步强化？

第九章 节水市场机制

【本章概述】

本章从水权水市场改革、合同节水管理、水效标识建设、水效领跑、节水认证五方面介绍了节约用水工作市场机制建设情况,综述了节约用水市场机制的概念内涵、工作要求、实施进展等基本情况,通过典型案例分析了市场机制作用下节约用水工作取得的进展成效,明确了充分发挥市场机制作用,遵循市场规律,对推进节约用水工作产生的重要作用和影响。

第一节 水权水市场改革

一、概念内涵

(一)水权概念及类型

广义上,水权是与水资源有关的各种权利的总称,既包括水资源所有权,也包括水资源使用权。我国水资源属于国家所有,明晰水权主要是明晰水资源的使用权,也就是用水权。在实践中,用水权主要表现为4种类型,即区域水权、取用水户的取水权、灌溉用水户水权、公共供水管网用户的用水权。

区域水权包括江河流域水量分配方案批复的可用水量、地下水管控指标确定下来的地下水可用水量、已建和在建的调水工程相关批复文件规定的受水区可用水量。

取用水户的取水权是对依法纳入取水许可管理的单位和个人(以下称取用水户),在严格核定许可水量的前提下,通过发放取水许可证明晰取水权。

灌溉用水户水权是对灌区内的灌溉用水户,地方人民政府或者其授权的水行政主管部门可根据需要通过发放用水权属凭证，或由灌区管理单位下达用水指标等方式，明晰用水权。根据灌区实际和计量条件，灌溉用水户水权既可以分配到灌片，也可以分配到农村集体经济组织、农民用水合作组织或村民小组、用水管理小组、用水户。

公共供水管网用户的用水权是对公共供水管网内的主要用水户，通过发放权属凭证、下达用水指标等方式，明晰用水权。

（二）用水权交易概念及类型

用水权交易是指在合理界定和分配水资源使用权基础上，通过市场机制实现水资源使用权在地区间、流域间、流域上下游、行业间、用水户间流转的行为。在实践中，主要包括区域水权交易、取水权交易、灌溉用水户水权交易等形式的用水权交易。

区域水权交易是指以县级以上地方人民政府或者其授权的部门、单位为主体，以用水总量控制指标和江河水量分配指标范围内结余或预留水量为标的，在位于同一流域或者位于不同流域但具备调水条件的行政区域之间开展的水权交易。

取水权交易是指获得取水权的单位或者个人（包括除城镇公共供水企业外的工业、农业、服务业取水权人），通过调整产品和产业结构、改革工艺、节水等措施节约水资源的，在取水许可有效期和取水限额内向符合条件的其他单位或者个人有偿转让相应取水权的水权交易。

灌溉用水户水权交易是指已明确用水权益的灌溉用水户或者用水组织之间的水权交易。灌溉用水户有转让用水权意愿的，县级以上地方人民政府或其授权的水行政主管部门、灌区管理单位可以进行回购，在保障区域内农业合理用水需求的前提下，进行重新配置或交易。

（三）水权交易对节水的促进作用

用水权交易是发挥市场机制作用促进水资源集约节约利用的重要手段。一是为强化水资源刚性约束，坚持以水定城、以水定地、以水定人、以水定产，在用水总量达到或超过区域可用水量的地区，用水权交易是盘活水资源存量、促进节水、解决新增用水需求的必然途径。二是通过将节约的水资源进行有偿转让，可以激发水资源节约保护的内生动力，利用市场机制调节用水户的用水行为，变"要我节水"为"我要节水"，也能够吸引社会资本通过参与节水工程建设运营，转让节约的水权获得合理收益。

二、工作要求

（一）党中央国务院决策部署

党的十八大以来，党中央、国务院多次对推动用水权改革作出决策部署。2012年，党的十八大提出，积极开展节能量、碳排放权、排污权、水权交易试点。2013年，党的十八届三中全会提出，推行节能量、碳排放权、排污权、水权交易制度。2014年，习近平总书记在"3·14"重要讲话中强调"要推动建立水权制度，明确水权归属，培育水权交易市场，但也要防止农业、生态和居民生活用水被挤占"。2015年，中共中央、国务院印发《生态文明体制改革总体方案》明确提出要合理界定和分配水权，探索地区间、流域间、流域上下游、行业间、用水户间等水权交易方式，开展水权交易平台建设。2020年，党的十九届五中全会提出，推进排污权、用能权、用水权、碳排放权市场化交易。2021年，习近平总书记在中共中央政治局第二十九次集体学习时指出，推进排污权、用能权、用水权、碳排放权市场化交易，建立健全风险管控机制。同年，习近平总书记在深入推动黄河流域生态保护和高质量发展座谈会上指出，要创新水权、排污权等交易措施，用好财税杠杆，发挥价格机制作用，倒逼提升节水效果。2022年，中共中央、国务院发布《关于加快建设全国统一大市场的意见》，要求建设全国统一的用水权交易市场，实行统一规范的行业标准、交易监管机制。2023年，中共中央、国务院印发《国家水网建设规划纲要》，明确要求推进水权水市场改革，规范明晰用水权，完善用水权市场化交易制度。

（二）水利部工作要求

水利部深入贯彻落实党中央、国务院的决策部署，持续推进用水权改革。2016年，水利部出台了《水权交易管理暂行办法》，对可交易水权的范围和类型、交易主体和期限、交易价格形成机制、交易平台运作规则等作出了具体的规定。2021年，水利部在"三对标、一规划"专项行动总结大会上，提出了推动新阶段水利高质量发展六大路径，将建立健全初始水权分配和交易制度作为六大路径之一"建立健全节水制度政策"的重要内容，提出规范明晰区域、取用水户的初始水权，建立完善水权市场化交易平台和相关制度，培育和发展用水权交易市场，引导推进流域间、区域间、行业间、用水户间开展多种形式的用水权交易。2022 年，水利部、国家发展改革委、财政部联合发布《关于推进用水权改革的指导意见》，对用水权初始分配和明晰、推进多种形式的用水权市场化交易、完善水权交易平台、强化监测计量和监管等提出了要求，作为当前和今后一个时期推进用水权改革的指导性文件。2023 年全国水利工作会议上提出"加快用水权初始分配，完善用水权交易管理、数据规则、技术导则等政策体系，推进统一的全国水权交易系统部署应用，规范开展区域水权、取水权、灌溉用水户水权等用水权交易"。

（三）对用水权交易的有关要求

（1）对区域水权交易的要求。取用水达到或超过可用水量的地区，原则上应通过用水权交易满足新增用水需求。交易水量不占受让区域用水总量控制指标和江河水量分配指标。区域水权交易可采取公开交易或协议转让的方式进行。采取公开交易方式的，交易主体应当通过水权交易平台公告其转让或受让的意向，明确交易水量、交易期限、交易价格等。采取协议转让方式的，交易双方应当以具备相应能力的机构评估价作为基准价，协商确定交易水量、交易期限、交易价格，在水权交易平台签署协议成交。

（2）对取水权交易的要求。对水资源超载地区，除合理的新增生活用水需求，其他新增用水需求原则上应通过取水权交易解决。开展取水权交易，交易转让方应当向其原取水审批机关提出申请，原取水许可审批机关应对节约水量的真实性、合理性等进行核定。取水权交易应通过水权交易平台进行，交易双方签订协议明确交易水量、交易期限、取水地点、取水用途、交易价格、违约责任、争议解决办法等。交易价格原则上综合考虑水资源稀缺程度、成本费用、合理收益等因素协商或竞价确定。交易完成后，交易双方应依法办理取水许可申请或变更手续。

（3）对灌溉用水户水权交易的要求。灌溉用水户可以通过信息化手段进行线上交易，交易信息应汇集到水权交易平台，也可通过村内公告栏、水管站、灌区管理单位等发布供求信息，自主开展交易。交易期限超过一年的，事前报灌区管理单位及县级以上地方人民政府水行政主管部门备案。交易、回购价格由交易双方协商确定，交易收益原则上归转让方所有。

三、实践进展

在用水权交易方面，2000 年浙江省义乌市和东阳市签订有偿转让横锦水库的部分用水权的协议，开创了我国水权交易的先河。2002 年，甘肃省张掖市作为全国第一个节水型社会试点，选择临泽县梨园河灌区和民乐县洪水河灌区试行水票交易制度。2003 年起，宁夏、内蒙古开展黄河水权转换工作试点。2008 年，福建省泉州市建设的二期引水工程超配额引用晋江的水量通过水权交易方式获得。在各地开展水权交易探索的基础上，为进一步推动水权交易实践，2014 年水利部印发《关于开展水权试点工作的通知》，明确在宁夏、江西、湖北、内蒙古、河南、甘肃、广东 7 个省（自治区）开展水权试点工作，在明晰初始水权、水权交易和水权制度建设方面积极探索，为全国层面推进用水权改革提供经验借鉴和示范。此后，山东、河北、山西、安徽、四川、重庆、湖北、湖南、江苏、黑龙江、吉林等地也相继开展了区域水权交易、取水权交易、灌溉用水户水权交易等多种形式的用水权交易，还有一些地方结合实际创新水权交易措施，开展了集蓄雨水、再生水等非常规水资源交易。

在交易平台方面，2016 年，经国务院同意，水利部和北京市人民政府联合组建了国家级水权交易平台——中国水权交易所。《关于推进用水权改革的指导意见》明确完善交易平台，建立健全统一的全国水权交易系统，统一交易规则、技术标准、数据规范，统一部署、分级应用；跨水资源一级区、跨省区的区域水权交易，流域管理机构审批的取水权交易，以及水资源超载地区的用水权交易原则上在国家水权交易平台进行。据统计，截至 2022 年年底，国家水权交易平台累计促成水权交易 5620 单，交易水量 37.48 亿 m^3。

在交易监管方面，2015 年，水利部成立水权交易监管办公室，负责组织指导和协调水权交易平台建设、运营监管和水权交易市场体系建设等工作，对水权交易重大事项进行监督管理，研究解决水权交易相关工作中的重要问题。流域管理机构和省级水行政主管部门按照管理权限重点跟踪检查用水权交易水量的真实性、交易程序的规范性、交易价格的合理性、交易资金的安全性等，及时组织开展交易水量核定、用水权交易评估工作。

第二节　合同节水管理

一、概念内涵

合同节水管理是节水服务企业与用水户签订合同，通过集成先进节水技术、提供节水改造和管理等服务，以分享节水效益方式收回投资、获取收益的节水服务机制。实质上也是募集社会资本，集成节水技术，投入节水改造，用获得的节水效益支付节水改造全部成本，分享节水效益的一种投资方式。合同节水管理主要集中在公共机构、公共建筑、高效节水灌溉、高耗水工业、高耗水服务业等重点领域，以及供水管网漏损控制和水环境治理等其他领域。

近年来，合同节水管理项目主要应用了节水效益分享型、节水效果保证型和用水费用托管型三大典型模式。

（1）节水效益分享型。节水服务企业和用水户按照合同约定的节水目标和分成比例收回投资成本、分享节水效益的模式。该模式作为合同节水管理的主要方式，适用于高用水行业、公共机构等大部分用水户。

（2）节水效果保证型。节水服务企业与用水户签订节水效果保证合同，达到约定节水效果后，用水户支付节水改造费用。该模式主要适用于生活服务业、企业日常改造、中小型公共建筑改造等周期较短、特殊水价、节水量较小、工程技术较为简单的用水户。

（3）用水费用托管型。用水户委托节水服务企业进行供用水系统的运行管理和节水改造，并按照合同约定支付用水托管费用。该模式主要适用于酒店、商场等大型公共建筑。

二、运行机制

合同节水管理将市场机制运用于节水管理工作，是社会化分工优化配置的体现。政府、用水户、节水服务企业三方各负其责，共同受益。合同节水管理运行框架如图 9-1 所示。

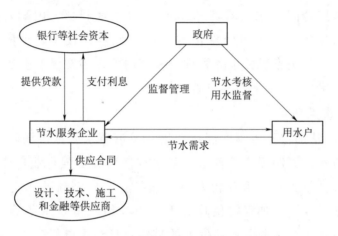

图 9-1　合同节水管理运行框架图

政府管理部门对用水户明确设立用水、节水减排目标，对用水户用水、节水实施考核和监督管理；通过政策扶持，引导鼓励社会力量积极投入，并对节水服务企业进行监管，推动节水服务产业良性发展。

用水户按照政府部门确定的用水指标，实施计划用水，节约用水，对未达到节水要求的项目委托节水服务企业实施节水改造；合同节水改造中不投入或者很少投入，享受节水服务企业提供的技术服务。

节水服务企业通过与用水户签订合同，利用募集的社会资本，采用集成的综合节水技术为用水户提供节水服务。节水服务企业从用水户减少的用水成本中收回投资和收益，获得政府节水减排的奖励基金。

三、工作要求

（一）国家政策

为深入贯彻落实习近平总书记"节水优先、空间均衡、系统治理、两手发力"治水思路，2016 年 7 月，国家发展改革委、水利部和国家税务总局联合印发《关于推行合同节水管理促进节水服务产业发展的意见》（以下简称"意见"）。"推广合同节水管理"纳入《中华人民共和国国民经济和社会发展第十四个五年规划和 2035 年远景目标纲要》《国家节水行动方案》等国家战略规划。

为深入贯彻党的二十大精神，落实全面节约战略，促进节水产业发展，大力推广合同节水管理，2023 年 7 月，水利部、国家发展改革委、财政部、科技部、工业和信息化部、住房城乡建设部、中国人民银行、市场监管总局、国家机关事务管理局 9 部门联合印发《关于推广合同节水管理的若干措施》（以下简称《若干措施》）。

（二）重点任务

《意见》从加快推进制度创新和培育发展节水服务市场两大方面，提出了强化节水监管制度、完善水价和水权制度、加强行业自律机制建设、健全标准和计量体系、培育壮大节水服务企业、创新技术集成与推广应用、改善融资环境、加强财税政策支持以及组织试点示范等九项推行合同节水管理促进节水服务产业发展的具体意见和重点任务。

《若干措施》提出了激发合同节水管理市场活力、强化合同节水管理技术支撑、提升节水服务企业能力、加强财税金融支持、做好合同节水管理组织实施等 5 方面 15 项措施，为推广合同节水管理，促进节水产业发展提供有力支撑。

四、重要意义

合同节水管理是充分利用市场机制推进节水型社会建设的重要手段，是节水管理机制创新的体现，它以公司化运营和市场化运作为核心，集技术集成应用与投融资平台为一体，整合社会资源，推动节水产业投资和技术推广，实现了节水投资建设和运营管理长效化、多元化、集成化、市场化和产业化。

推行合同节水管理，有利于降低用水户节水改造风险，提高节水积极性；有利于促进节水服务产业发展，培育新的经济增长点；有利于节水减污，提高用水效率，推动绿色发展。是落实"节水优先、空间均衡、系统治理、两手发力"治水思路的有力举措和重要抓手，是培育新的经济增长点的战略选择，在我国探索节水管理新模式的道路上具有里程碑意义。

一是激发了节水内生动力，建立了节水管理的长效机制。合同节水管理创新解决了长期以来单一依靠政府投资抓节水、市场缺位的问题，找到了节水工作中"两手（政府和市场）发力"的关键所在。通过价格调控、资源和消耗指标等约束促使用水户由被动节水转变为主动节水，激发了节水的内生动力，为合同节水管理提供了市场需求。

二是畅通了社会资本参与节水的渠道。当前节水改造项目的投资主要来源是政府财政资金，社会资本参与积极性不高。实施合同节水管理后，节水服务企业负责节水项目的投资，通过搭建投融资平台，广泛吸收社会资本参与，逐步形成"政府引导、市场推动、多元投资、社会参与"的节水投入新机制。

三是实施合同节水管理，节水服务企业以市场需求为导向，通过搭建技术集成平台，优先选择先进实用节水技术，实现了市场驱动与技术创新的良性循环。

四是运用竞争机制促使节水服务产业化。节水服务企业与用水户签订节水合同，约定节水目标，节水服务企业提供用水诊断、节水项目设计、融资、施工建设以及运行管理等一体化集成服务。

五、典型案例

（一）某高校合同节水管理项目（节水效益分享型）

1. 项目实施前情况

项目实施区总占地面积 1575 亩，在校师生约 1.6 万人，2019 年度总用水量 238 万 t，人均用水量达 148t，远高于高校用水定额通用值。学校存在管道漏损情况，宿舍上水使用国家明令淘汰的器具，存在"跑、冒、滴、漏"现象；计量器具配备不完善，无法全面掌握学校各用水点用水情况；用水管理台账、节水相关制度不够规范、完善，完整供水管网图缺失；节水文化氛围不够浓厚。

2. 节水模式及实施情况

2019 年 11 月，学校通过公开招投标形式引入节水服务企业，双方签订节水管理服务协议，对学校进行节水管理体系整体建设。

（1）节水模式。项目采取节水效益分享型模式，双方按合同约定比例分享节水效益。项目总投资 2000 万元，全部由节水服务企业承担。项目合同周期为 2019 年 11 月—2029 年 11 月，共 10 年，其中 2019 年 11 月—2020 年 8 月为项目建设期，2020 年 9 月—2029 年 11 月为节水效益分享期。

（2）实施情况。确定节水基准，开展管网漏损量测算与节水潜力分析、用水终端节水性能分析与节水潜力计算、非常规水源利用分析、用水管理现状分析、节水量计算与水量平衡分析等；围绕输配管网、生活和食堂用水、绿化用水、消防及外供用水、节水监测系统等分别制定合理的节水技术改造方案，做到一类一策；开展节水制度建设、规范用水记录、开展水平衡测试、巡检维修、管网及绩效评比等；强化节水教育，开展形式多样的节水活动，努力培育全校师生的节水意识，让全体师生把"珍惜水、节约水、保护水"变成师生的自觉行动；建立长期运维的制度，发现漏水点和设备有故障的情况下在 24h 内解决故障，确保用水效率长期达标。

3. 试点成效

（1）节水效果显著。节水服务企业先后完成供水管网探测、供水管网漏损监测体系建立、供水管网漏损治理以及室内外消防系统的压力恢复、节水计量器具及节水器具更换，共计查出地下管网漏点 100 余处，每天可减少地下漏水 1500t 以上。学校 2022 年度总用水量为 92 万 t，节水率达 38% 以上。

（2）完成"监、管、控"三位一体节水系统的构建。完全实现全校区供水管网分区计量监控，实现了分区计量、实时监测、无线传输、数据分析、峰值报警等在线监测，提升了标准化、精细化、智能化、专业化的管理水平，构建了"监、管、控"三位一体的节水系统，极大地增强了学校供水管网的可靠性。

（3）增强了学生节水意识。利用校园广播、网络、标语、标识等宣传手段，面向校内师生普及节水技能；开展节水讲座、培训、观摩、知识竞赛等各具特色的节水教育活动，普及节水知识，培育浓厚的节水校园文化，让节水理念渗透到校园的各个角落。

（二）某单位节水机关建设合同节水管理项目（节水效果保证型）

1. 项目实施前情况

某单位办公楼占地面积为 4150m²，总建筑面积为 19746m²，绿化面积为 787m²，其中地上建筑面积 15081m²，地下建筑面积 4665m²。主体结构为 15 层、裙楼为 4 层的办公大楼，并设有地下两层停车场。日均自来水用水量为 39.3m³/d。

2. 节水模式与实施情况

2019 年 5 月，通过招投标的方式确定了第三方节水服务企业，双方签订项目合同，拟开展节水改造、节水管理、节水宣传等工作。

（1）节水模式。项目采用节水效果保证型，合同约定建设雨水集蓄设施、安装智能水表、开发智慧用水管理系统、更换节水型器具、张贴节水宣传标识等。项目费用由节水服务企业先行支付，待项目实施达到预期效果后再由用水户支付给节水服务企业。

（2）实施内容。将 94 个坐便器全部更换为一级水效节水型坐便器，112 处水嘴更换为具有限流和涡流增压的节水起泡器；在地下二层建成了一个储水量为 4m³ 的非常规水收集利用系统，供绿化浇灌、垃圾房用水、景观补水、洗车等使用；将原有的 13 个水表细化增加至 33 个水表，实现四级全覆盖计量，除消防总表和纯水机产水水表外，其余 31 个水表均更换为远传智能水表，建设了智慧用水管理系统；张贴或摆放节水标识，发布相关节水宣传信息，普及节水知识，营造良好的节水氛围。

3. 试点成效

（1）用水效率显著提升。节水机关建设工作完成后，对用水情况进行详细分析对比发现，由实施前日均用水量 39.3m³/d 降低为 30.42m³/d，日均用水量下降 8.88m³/d，节水率为 22.60%。

（2）用水管理更加精细。智慧用水管理系统的顺利建成，大大提升了用水异常的响应速度，有效减少了隐形漏水等造成不必要用水浪费的情况。通过系统数据分析发现，可有效挖掘单位节水改造的潜力，为提升用水精细化管理水平与提高水资源利用效率提供基础用水数据支持和量化考核依据。

（3）节水意识深入人心。项目采用多种方式开展节水宣传工作，一方面使全体职工深刻认识到节约用水的重要性，普遍提高了自身节约用水的自觉性，并树立起杜绝浪费用水的责任意识。另一方面锻炼和培养了单位用水管理职能工作人员的业务水平，增加了专业知识和技能，同时也增强了物业管理部门的节水管理技术手段和检测能力，有助于提高整体用水效能。

（三）某企业废水处理回用合同节水管理项目（用水费用托管型）

1. 项目实施前情况

由于该企业建厂时间较久，设施设备逐渐老化，企业的单位产品取水量偏高，无法满足客户和政府的要求，更增加了生产成本，如遇到园区污水处理厂设备检修，只能停产减排，影响产量，造成一定经济损失。

2. 节水模式与实施情况

为达到节水减排，降低用水单耗，符合客户及政府的标准及维护自身企业形象，实现经济效益和社会效益，2015 年用水户委托专业从事环保工程业务企业投资设备并运行操作废水处理设备及中水回用设备。

（1）节水模式。项目采用用水费用托管型，由节水服务企业投资设备并运行操作废水处理设备及中水回用设备，项目总投资 3100 万元。合同期限自项目的正常运营计价之日起算 10 年，10 年后设备归用水户所有。用水户按照处理、回收的合格再生水量按月支付产水费。

（2）实施内容。在用水户原有废水处理设施的基础上，对原有部分设施进行改造，废水处理设施由生物及化学处理，中水回用经过砂滤、超滤（UF）及反渗透技术（RO），反渗透技术（RO）出水与软水混合后回用至车间制程使用，节水服务企业负责添加砂滤、超滤系统（UF 系统）、反渗透系统（RO 系统），提高再生水量，保证再生水水质。

3. 试点成效

（1）实现三方共赢。实施"募集资本、集成技术、节水改造、收回投资、委托管理、费用托管"的合同节水管理项目，用水户在项目建设中不投资，通过节水服务企业完成节水改造工程，后期通过用水户支付水费的方式让节水服务企业逐步收回改造成本并盈利，同时用水户的用水量、出水水质也满足了管理部门的要求。

（2）提高节水效益。截至 2022 年年底，项目实施已逾 7 年，累计节水 878 万 t，已实现预期节水目标，水质均达标，中水回用率达 50%，单位产品取水量大幅下降，已达到节水减排的目的。

（3）发挥示范借鉴。通过节水服务企业搭建的技术服务平台，集成了先进适用的节水技术，针对性地解决了节水技术、产品、工艺分散与节水技术改造系统性要求之间的矛盾，技术上具有可行性、先进性，为大规模运用市场机制推动先进适用节水技术和产品提供了借鉴。

第三节　水效标识建设

一、概念与作用

（一）概念

水效标识，全称为用水产品用水效率信息标识，是一种附在用水产品上的信息标签，用来表示产品的水效等级、用水量等性能指标，目的是引导消费者选择高效节水产品。其中，水效等级、用水量等性能指标依据相关产品的水效强制性国家标准检测确定。

国家对节水潜力大、使用面广的用水产品实施水效标识管理，确定统一适用的产品水效标准、实施规则、水效标识样式和规格（见图 9-2）。

（二）作用

水效标识可以有效消除产品在用水节水方面的信息不对称，向消费者提供易于理解的水效信息，引导消费者购买高效节水的产品，从而激励制造商和零售商生产、销售节水产品，推动市场转换，以达到节约水资源、保护环境的目的。

一是给消费者提供完整的产品信息，使消费者在购买过程中可知情选择。水效标识向消费者提供完整的水效信息，消费者通过手机扫标识二维码，就可以辨别产品真假以及了解用水量等产品信息，在对比不同品牌同类产品（规格）水效和售价的基础上，作出最佳的选择，从而在更大范围激励公众更加踊跃地购买高效节水产品，增强全社会的节水意识。

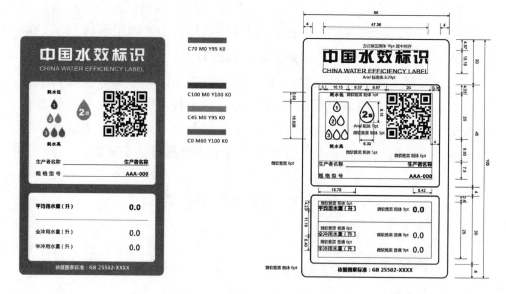

图 9-2 水效标识基本式样

二是鼓励制造商改善产品的节水特性。消费者选择水效更高产品的意愿必定会激励制造商及时调整产品开发、生产和推广销售的计划，减少低效产品的生产，并在技术可行、经济合理的情况下，引进和开发新的、更有效的技术和产品，始终保持产品的优质高效。

三是鼓励零售商在进货和陈列商品时选择高效节水的产品。分销商和零售商将根据产品水效标识来调整自己的库存和陈列产品。这些变化将促进市场的良性竞争，使得市场上所有产品的节水性能得以提高，促进用水产品市场向高效节水产品市场转换。

四是推动我国节水产品行业健康快速发展。水效标识的实施，将促进从事节水产品生产的企业不断研发产品节水技术、增强产品节水性能、提高产品用水效率、推出更多高效节水产品，从而推动整个行业进行升级，增强产品在国内和国际市场的竞争力。

五是为政府决策和相关政策制定提供信息基础。水效标识的实施，可以为有关节水政策的制定，如政府节水产品采购政策、针对购买高效节水产品的消费者补贴政策、针对生产节水产品的企业所得税减免政策等，提供信息基础，从客观上推动节水措施的有效实施。此外，水效标识的广泛实施，可以有效提高社会公众的资源节约和环境保护意识，对高效节水产品市场的培育起到催化剂作用。

二、管理制度

为推广高效节水产品，提高用水效率，推动节水技术进步，增强全民节水意识，促进我国节水产品产业健康快速发展，国家发展改革委、水利部、原国家质监总局于 2017 年联合发布了《水效标识管理办法》，并于 2018 年 3 月 1 日起施行。

（一）背景及意义

1. 出台背景

人多水少、水资源时空分布不均是我国的基本水情，水资源短缺已经成为制约经济社会可持续发展的重要瓶颈。提高水资源利用效率是解决水资源瓶颈问题的有效途径，为了更好地应对我国水资源水质性短缺的严峻形势，国务院于 2015 年出台了《水污染防治行动计划》（即"水十条"），强调加强城镇节水，鼓励使用节水设施；党的十八届五中全会提出开展水效领跑者引领行动。用水产品作为生产生活中最常见的用水器具，涉及社会生产生活用水的全过程，是提高水效的重要载体。我国作为用水产品的生产和消费大国，坐便器、水嘴及洗衣机等产品的市场保有量巨大，但普遍存在用水效率不高、市场不规范等问题，亟需建立高效用水产品管理制度。

我国能效标识制度自 2005 年实施以来，取得了良好的节能减排效果和生态效益。为了开展水效标识管理，在借鉴能效标识管理经验的基础上，2017 年国家发展改革委、水利部和国家质量监督检验检疫总局研究制定了《水效标识管理办法》。

2. 重要意义

水效标识制度是市场经济条件下政府对用水产品管理的重要举措，在我国建立水效标识制度，具有重要的现实意义。

一是体现了我国政府节水管理方式的创新。针对用水产品建立水效标识制度，是政府转变节水管理方式的具体实践，即由过去对企业的直接管理向间接管理转变，由过去注重对企业生产过程管理向终端产品管理转变，由过去重管理轻服务向导向服务型转变。

二是进一步规范用水产品市场。随着广大消费者节水意识、资源意识和环保意识的不断提高，我国节水产品需求不断增长。但节水产品市场存在着产品质量良莠不齐、产品节水性能真假难辨等问题，一些伪劣产品、高耗水产品使用虚假陈述，误导消费者，扰乱了节水产品市场秩序。通过建立水效标识制度，加强对用水产品生产企业的监管，可有效规范节水产品行业市场，创造公平竞争的市场环境。

三是有助于提升我国用水产品生产企业的国际竞争力。以水效标识为基础，建立与国际接轨的节水产品市场准入制度，消除绿色贸易壁垒，有利于扩大用水产品的国际市场份额。同时，通过水效标识制度的建立，逐步淘汰落后产品，有助于带动节水产品的技术进步和创新，促进用水产品生产企业技术和产品质量达到国际先进水平，进一步提升产品的国际竞争力。

（二）主要内容

《水效标识管理办法》（以下简称《办法》）由总则、水效标识的实施、监督管理、罚则、附则共五部分组成。

1. 总则

给出了《办法》制定的法律依据，对水效标识的概念、组织实施部门、市场监督检查主体、实施授权机构等进行了明确。

2. 水效标识的实施

明确了水效标识的基本内容、水效标识的实施方式、对检验检测实验室的要求、水效标识的备案要求和备案流程，以及对授权机构的要求等。

3. 监督管理

明确了水效标识的监督管理主体，并对用水产品的生产者、进口商、销售者、检验检测机构及授权机构等提出了管理要求。

4. 罚则

重点对用水产品的生产者、进口商、销售者、检验检测机构、标识管理部门、授权机构等的违法违规行为，作出了相应的处罚规定。

5. 附则

主要对水效标识的免加施范围、《办法》的解释权、实施开始日期等，作出了具体说明。

同时，《办法》还给出了水效标识基本样式，将水效等级自上而下分为 3 级，1 级耗水最低，3 级耗水最大。水效标识上面除需标明生产者名称及产品规格型号、二维码外，还需注明产品的平均用水量、全冲用水量及半冲用水量，企业需按指定的尺寸、字体印上对应信息。

（三）实施模式

水效标识制度是以提高产品水效水平为核心、促进终端用水产品质量提升的一项市场化管理制度，是市场经济条件下政府对用水产品管理的一个重要手段。水效标识制度通过采取企业自我声明、水效标识备案、市场监督检查的实施模式，以最小的社会成本引导企业开展节水技术创新，推广高效节水产品，提高用水产品水效水平。

企业自我声明，是水效标识制度的主要特点。在企业粘贴水效标识过程中，企业自行安排检测产品水效，依据检测结果和相关标准自行确定水效等级等标识信息。同时，企业依据相关要求自行印制和粘贴标识信息，但企业需要对标识信息的准确性负责，并接受监督检查。

水效标识备案，是水效标识制度的管理手段。备案是对企业提交备案材料规范性、水效标识规格准确性、企业填报信息一致性等内容的形式审查。备案是政府掌握企业产品信息、规范用水产品市场的重要手段，也是产品质量监督抽查和公众监督的依据。

市场监督检查，是水效标识制度的基本保障。有关管理部门将以产品质量监督抽查、市场专项监督等管理手段，加强水效标识的事中事后监管，确保节水产品市场秩序，保障水效标识制度顺利实施。同时，鼓励公众和行业机构开展社会监督，发挥群众力量促进水效标识制度更好落地。

三、应用推广

（一）推进措施

1. 水效标识产品目录

2018 年 1 月 26 日，国家发展改革委、水利部、国家质量监督检验检疫总局、国家认证认可监督管理委员会联合制定发布了《中华人民共和国实行水效标识的产品目录（第一批）》（2018年第1号公告）（2018年8月1日起施行）。2020年9月29日，国家发展改革委、水利部、国家市场监督管理总局、国家认证认可监督管理委员会联合印发了《中华人民共和国实行水效标识的产品目录（第二批）》（发改环资规〔2020〕1509号），将坐便器、智能坐便器、洗碗机纳入水效标识制度实施范围。2021年12月2日，国家发展改革委、水利部、国家市场监督管理总局联合印发了《中华人民共和国实行水效标识的产品目录（第三批）》（发改环资规〔2021〕1755号），将淋浴器、净水机纳入水效标识制度实施范围。

2. 水效标识实施规则

2018年1月26日，国家发展改革委、水利部、国家质量监督检验检疫总局、国家认证认可监督管理委员会联合组织制定发布了《坐便器水效标识实施规则》（2018年第1号公告）（2018年8月1日起施行）。2020年9月29日，国家发展改革委、水利部、国家市场监督管理总局、国家认证认可监督管理委员会联合印发了《智能坐便器水效标识实施规则》《洗碗机水效标识实施规则》，并对2018年印发的《坐便器水效标识实施规则》进行了修订。其中，《坐便器水效标识实施规则》（修订）、《智能坐便器水效标识实施规则》自2021年1月1日起实施，《洗碗机水效标识实施规则》自2021年4月1日起实施，并对实施日期前出厂的产品规定了一年的过渡期。2021年12月2日，国家发展改革委、水利部、国家市场监督管理总局印发了《淋浴器水效标识实施规则》《净水机水效标识实施规则》，自2022年7月1日起实施。同时规定，对于2022年7月1日前出厂或进口的淋浴器和净水机，可延迟至2023年7月1日前加施水效标识。

3. 部分产品水效等级

2017年迄今，全国节水标准化技术委员会发布了多个产品的水效限定值和水效等级，包括《坐便器水效限定值及水效等级》《洗碗机能效水效限定值及等级》《智能坐便器能效水效限定值及等级》《水嘴水效限定值及水效等级》《蹲便器水效限定值及水效等级》《淋浴器水效限定值及水效等级》《小便器水效限定值及水效等级》。此外，还对已有《便器冲洗阀水效限定值及水效等级》《净水机水效限定值及水效等级》进行了修订。

4. 宣贯培训

为了贯彻落实好《水效标识管理办法》，从中央到地方，开展了一系列的宣贯工作。国家层面，2017 年以来，水利部组织举办了 4 期培训班，针对《水效标识管理办法》的贯彻实施进行了专题培训。这期间，中国标准化研究院也举办了多次水效标准和标识交流会，组织开展了水效标准和标识研讨，推动社会公众对水效标识的认知。地方层面，许多省市也积极开展水效标识专题宣传推广和专业培训工作，通过发放专题宣传页、制作展板、移动宣传车、开展专题培训等方式，对水效标识进行广泛宣传。

5. 市场监督检查

《水效标识管理办法》出台以后，国务院各有关部门按照职责分工积极推进水效标识管理工作，强化市场监督管理，加大专项检查抽查力度，淘汰水效等级较低产品，不断净化节水产品市场。2019 年 5 月 24 日，为了进一步加强能效水效标识监督检查，打击能效水效虚标行为，提高用能用水产品效率，国家市场监督管理总局办公厅、国家发展改革委办公厅、水利部办公厅联合印发了《关于加强能效水效标识监督检查工作的通知》（市监计量〔2019〕33 号），进一步加大了水效标识的监督检查工作力度。

（二）进展成效

1. 水效标识推广有序开展

《水效标识管理办法》颁布实施以来，我国已将坐便器、智能坐便器、洗碗机、淋浴器、净水机纳入水效标识管理范围，企业对水效标识制度认可度较高，水效标识的推广工作开展有序。从企业和水效标识备案情况来看，截至 2021 年 12 月，备案企业已达 3000 余家，多数集中在广东省，在福建、浙江、上海、河南等地也有一些分布。水效标识备案型号约有 6 万个，1、2、3 级水效占比分别为 12%、60%、28%。其中，水效 1、2 级产品为节水产品，节水产品占到备案总型号数的 72%。

2. 水效标识认知参与度有所提升

水效标识制度，特别是坐便器水效标识正式实施以后，水利部、中国标准化研究院等部门和单位先后组织了多次水效标识培训会，各地在政府网站开展了"教你看懂水效标识"等专题宣传教育，各类卖场也以点对点直接面对消费者展开宣传。通过宣传教育，普及了水效标识相关知识，社会公众的节水意识和对水效标识的认识有了很大的提升，很好地推进了水效标识制度的实施。

3. 有效促进了生产企业技术升级

水效标识制度实施以后，由于原先的用水产品不符合节约用水标准，难以进入市场进行销售，企业的生产效益受到影响。为了生存和发展，许多企业主动适应节水产品市场管理要求，积极增加节水技术研发投入，不断推进研发配套建设和产业技术升级。一些企业还结合自身实际开展了水效实验室的建设。企业通过加大节水产品的研发和创新力度，所生产出的产品不仅满足了水效标识制度的相关规定，也使产品在透明的水效标签面前赢得消费者的认可。

第四节　水　效　领　跑

一、制度建设

水效领跑者引领行动最早在《中共中央关于制定国民经济和社会发展第十三个五年规划的建议》和《中华人民共和国国民经济和社会发展第十三个五年规划纲要》中被明确提出。2016 年 4 月，国家发展改革委、水利部、工业和信息化部、住房城乡建设部、国家质量监督检验检疫总局、国家能源局联合印发《水效领跑者引领行动实施方案》（发改环资〔2016〕876 号），在工业、农业和生活用水领域开展水效领跑者引领行动，制定水效领跑者指标，发布水效领跑者名单，树立先进典型。

根据《水效领跑者引领行动实施方案》要求，实施方案印发后，相关部门分别牵头制定实施细则并组织实施。2016 年 10 月，为贯彻落实最严格水资源管理制度，提高农业灌溉用水效率，促进农业水资源可持续利用，增强全社会节水意识，水利部会同国家发展改革委联合印发了《灌区水效领跑者引领行动实施细则》。2017 年 1 月，为全面推行绿色制造，加快推进重点用水企业节水技术进步，推动企业开展节水改造和对标达标，全面提升企业用水效率，工业和信息化部会同水利部、国家发展改革委、国家质量监督检验检疫总局联合印发了《重点用水企业水效领跑者引领行动实施细则》。2019 年 7 月，为提高用水产品水效，促进节水器具推广，增强全民节水意识，国家发展改革委会同水利部、住房城乡建设部、国家市场监督管理总局联合印发了《坐便器水效领跑者引领行动实施细则》。2020 年 5 月，为提高公共机构节水效率，更好发挥引领示范作用，国家机关事务管理局、国家发展改革委、水利部三部门联合印发《公共机构水效领跑者引领行动实施方案》，正式启动公共机构水效领跑者引领行动的遴选工作。

二、工作要求

(一) 总体方案

1. 实施范围

水效领跑者引领行动实施范围包括四类——用水产品、用水企业、灌区和公共机构，涵盖农业、工业和生活等主要用水领域。

(1) 用水产品领域：综合考虑产品的市场规模、节水潜力、技术发展趋势以及相关标准规范、检测能力等情况，选择坐便器、水嘴、洗衣机、净水机等生活领域用水产品实施水效领跑者引领行动，逐步扩大到工业、农业和商用等领域用水产品。

(2) 用水企业领域：综合考虑企业的取水量、节水潜力、技术发展趋势以及用水统计、计量、标准等情况，从火力发电、钢铁、纺织染整、造纸、石油炼制、化工等行业中，选择技术水平先进、用水效率领先的企业实施水效领跑者引领行动。

(3) 灌区领域：综合考虑灌区的气候地理条件、水资源状况、农作物种类、灌区规模等情况，选择设计灌溉面积 1 万亩以上、具有完善的管理机构、安全运行状况良好的大中型灌区实施水效领跑者引领行动。

(4) 公共机构领域：综合考虑公共机构的类别、地域条件、用水规模和特点等，重点在党政机关、学校、医院开展水效领跑者引领行动。

2. 遴选和发布流程

实施方案印发后，相关部门分别牵头制定实施细则并组织实施。水效领跑者的基本遴选程序是企业（单位）自愿申报、地方推荐、专家评审和社会公示，对公示无异议的水效领跑产品、企业或灌区，由负责部门联合发布水效领跑者名单。用水产品和用水企业水效领跑者每两年发布一次，灌区水效领跑者每三年发布一次。

3. 水效领跑者标志及使用

列入水效领跑者的产品、企业和灌区使用统一的水效领跑者标志（见图9-3），水效领跑者产品可以在产品本体明显位置或包装物上加施水效领跑者标志。鼓励符合条件的企业和灌区在宣传活动中使用水效领跑者标志。

图 9-3　水效领跑者样图

（二）实施细则

1. 用水产品水效领跑者

（1）用水产品基本要求。

1）水效指标达到国家标准一级以上，且为同类产品的领先水平，具有取得资质认定的检验检测机构出具的第三方水效检测报告或获得经批准的认证机构颁发的节水产品认证证书。

2）产品为量产的定型产品，达到一定销售规模。

3）产品质量性能优良，近一年内产品质量国家监督抽查和执法检查中，该品牌产品无不合格、无质量违法行为。

4）生产企业为中国大陆境内合法的独立法人，具有完备的质量管理体系、健全的供应体系和良好的售后服务能力。

（2）实施情况。截至 2022 年年底，国家发展改革委、水利部、住房城乡建设部、国家市场监督管理总局联合印发了《2020 年度坐便器水效领跑者产品名单》，其中单冲式坐便器 2 家企业的 4 个产品型号上榜，双冲式坐便器 5 家企业的 16 个产品型号上榜；水利部、国家发展改革委联合印发了《2022 年度用水产品水效领跑者名单》，其中坐便器 10 家企业的 18 个产品型号上榜，智能坐便器 3 家企业的 4 个产品型号上榜，洗碗机 5 家企业的 7 个产品型号上榜。

2. 用水企业水效领跑者

（1）用水企业基本要求。

1）符合相关节水标准，单位产品取水量指标达到行业领先水平。

2）有取用水资源的合法手续，近三年取水无超计划。

3）建立健全节水管理制度，各生产环节有配套的节水措施；建立了完备的用水计量和统计管理体系，水计量器具配备满足《用水单位水计量器具配备和管理通则》（GB 24789）要求。

4）无重大安全和环境事故，无违法行为。

（2）实施情况。截至 2022 年年底，用水企业领域分别在 2017 年、2020 年和 2022 年发布了重点用水企业水效领跑者名单。2017 年重点用水企业分别在钢铁、纺织染整、造纸、乙烯和味精 5 个行业，发布水效领跑者 11 家。2020 年，增加了石油炼制、现代煤化工、氯碱、氮肥、化纤长丝织造、啤酒，共计发布 10 个行业，30 家水效领跑者。2022 年，增加了炼焦、氧化铝和电解铝 3 个行业，发布水效领跑者 63 家。

3. 灌区水效领跑者

（1）基本要求。

1）用水效率处于同类型灌区的领先水平。

2）灌区工程管理和用水管理措施到位，满足《节水灌溉工程技术规范》（GB/T 50363）要求。

3）灌区具备完善的管理制度，用水计量和调度设施配置完备、技术先进，水效监测和评价符合《全国农田灌溉水有效利用系数测算分析技术指导细则》。

（2）实施情况。2019 年，水利部、国家发展改革委发布了灌区水效领跑者名单，遴选出具备引领示范、典型带动效应的 8 处灌区为区域灌区水效领跑者。2022 年，水利部、国家发展改革委公布第二批灌区水效领跑者名单，遴选出具备引领示范、典型带动效应的 15 处灌区为第二批区域灌区水效领跑者。

4. 公共机构水效领跑者

（1）基本要求。

1）遵守国家、行业、地方相关节水政策和标准。近三年内未发生重大安全、环境事故或其他社会影响不良的事件，无违法行为记录。

2）应为相关部门认定的节水型单位，按照同类可比原则，用水效率处于领先水平。

3）水计量器具配备满足《用水单位水计量器具配备和管理通则》（GB 24789）要求。

4）采用先进适用的节水技术、产品，未使用国家明令禁止的落后用水设备或器具。

5）建立节水管理制度和用水台账统计体系，明确岗位职责。

6）两年内未受到相关部门浪费用水处罚。

（2）实施情况。2020 年，国管局、国家发展改革委、水利部联合印发《公共机构水效领跑者引领行动实施方案》，正式启动公共机构水效领跑者引领行动的遴选工作。2021 年，国管局、国家发展改革委、水利部组织各地区、各部门开展了公共机构水效领跑者引领行动。经组织推荐、集中评审和公示，确定北京建筑大学（大兴校区）等 168 家单位为公共机构水效领跑者（2021—2023 年）。

第五节 节 水 认 证

一、概念内涵

（一）认证的定义及分类

认证是指由认证机构证明产品、服务、管理体系符合相关技术规范的强制性要求或者标准的合格评定活动。认证类别包括产品认证、管理体系认证、服务认证三大类。

（二）节水产品认证的定义及范围

节水产品认证是指依据相关的标准或其他规范性文件，经节水产品认证机构确认并通过颁布节水产品认证证书和节水标志，证明某一认证产品为节水产品的活动。

《节水型产品通用技术条件》（GB/T 18870—2011）将节水产品定义为："符合质量、安全和环保要求，体现节水技术的产品。"节水产品分为直接节水产品（如便器、水嘴等）和间接节水产品（如管材管件、泵等），均可纳入节水产品认证范围。

（三）产品认证模式

根据 ISO/IEC 导则 28《典型第三方产品认证制度通则》的明确规定，典型的产品认证制度包括四个基本要素，即型式试验、质量体系评定、监督检验和监督检查。目前产品认证模式可归纳为八种形式，见表9-1。

表9-1　　　　　　　　　产品认证模式一览表

认证模式	型式试验	质量体系评定	认证后监督		
			市场抽样检验	工厂抽样检验	质量体系复查
1	√				
2	√		√		
3	√			√	
4	√		√	√	
5	√	√	√	√	√
6	√				√
7	批量检验				
8	100%检验				

我国节水产品认证机构采取的"初始工厂检查＋产品抽样检测＋获证后监督"的第五种认证模式。

（四）节水产品认证程序

1. 认证申请

由认证申请组织自愿选择国家认证认可监督管理委员会批准开展节

水认证，提出节水认证申请。认证申请组织应提交的资料和信息包括：认证申请组织、制造商、生产厂的营业执照和产品注册商标证明文件；申请认证的产品名称、依据标准、规格型号等产品描述信息；生产设备、检验设备和关键零部件（原材料）清单等生产厂生产信息；认证实施规则规定的文件；卫生许可批件等法律法规要求的文件等。

2. 合同评审

认证机构收到认证申请组织提交的资料和信息后，应组织专门的人员依据认证标准和认证实施规则等文件要求，对提交的资料和信息进行评审。合同评审通过后，认证机构方可与认证申请组织签署认证合同。如未通过合同评审，认证机构将明示不通过的理由及处理方式。

3. 认证实施

认证合同签署后，认证机构根据制定的产品认证方案和在国家认证认可监督管理委员会备案的实施规则，组织具有检查员注册资格的专业人员实施节水产品认证工作。

节水产品认证实施的过程包括初始工厂检查、产品抽样检测、认证决定、获证后监督、复评、认证变更等。

初始工厂检查：根据认证模式的要求，初次认证时，认证机构应选择专业的人员组成检查组，确定检查组长。检查组长在接到检查任务后，在工厂检查前向认证申请组织发出《检查计划》，经确认后实施初始工厂检查。检查的内容主要包括工厂质量保证能力要求和认证产品一致性检查和顾客投诉。

产品抽样检测：认证产品的每个认证单元均需抽取代表性的产品进行抽样检测，抽样工作由认证机构安排专业的抽样人员进行。抽样样品的检测工作由认证申请组织在经认证机构认定的具备认证产品检测能力的检测实验室进行。

认证决定：初始工厂检查和产品抽样检测均完成后，认证机构应组织专业的人员依据认证实施规则等文件要求，对初始工厂检查记录和文件、产品抽样检测报告进行核查并作出批准认证或不批准认证的认证决定。工厂检查和产品抽样检测任——项工作不满足相关规定要求，均不批准认证。

认证决定批准认证后，由认证机构对认证申请组织颁发认证证书（每个申请单元颁发一张认证证书），授权使用认证标志，以及进行认证公告等事宜。同时，认证机构需要将获证组织及获证证书信息上报认监委系统，完成认证证书的备案。

目前，我国尚未有统一的节水产品认证标志，各节水认证机构分别自行设计节水认证标志。有代表性的节水产品认证标志有中国节水产品认证标志和经水利部授权使用国家节水标志作为主图案的标志（见图9-4）。

　　（a）中国节水认证标志　　　　（b）中国节水产品认证标志

图9-4　节水标志

获证后监督：认证机构在发放认证证书后启动对认证覆盖产品的监督活动。在证书有效期内，认证机构应每年至少对获证组织进行一次监督检查。监督的主要内容为工厂产品质量保证能力的复查、产品一致性检查及顾客投诉。只有监督复查合格后，获证组织方可以继续保持认证资格使用认证标志。若监督复查时发现不合格应在规定的时间内进行整改。

复评：当认证证书有效期将至时，若获证组织仍希望持有认证证书，获证组织应提前向认证机构突出复评申请。一般复评申请应在原证书有效期满期前四个月提出，复评程序与初次认证的程序基本相同，复评内容覆盖初次认证的全部内容。复评抽样要求与初次认证相同。

认证变更处理：认证变更的影响因素主要来自两个方面：一是认证要求的变更，是由认证机构主导的变更；二是由获证组织基于某些原因引发的变更。当出现第一种变更时，获证组织会收到认证机构的变更通知，并根据认证机构采取的措施，配合完成变更工作。当出现第二种变更时，获证组织应及时将变更情况告知认证机构，并根据认证机构的相关要求，配合完成认证变更工作。

投诉与申诉：认证机构应对投诉和申诉的接收、评价和作出决定的过程形成文件，包括对投诉和申诉处置职责和程序作出安排，采取措施解决投诉和申诉的问题，并做好相关记录。对处理申诉和投诉过程的所有决定负责。

二、制度建设

（一）推进节水产品认证工作的相关制度

2000 年 10 月，国家经贸委会同水利部、建设部、科学技术部、国家环境保护总局、国家税务总局联合发布了《关于加强工业节水工作的意见》，其中第一次明确提出"建立节水器具和节水设备的认证制度和市场准入制度，清理整顿节水器具的生产及流通市场，扩大节水产品的市场份额。"2001 年，该内容还被写入《工业节水"十五"规划》之中。

2002 年 6 月出台的《中华人民共和国清洁生产促进法》第十三条规定：国务院有关行政主管部门可以根据需要批准设立节能、节水、废物再生利用等环境与资源保护方面的产品标志，并按照国家规定制定相应标准。

2002 年 10 月，经国家认证认可监督管理委员会授权批准，国家经贸委、建设部、水利部等有关部门正式启动节水产品认证工作。第一批节水认证产品有水嘴、坐便器、便器冲洗阀、淋浴器等四类产品。

2007 年 7 月，水利部办公厅下发了《关于加强农业节水灌溉和农村供水产品认证工作的通知》（办农水〔2007〕144 号）。其中明确要求：力争用 3～5 年的时间，使用于农业节水灌溉和农村供水工程建设的材料设备通过认证的比例达到 70% 以上，逐步将产品认证作为农业节水灌溉和农村供水工程建设采购材料的必备条件。

2012 年 9 月，水利部、国家质量监督检验检疫总局、全国节约用水办公室印发《关于加强节水产品质量提升与推广普及工作的指导意见》（水资源〔2012〕407 号），明确提出：继续加强节水产品认证工作，强化其管理抓手的支撑作用，提高认证机构的服务质量，把好节水产品的评价关。在节水产品的应用推广中，逐步建立以节水产品认证制度为基础的市场准入制度。促进优质高效节水产品的使用，逐步淘汰高耗水的产品。

2019年5月，为贯彻落实《生态文明体制改革总体方案》中关于建立统一的绿色产品体系，将分头设立的环保、节能、节水、循环、低碳、再生、有机等产品统一整合为绿色产品，建立统一的绿色产品标准、认证、标识等体系的要求，推动绿色产品标识整合，配合绿色产品认证工作开展，市场监管总局发布《绿色产品标识使用管理办法》，明确了绿色产品标识适用范围。

2020年3月，国家认证认可监督管理委员会发布《关于发布绿色产品认证机构资质条件及第一批认证实施规则的公告》（公告〔2020〕6号），绿色产品认证正式全面开展，其中包含节水属性的产品有坐便器、蹲便器、小便器等卫生陶瓷产品。

2022年9月，国务院办公厅印发《关于深化电子电器行业管理制度改革的意见》（国办发〔2022〕31号），提出统筹环境标志认证、节能低碳产品认证、节水产品认证、可再生能源产品认证和绿色设计产品评价制度，纳入绿色产品认证与标识体系实行统一管理，实施绿色产品全项认证或者分项认证。

（二）推进节水认证结果采信相关制度

2004年12月，为发挥政府机构节能（含节水）的表率作用，财政部、国家发展改革委印发了《节能产品政府采购实施意见》（财库〔2004〕185号），便器、水嘴作为节水产品被列入节能产品政府采购清单（第一批）。

2007年7月，国务院办公厅发布《关于建立政府强制采购节能产品制度的通知》（国办发〔2007〕51号），明确规定在积极推进政府机构优先采购节能（包括节水）产品的基础上，选择部分节能效果显著、性能比较成熟的产品，予以强制采购。便器、水嘴、便器冲洗阀、淋浴器、水暖用阀门、水箱配件六种产品被列为政府节能采购清单中，其中便器及水嘴为强制采购产品。

2019年2月，财政部、国家发展改革委、生态环境部、国家市场监督管理总局发布《关于调整优化节能产品、环境标志产品政府采购执行机制的通知》，简化了节能（节水）产品政府采购执行机制，扩大了参与实施政府采购指定认证机构的范围，并发布新的节能产品政府采购品目清单，其中中国质量认证中心、北京新华节水产品认证有限公司、方圆标志认证集团有限公司作为便器、水嘴、便器冲洗阀和淋浴器四类产品的指定认证机构参与政府采购节水产品活动。

水利部通过发布《关于加强农业节水灌溉和农村供水产品认证工作的通知》《关于大力推广节水灌溉技术推进农业节水工作的指导意见》《关于加强节水产品质量提升与推广普及工作的指导意见》等多个文件，持续推进节水认证结果在水利工程招投标等应用上的采信。

另外，部分省级水行政主管部门依据《关于大力推广节水灌溉技术推进农业节水工作的指导意见》等相关文件要求，制定本省节水产品认证证书的采信要求。

（三）节水产品认证标准

2010 年 9 月 17 日，水利部发布了《节水产品认证规范》（SL/T 476—2010），于 2023 年 3 月 17 日，对该标准进行了修订，并发布新版《节水产品认证规范》（SL/T 476—2023）。

三、实施情况

在节水产品认证领域，节水产品认证涵盖农业、工业、城镇生活和非常规水利用等199类产品，规格型号超3000个。截至2022年年底，全国共有节水产品认证有效证书4620张，涉及企业1076家。便器、水嘴、便器冲洗阀、淋浴器4种产品进入政府节能采购清单，政府采购采信的有效节水产品认证证书1300多张，涉及企业290多家。

2022年度开展节水产品目录见表 9-2。

表 9-2　　　　　2022 年度开展节水产品目录

序号	产 品 标 准	产 品 名 称
1	GB/T 18992.2—2003	冷热水用交联聚乙烯（PE-X）管材
2	GB/T 18993.2—2003	冷热水用氯化聚氯乙烯（PVC-C）管材
3	GB/T 18997.1—2003	铝塑复合压力管（铝管搭接焊式）
4	GB/T 18997.2—2003	铝塑复合压力管（铝管对接焊式）
5	GB/T 18033—2017	无缝铜水管

序号	产 品 标 准	产 品 名 称
6	GB/T 28799.2—2012	冷热水用耐热聚乙烯（PE‑RT）管
7	CJ/T 218—2010	给水用丙烯酸共聚聚氯乙烯（AGR）管材
8	QB/T 1224—2012	衣料用液体洗涤剂
9	CJ/T 189—2007	塑料电熔管件
10	CJ/T 189—2007	钢丝网骨架塑料（聚乙烯）复合管材
11	CJ/T 216—2013	给排水用软密封闸阀
12	GB/T 34549—2017	智能坐便器
13	CJ/T 218—2010	给水用丙烯酸共聚聚氯乙烯管材
14	CJ/T 218—2010	给水用丙烯酸共聚聚氯乙烯管件
15	CJ/T 254—2014	管网叠压供水设备
16	CJ/T 261—2015	给水排水用蝶阀
17	GB 28378—2012 GB 18145—2014 CJ/T 194—2014 GB/T 23448—2009 GB/T 23447—2009	机械式淋浴器
18	GB 28378—2012 GB 18145—2014 CJ/T 194—2014 GB/T 23448—2009 GB/T 23447—2009	非接触式淋浴器
19	GB 18145—2014	陶瓷片密封水嘴
20	CJ/T 194—2014	非接触式（感应）水嘴
21	QB/T 1334—2013	延时自闭水嘴
22	QB/T 1334—2013	其他通用水嘴
23	QB/T 2806—2017	温控水嘴
24	GB 34914—2017	反渗透净水机
25	CJ/T 133—2012	IC卡冷水水表
26	GB 12021.4—2013	家用电动洗衣机
27	QB/T 1520—2013	家用电动洗碗机

续表

序号	产品标准	产品名称
28	GB/T 23131—2008	电子坐便器
29	GB/T 23447—2009	花洒
30	GB 28378—2012 GB 18145—2014 CJ/T 194—2014 GB/T 23448—2009 GB/T 23447—2009	机械式淋浴器
31	GB 28378—2012 GB 18145—2014 CJ/T 194—2014 GB/T 23448—2009 GB/T 23447—2009	非接触式淋浴器
32	GB/T 8464—2008	铁制闸阀
33	GB/T 8464—2008	铁制球阀
34	GB/T 8464—2008	铁制止回阀
35	GB/T 8464—2008	铜制闸阀
36	GB/T 8464—2008	铜制球阀
37	GB/T 8464—2008	铜制止回阀
38	GB/T 8464—2008	铜制截止阀
39	GB/T 8464—2008	铁制截止阀
40	GB/T 12233—2006	铁制截止阀
41	CJ/T 167—2016	多功能水泵控制阀
42	GB/T 12236—2008	钢制旋启式止回阀
43	CJ/T 265—2016	无负压给水设备
44	GB 5135.5—2018	雨淋报警阀
45	GB/T 12244—2006	减压阀
46	GB/T 18691.4—2011	排气阀
47	GB 4452—2011	室外消火栓
48	GB/T 12465—2017	管路补偿接头
49	CJ/T 3006—1992	供水排水用铸铁闸门

序号	产品标准	产品名称
50	CJ/T 255—2007	导流式速闭止回阀
51	CJ/T 196—2004	膜片式快开排泥阀
52	CJ/T 219—2017	水力控制阀
53	CJ/T 282—2016	蝶形缓闭止回阀
54	JB/T 12796—2016	固定锥形阀
55	CJ/T 217—2013	给水管道进排气阀
56	CJ/T 272—2008	给水用抗冲改性聚氯乙烯（PVC-M）管材
57	GB/T 12237—2007	钢制球阀
58	CJ/T 272—2008	给水用抗冲改性聚氯乙烯（PVC-M）管件
59	CJ/T 283—2017	偏心半球阀
60	GB/T 12234—2007	螺柱连接钢制闸阀
61	CJ/T 302—2008	箱式无负压供水设备
62	CJ/T 303—2008	稳压补偿式无负压供水设备
63	CJ/T 352—2010	微机控制变频调速给水设备
64	GB 5135.6—2018	消防闸阀
65	GB 5135.6—2018	消防蝶阀
66	GB/T 11826—2019	转子式流速仪
67	GB/T 7190.2—2018、DB 31/414—2008	机械通风冷却塔（大型）
68	GB/T 7190.1—2018、DB 31/414—2008	机械通风冷却塔（中小型）
69	JJG 1030—2007	超声流量计
70	SL 180—2015	数据采集（测控）终端机
71	GB/T 778.1—2018	饮用冷水水表
72	GB/T 19812.1—2017	单翼迷宫式滴灌带
73	GB/T 19812.2—2017	压力补偿式滴灌管
74	GB/T 12232—2005	法兰连接铁质闸阀
75	GB/T 25406—2010	轻小型喷灌机

序号	产品标准	产品名称
76	JB/T 6280—2013	圆形（中心支轴式）喷灌机
77	JB/T 6280—2013	平移式喷灌机
78	CTS—XHRZ 01—2016	卷盘式喷灌机
79	SL/T 67.3—1994	微喷头
80	NY/T 1361—2007	微喷带
81	SL 470—2010	离心过滤器
82	SL 470—2010	叠片式过滤器
83	SL 470—2010	自动清洗网式过滤器
84	SL 470—2010	砂石过滤器
85	SL 470—2010	网式过滤器
86	GB/T 18690.2—2017	网式过滤器
87	GB/T 18690.3—2017	自动冲洗网式过滤器
88	CTS-XHRZ 11—2018	漂浮式泵前过滤器
89	GB/T 14382—2008	Y型过滤器
90	GB/T 5656—2008	离心泵（Ⅱ类）
91	JB/T 1050—2006	单级双吸清水离心泵
92	JB/T 6878—2006	管道式离心泵
93	GB/T 5657—2013	离心泵（Ⅲ类）
94	JB/T 6435—2013	轻型多级离心泵
95	GB/T 12238—2008	弹性密封蝶阀
96	JB/T 10811—2007	贯流泵
97	JB/T 6667—2017	蜗壳式混流泵
98	GB/T 2816—2014	井用潜水泵
99	GB/T 25409—2010	小型潜水电泵
100	JB/T 10179—2016	混流式潜水电泵
101	JB/T 10179—2016	轴流式潜水电泵
102	HJ/T 265—2006	刮泥机
103	JB/T 6932—2010	生物接触氧化法 生活污水净化器

续表

序号	产品标准	产品名称
104	GB/T 13008—2010	轴流泵
105	GB/T 32439—2015	给水用钢丝网增强聚乙烯复合管材
106	GB/T 13008—2010	混流泵
107	GB/T 3091—2015	低压流体输送用焊接钢管
108	QB/T 1930—2006	给水用低密度聚乙烯管材
109	QB/T 3803—1999	喷灌用低密度聚乙烯管材
110	SL/T 96.2—1994	喷灌用低密度聚乙烯管
111	CJ/T 317—2009	地源热泵系统用聚乙烯管材
112	GB/T 19472.1—2004	埋地用聚乙烯（PE）双壁波纹管材
113	DB65/T 2953—2009	低压输水灌溉用聚乙烯（PE）软管
114	CTS—XHRZ 10—2018	绿化灌溉用聚乙烯（PE）管材
115	GB/T 13663.2—2018	给水用聚乙烯（PE）管材
116	GB/T 19472.2—2017	埋地用聚乙烯缠绕结构壁管材
117	GB/T 19812.4—2018	聚乙烯（PE）软管
118	GB/T 13295—2019	给水用球墨铸铁管材
119	GB/T 13663.3—2018	给水用聚乙烯（PE）管件
120	QB/T 1929—2006	埋地给水用聚丙烯（PP）管材
121	GB/T 18742.2—2017	冷热水用聚丙烯管材
122	GB/T 18742.3—2017	冷热水用聚丙烯管件
123	GB/T 10002.1—2006	给水用硬聚氯乙烯（PVC - U）管材
124	GB/T 13664—2006	低压输水灌溉用硬聚氯乙烯（PVC - U）管材
125	CJ/T 445—2014	给水用抗冲抗压双轴取向聚氯乙烯（PVC - O）管材
126	CJ/T 493—2016	给水用高性能硬聚氯乙烯管材
127	GB/T 32018.1—2015	给水用抗冲改性聚氯乙烯（PVC - M）管材
128	GB/T 5836.1—2018	建筑排水用硬聚氯乙烯（PVC - U）管材
129	GB/T 10002.2—2003	给水用硬聚氯乙烯（PVC - U）管件
130	GB/T 13295—2019	给水用球墨铸铁管件

续表

序号	产品标准	产品名称
131	GB/T 32018.2—2015	给水用抗冲改性聚氯乙烯（PVC‑M）管件
132	GB/T 5836.2—2018	建筑排水用硬聚氯乙烯（PVC‑U）管件
133	CJ/T 225—2011	埋地排水用钢带增强聚乙烯（PE）螺旋波纹管
134	GB/T 19472.1—2019	埋地用聚乙烯（PE）双壁波纹管材
135	GB/T 19812.3—2017	内镶式滴灌带
136	CJ/T 120—2016	给水涂塑复合钢管
137	CJ/T 123—2016	给水用钢骨架聚乙烯塑料复合管
138	GB/T 19473.2—2004	冷热水用聚丁烯（PB）管材
139	GB/T 19473.3—2004	冷热水用聚丁烯（PB）管件
140	GB/T 20201—2006	灌溉用聚乙烯（PE）压力管机械连接管件
141	GB/T 21238—2016	玻璃纤维增强塑料夹砂管
142	CJ/T 434—2013	超声波水表
143	CJ/T 224—2012	电子远传水表
144	CJ/T 427—2013	超高分子量聚乙烯膜片复合管
145	CJ/T 225—2011	钢带增强聚乙烯（PE）螺旋波纹管材
146	GB/T 19685—2017	预应力钢筒混凝土管
147	GB/T 19812.3—2017	内镶式滴灌管
148	GB/T 11836—2009	钢筋混凝土排水管
149	GB 28233—2011	次氯酸钠发生器
150	CJ 3026—1994	生活饮用水净水器
151	GB/Z 19798—2005	水利自动化采集监测与农业灌溉射频综合管理系统（水量计量部分）
152	GB/T 13932—2016	铁制旋启式止回阀
153	JB/T 5299—2013	液控止回蝶阀
154	JB/T 8691—2013	无阀盖刀形闸阀
155	JB/T 8527—2015	金属密封蝶阀
156	CJ/T 262—2016	给水排水用直埋式闸阀
157	GB/T 36523—2018	供水管道复合式高速排气进气阀

序号	产品标准	产品名称
158	GB/T 12237—2021	钢制球阀
159	GB/T 12234—2019	螺柱连接钢制闸阀
160	CJ/T 160—2010	双止回阀倒流防止器
161	JB/T 11151—2011	低阻力倒流防止器
162	GB/T 25178—2020	减压型倒流防止器
163	GB/T 24603—2016	箱式叠压给水设备
164	GB/T 24912—2015	罐式叠压给水设备
165	GB/T 26003—2010	无负压管网增压稳流给水设备
166	GB/T 26146—2010	偏心半球阀
167	GB/T 26730—2011	进水阀
168	GB/T 26730—2011	排水阀
169	GB/T 26730—2011	冲洗水箱
170	GB/T 26750—2011	压力冲洗水箱
171	GB/T 26750—2011	机械式压力冲洗阀
172	GB/T 26750—2011	非接触式压力冲洗阀
173	GB/T 38594—2020	管网叠压供水设备
174	GB/T 28897—2021	衬塑复合钢管
175	T/CIDA 0007—2021	箱式超声波明渠流量计
176	CJ/T 535—2018	物联网水表
177	GB/T 28897—2021	外覆塑复合钢管
178	GB/T 11828.1—2019	浮子式水位计
179	SL 180—2015	数据采集（测控）终端机
180	JB/T 1051—2006	多级清水离心泵
181	CJ/T 235—2017	立式长轴泵
182	GB/T 24674—2021	污水污物潜水电泵
183	JB/T 6932—2020	生物接触氧化法 生活污水净化器
184	HG/T 5111—2016	柱式中空纤维膜组件
185	GBT 25279—2022	中空纤维帘式膜组件

续表

序号	产　品　标　准	产　品　名　称
186	GB/T 28897—2021	涂塑复合钢管
187	CJ/T 151—2016	薄壁不锈钢管
188	GB/T 19228.1—2011	卡压式管件
189	GB/T 19228.2—2011	连接用薄壁不锈钢管
190	CJ/T 152—2016	薄壁不锈钢管件
191	GB/T 12771—2019	流体输送用不锈钢焊接钢管
192	GB/T 33926—2017	不锈钢环压式管件
193	CJ/T 183—2008	钢塑复合压力管
194	GB/T 6952—2015	陶瓷坐便器
195	GB/T 35451.1—2017	埋地用聚丙烯（PP）双壁波纹管材
196	GB/T 6952—2015	陶瓷坐便器
197	GB/T 6952—2015	陶瓷小便器
198	GB/T 6952—2015	陶瓷蹲便器
199	GB/T 20221—2006	无压埋地排污、排水用硬聚氯乙烯（PVC-U）管材

【思考题】

1. 谈谈将合同节水管理取得的节水量纳入水权交易的潜在路径与方式。

2. 结合当前用水户用水情况，合同节水管理还有哪些可以创新的模式？

3. 国家建立水效领跑者指标与水效强制性国家标准二者如何衔接？

4. 水行政管理部门如何深入推进节水产品认证工作，实现从源头上保障产品的质量，促进技术进步和产业升级？

第十章 节水科技创新

【本章概述】

本章从基本概述、主要技术、推广应用和实践进展四个方面介绍了节水技术的发展以及技术推广工作机制与进展，综述了节水技术的国际国内发展趋势，农业、工业和城乡生活领域主要节水技术，节水技术推广相关政策法规，先进节水技术遴选机制以及成果转化案例。通过节水技术推广体系与平台的建设与不断完善，可实现先进节水技术的成果转化与推广应用，为节水型社会建设提供技术支撑。

第一节 基 本 概 述

节水科技可以理解为通过应用科学、工程和创新的方法来减少水资源的使用量，并提高水资源利用效率的技术和方法。在当前水资源日益短缺、极端气候频发和水资源过度利用等水安全问题的共同作用下，实现水资源节约和高效利用成为保障我国经济社会可持续发展的战略举措。落实全面节约战略，大力推进全社会节约用水，就要深化节水科技赋能，以科技创新引领节水工作高质量发展。科学技术是第一生产力，创新是引领发展的第一动力。科技是推进节水型社会建设的根本性、战略性支撑，国家节水行动就将科技创新引领作为六大重点行动之一。

一、国际进展

（一）农业节水

在生物节水技术方面，英国、德国、澳大利亚等国家对基于作物高效用水生理调控机理的非充分灌溉、调亏灌溉、分根区交替灌溉等理论与技术开展深入研究，建立了相应的节水灌溉制度，探讨水分胁迫对作物生长状况的影响，提出改进和提高作物水分生产率的生理调控方法以及最佳灌溉供水模式。

在灌溉节水技术方面，美国、以色列、澳大利亚等国非常重视对喷微灌技术产品及相关系统可靠性和配套性的研究，将计算机模拟、自控、智能制造成模工艺等技术与方法相结合，开发出具有高水力性能的喷、微灌系列产品及其系统辅助设备。日本、美国、印度等国将高分子复合材料用于渠道防渗抗冻胀工程建设，开发出高性能、低成本的新型土壤固化剂、固化土复合材料以及土工复合材料等。

在化学节水技术方面，利用耕作覆盖措施和化学制剂调控农田水分状况、蓄水保墒是提高农田水利用率和作物水分利用效率的有效途径。国外已开发出保护性耕作、田间覆盖、节水生化制剂、旱地专用肥等多种行之有效的技术和产品。在美国中西部大平原，由传统耕作到少耕或免耕，由表层松土覆盖到作物残茬秸秆覆盖，由机械耕作除草到化学制剂除草，都显著提高了农田保土、保肥、保水的效果和农业产量。法国、美国、日本、英国等已开发出抗旱节水制剂（保水剂、吸水剂）系列产品，在经济作物上广泛使用，取得了良好节水增产效果。法国、美国等将聚丙烯酰胺 PAM 喷施在土壤表面，起到了抑制农田水分蒸发、防止水土流失、改善土壤结构的明显效果。美国利用沙漠植物和淀粉类物质成功地合成了生物类的高吸水物质，取得了显著的保水效果。

在旱作雨水集蓄利用方面，国际雨水利用技术正向现代高技术应用和工业化技术产品生产转变，如德国的塑料窖体生产等，现代高分子材料、复合材料、生物材料以及智能决策系统、工程设计软件等先进技术已成为集雨工程研究领域的重要内容。

在灌溉智能管理方面，自动监测采集作物和土壤水分信息、研发作物需水量实时预报方法与模型、构建作物水分亏缺诊断指标体系、开发智能化的灌溉预报决策支持系统已成为研究热点。美国、以色列、澳大利亚等国家大量使用信息、红外、热脉冲、电测等技术手段监测土壤墒情、作物水分、农田气候状况，提出土壤墒情监测与农田旱情预报理论和方法，基于作物水分亏缺状况实时监测方法和手段，开展作物需水及实时灌溉预报决策研究，为精量控制灌溉提供可靠的支撑条件。

总体来看，发达国家农业产业化、组织化、合作化、规模化程度很高，灌排产品呈现精准化、智能化、生态化的发展趋势。农业节水科技发展呈现三方面发展趋势：一是研究目标由单纯水量节约向节水、增效、减排、降耗多目标协同转变，农业节水更加强调农田水、肥、盐、气、热多要素的协同调控，从而促进农田绿色高效用水和农业农村生态环境改善；二是研究路径由单一用水环节管控向多过程、多时空协同调控转变，农业农村用水强调水源保障、输配水、作物耗水、灌排协同等全过程用水效率调控，实现多尺度协同提升；三是实现手段上从单纯依赖技术创新向新技术应用、政策、制度措施协同方向转变，从单纯依赖水工程设施设备创新向依托于物联网、大数据、云平台等先进技术手段的综合利用方向转变，从而实现对用水总量和强度状态的实时预警、监控与评估。

（二）工业节水

国外工业节水主要是通过改进节水工艺和设备、加强污水回用、提高水重复利用率等措施实现。工业节水主要通过提高间接冷却循环水、逆流洗涤技术和各种高效洗涤技术及物料换热技术，另外，一些无水生产工艺如空气冷却系统、干法空气洗涤法、原材料的无水制备工艺等都已得到应用。循环用水方面，在美国工业中得到了广泛应用，美国工业水循环利用率提高到了 90%，据报道，加利福尼亚州的 SanJose 在1988—1989 年间有 15 个工业行业，包括食品工业、金属精加工、纸张再处理、电子工业等，采用循环用水，总节水量达 56 万 m^3/a，总经济效益为 200 万美元；国外很多公司通过改进冷却塔给水系统而节约用水，也有一些大型公司如 Exel 微电子公司、Intel 公司等采用臭氧对空调用水或其他轻度污染水进行处理回用，显著减少了废水排放量；很多工厂通过改进设备的生产工艺减少用水量。许多公司采用反渗透法生产去离子水，通过采用新材料和改变运行参数大大减少了反渗透工艺中的流量。Dyna - Craft 公司在电镀部分安装空气刀（Air Knife），将电镀的废酸洗液吹回到工艺池中，从而减少了清洗水量。资料表明，国外十分重视用水量监测，大部分工业监测设备较为完善，确保了节水措施发挥作用，同时促进降低漏损和杜绝其他浪费用水。除此之外，国外极其重视对员工进行节水教育，员工是节水运动的主体，员工节水意识的提高对保证节水效果极其重要。

（三）城镇生活节水

在城镇生活节水方面，采用节水型生活器具是城镇节约用水的重点。美国、澳大利亚、日本等国家推广了流量控制淋浴头、水龙头出流调节器、节水型洗衣机和坐便器等，使家庭用水量得到减少。节水型生活器具主要是水龙头、淋浴喷头、马桶和洗衣机等。美国国会1992年立法要求所有在美国出售的马桶必须达到一次耗水不超过1.6加仑的标准。目前，美国制造的淋浴喷头要求每分钟流量不超过2.5加仑。

国外非常重视输配水过程中的管道漏损。美国、日本在20世纪80年代中期还开发了探地雷达，利用电磁波对漏水情况进行检漏，并以图像显示漏水孔周围的情况，实现对漏水点的精确定位。由于西方国家的经济实力、重视程度和技术水平等方面的优势，根据有关资料统计，英国的管网漏损率为18.7%，法国为9.5%，美国为8%以下，德国为4.9%，其管网漏损率远低于亚洲国家和地区。

智慧管网是智慧水务建设的重要组成部分，一系列供水管网信息化系统建设被提上日程，包括供水管网地理信息系统、管网在线监控系统、营收系统、水力模型系统、管网分区管理系统、压力控制系统等。这些系统的建设与应用，将为供水管网漏损控制的精细化实施提供多维度数据支持，有利于实现漏损的精准分析、控制与评估，是总供水管网漏损实现数字化、智能化、精细化管理的契机。

（四）非常规水利用

在非常规水源的利用方面，美国等发达国家有着丰富的经验，美国大力提倡水的再利用和再循环，节约用水效果显著。在雨水收集利用方面，美国有专门的雨水收集系统协会，在得克萨斯州还针对雨水收集系统专门制定了众议院法案，从而进一步促进了雨水收集系统的发展。日本全国有1.3亿m^3经过处理的再生水被用作工业用水或浇灌树木花草等。从20世纪80年代起，日本大力提倡使用"杂用水"（指下水道再生水与雨水），供冲厕所、冷却、洗车、街道洒水、浇树木等之用。在日本各大城市，许多家庭都有废水处理净化槽，这种家庭废水处理净化槽可将厕所废水和其他生活废水一起加以处理、净化，其净化能力几乎与下水道终端处理设施能力相同。另外，日本十分重视对雨水的利用，积蓄和利用雨水是日本各级政府近年来积极推行的一个有效节水政策。

二、国内进展

（一）农业节水

自 20 世纪 90 年代以来，我国在农业节水领域持续实施了一系列重大科技项目。从"九五"期间的国家重点科技攻关计划项目"节水农业新技术研究"到"十五"期间的节水农业重大科技专项（863 计划）、"十一五"和"十二五"期间的节水农业 863 计划重点项目和国家科技支撑计划节水农业重点项目，再到"十三五""重点研发专项""水资源高效开发利用"设立综合节水项目，在应用基础、关键技术与装备、技术集成模式等方面取得了长足进步，实现了农业用水"零增长"，初步建立起具有中国特色的农业节水理论与技术体系。"十四五"对我国新时期节水科技创新提出了新的目标要求，要加强重大技术研发，将节水基础研究和应用技术创新性研究纳入国家中长期科技发展规划、生态环境科技创新专项规划等。

在喷灌方面，我国自 1953 年开始在农田中试用喷灌，20 世纪 70 年代中期以后，随着喷灌技术和装备研制水平逐步提高，园艺、经济作物、蔬菜以及部分大田作物的喷灌有了较快的发展。进入 21 世纪以后，随着我国土地流转政策、农机购置补贴政策的出台，农业集约化、规模化、自动化的需求为大型喷灌机的发展提供了平台，大型喷灌机得到越来越多的应用，根据国际灌排委员会（ICID）2015 年的统计数据，我国喷灌面积已位居世界第 3 位。

在微灌方面，我国从 1974 年起步，20 世纪 90 年代后引进了国外先进的滴灌带和脉冲微灌设备等生产技术，并在引进、消化、吸收和自主创新的基础上研制开发了灌水器、过滤设备、施肥装置、控制计量装置等，品种、规格日趋多样化和系列化。20 世纪 90 年代末，薄壁滴灌带的开发成功使微灌系统的投资成本大幅度下降，带动了应用面积的快速增加。目前我国的微灌面积已跃居世界第一位，成为带动世界微灌发展的主要动力。我国已建成多家集成计算机模拟与仿真、流体可视化、激光快速成型等先进技术的灌水器开发平台，基于对灌水器内部流场的两相流模拟，构建了综合考虑水力性能和抗堵塞性能的灌水器结构参数优化方法。滴灌带的生产线、注塑机、数控机床等主要设备也实现了国产化，并成功开发出一次性低成本薄壁滴灌带，实现了滴灌系统成本的大幅度下降，有力推动了滴灌的大规模快速发展。

面向"十四五"时期农业农村现代化发展的总要求，仍然存在四个方面薄弱环节：一是基础理论与全过程节水体系还不完善；二是与国际一流水平相比，我国农村节水供水产品、装备研发和制造水平仍有不小差距；三是农村水利自动化、智能化水平相对较低，大数据、物联网、人工智能等新一代信息技术与农村节水供水工程建管的深度融合不够，存在较为突出的技术瓶颈；四是在农业绿色高效用水理论、灌溉量测控、水土环境监控技术设备、灌溉水力学模拟软件、农业水土环境过程模拟软件等方面存在卡脖子风险。

（二）工业节水

我国工业节水技术在"八五"以前以仿制为主；"八五"期间，侧重水处理药剂的创新开发，以期实现由仿制到自主创新的重大转变；"九五"期间，侧重药剂产业化技术的开发，以期加快创新品种工业化及进入市场的步伐；"十五"期间，侧重工业节水成套技术的集成开发及应用研究，以期为工业企业大幅度节水提供技术支撑。"十一五"期间安排的重点工程项目包括：在优化调整区域产业布局的基础上，鼓励企业进行循环型和清洁型生产工艺改造，重点对火力发电、石油石化、钢铁、纺织、造纸、化工、食品等高用水行业进行改造，提高废水处理回用能力，有条件的利用海水、城市污水处理再生水和矿井水。"十二五"期间，工信部通过强化政策措施、完善技术标准、推广节水技术，推行合同节水、节水技术咨询服务、节水产品认证，建设节水型企业及标杆企业与典型高用水产业园区等一系列措施。"十三五"时期工业节水有三大重点方向：一是强化高耗水行业节水管理和技术改造；二是推进水资源循环利用和废水处理回用；三是加快中水、再生水、海水等非常规水资源的开发利用。经过多年的工业节水政策和技术发展，我国万元工业增加值用水量从 2000 年的 288m^3 下降到 2019 年的 38.4m^3，近 20 年间下降了

87％，工业用水效率显著提升。

（三）城镇生活节水

改革开放以来，各地供水企业重视运用先进管理手段，加大对管网管理投入，在提高供水效率上取得显著的成效。但由于城市基础设施欠账太多，供水设备的更新、技术水平提高缓慢，加之管理体制落后于不断发展的形势，大多数城市供水管网漏损率超过 15％，与发达国家比较还有很大的差距。在管网漏损控制精细化技术方法上，我国一些大城市的多个供水企业正尝试应用分区计量管理、压力管理等技术手段降低物理漏损。部分供水企业也在建立管网在线监测系统等，以便于管网漏损控制的精细化管理。总体而言，由于我国城乡供水管网基础资料不完善、表计管理不规范、管网维护及检漏制度执行不到位等方面原因，我国城镇生活用水安全问题亟须系统性改进措施与现代化升级方案。

我国城市生活节水工作则始于 20 世纪 70 年代末、80 年代初，经过长期实践和科技发展，逐步在节水型生活器具研发与应用、非常规水源利用技术等方面有了较大的突破。行业技术体系基本建立，关键环节的节水技术基本成熟，建成了一批自主技术示范工程，初步具备了系统集成能力。在节水生活器具方面，研发了陶瓷阀芯水龙头、感应式水龙头、充气水龙头等节水型龙头，两档坐便器、联体旋涡虹吸坐便器等节水型马桶，电磁式或感应式淋浴器等节水型淋浴器，桶间无水全自动洗衣机、超声波真空型洗衣机等节水型洗衣机等。

（四）非常规水源利用

再生水、集蓄雨水、淡化海水等非常规水源，是常规水源的重要补充。促进非常规水源开发利用，对缓解水资源供需矛盾，提高区域水资源配置和利用效率，促进水资源节约保护具有重要意义。非常规水资源开发利用作为重要的开源举措之一，历来受到我国的高度重视。《中华人民共和国水法》《中华人民共和国循环经济促进法》《中华人民共和国国民经济和社会发展第十三个五年规划纲要（2016—2020 年）》《中共中央国务院关于加快水利改革发展的决定》《国务院关于印发水污染防治行动计划的通知》等法律法规和政策文件，对再生水、海水淡化、微咸水、矿井水、雨洪资源、云水资源等非常规水资源开发利用提出了明确要求。

2012 年，《国务院关于实行最严格水资源管理制度的意见》明确提出，将非常规水资源开发利用纳入水资源统一配置。2017 年，水利部印发《关于非常规水源纳入水资源统一配置的指导意见》。明确提出了再生水、集蓄雨水、微咸水、淡化海水等非常规水资源纳入水资源统一配置的具体目标，到 2020 年全国非常规水资源配置量力争超过 100 亿 m^3（不含海水直接利用量）。2019 年，国家发展改革委、水利部联合印发《国家节水行动方案》，进一步提出了非常规水资源开发利用的目标，到 2022 年非常规水资源利用占比进一步增大，缺水城市非常规水资源利用占比平均提高 2 个百分点。

第二节 主 要 技 术

进入 21 世纪以来，我国大力推进节水型社会建设，实行最严格水资源管理制度，明确了"节水优先"思路，水资源利用效率显著提升，总体处于世界平均水平，但较国际先进水平还有一定的差距。我国万美元 GDP 用水量为 572m^3，用水效率已经优于中高等收入国家的平均水平（646m^3），但仍是英国的 14.5 倍、日本的 4.7 倍。我国城镇管网漏损率在 15% 以上，远落后于 6% 的国际先进水平。我国非常规水源利用量仅占全国总供水量的 1.2%，远低于中东和新加坡等国家和地区水平。2019 年 4 月，国家发展改革委、水利部联合印发了《国家节水行动方案》，为满足新时代水资源安全保障和高效集约利用要求，应进一步加大节水科技创新和产业转化能力，发挥科技对国家节水行动的支撑引领作用。

一、农业节水技术

大力推广农业节水技术是缓解农业用水短缺和保障国家粮食安全的关键。我国高度重视农业节水技术的发展，喷微灌等高效节水灌溉技术的应用规模已达世界第二位，是近 10 年来全球喷微灌面积增速最快的国家，每年净增高效节水灌溉面积 133.3 万 hm^2。然而目前我国的灌溉水有效利用系数和作物水分利用效率与发达国家相比还有一定差距。我国农业用水占总用水量的 62%，建设节水型社会，农业节水是重点。需做到挖掘技术潜力，提升效率，降低田间灌水量；挖掘作物潜力，提升产量，降低作物耗水量；挖掘系统潜力，提升效能，减少无效损失。农业节水技术主要包括工程节水技术、农艺与生物节水技术以及农业用水管理节水技术等。

（一）工程节水技术

工程节水技术主要包括输水工程、土地平整技术、田间节水技术。在输水工程方面，输水工程节水主要是渠道防渗和管道化输水改造。渠道防渗采用不易透水的防护层进行防渗处理，减少水的渗漏损失。与土渠相比，混凝土护面可减少渗漏损失 80%～90%，浆砌石衬砌减少渗漏损失 60%～70%，塑料薄膜防渗减少渗漏损失在 90% 以上。低压管道输水除了可大大减少渗漏外还可以大幅减低蒸发损失，水的利用率可达95%。根据管道的移动方式又可以分为移动式、固定式、半固定式和管渠结合等多种形式。移动式是除水源外都可移动，管道多采用软管；固定式是输水管系统埋在地下，不可移动；半固定式是干管或干、支管埋在地下，支管设置给水栓与移动软管相连；管渠结合是主要输水管道埋于地下，田间配水仍用渠道。在土地平整方面，平整的土地可以有效提升灌水均匀度，借助高新技术对农田的高精度平整，可提升灌溉效率25% 以上，增产 20% 以上。

在田间节水技术方面，主要是通过改变灌溉方式进行节水。地面灌溉是最古老、最普遍的灌溉方法。全球 90% 是地面灌溉，我国达到 98%。地面灌溉普遍存在的是田间沟畦首末受水时间不同而产生的深层渗漏问题。地面灌溉主要通过小畦灌法（宽畦变小畦）、短沟灌法（长沟变短沟）、波涌法（控制沟畦入流起起停停）等方式加大沟畦单宽流量和水流推进速度，减少入渗不均而引起的灌水均匀度问题。

喷灌是利用水泵加压或自然落差将水通过压力管道送到田间，经喷头喷射到空中，形成细小的水滴，均匀喷洒在农田上，为作物正常生长提供必要水分条件的一种先进灌水方法。与传统的地面灌水方法相比，喷灌具有节约用水、增加农作物产量、提高农作物品质、节省劳力、适应性强等优点，同时也具有喷洒作业易受风影响、一次性设备投资较高等限制因素。按系统构成特点进行分类，喷灌分为管道式喷灌系统和机组式喷灌系统。管道式喷灌系统常分为固定管道式喷灌系统、半固定管道式喷灌系统和移动管道式喷灌系统。机组式喷灌系统以喷灌机（机组）为主要设备构成，与水源、供水设施等组成喷灌系统。具有集成度高、配套完整、机动性好、设备利用率和生产效率高等优点，是农业机械化程度较高的一种系统。按运行方式分为定喷式和行喷式两类，同时按配用动力的大小又包括大、中、小、轻等多种规格品种。

微灌技术由地下灌溉演变而来，主要特点是以低压小流量出流将灌溉水供应到作物根区，实现局部灌溉，主要形式包括滴灌、微喷灌、涌泉灌、小管出流等。在实践中广泛使用并形成完整理论的主要是滴灌技术。

1. 滴灌

滴灌是利用滴头（滴灌带）将压力水以水滴状或连续细流状湿润土壤进行灌溉的方法。常见滴头有孔口滴头、发丝管滴头、内镶式滴灌管、双上孔滴灌带、迷宫式滴灌带等。滴灌主要用在果园、花卉、保护地栽培中。滴灌与喷灌不同，它是一种仅仅湿润作物根区土壤的局部灌溉方法，它不仅仅只是有效避免了深层渗漏，也可以有效减少棵间蒸发，也可以在一定程度上减少植株蒸腾。水的利用率可达 95%，与喷灌相比，能够节水 30% 左右，与沟灌、畦灌相比，能够节水 80% 左右。

2. 微喷灌

微喷灌是利用微喷头将压力水以喷洒形式湿润土壤进行灌溉的方法。常见微喷头有固定式微喷头、旋转式微喷头、多孔式微喷带、脉冲式微喷头等。微喷灌主要用在果树、花卉、园林、草地、保护地栽培中。微喷灌与喷灌不同，喷头湿润射程仅在 3m 以内，适用于树型较大的果树、温室育苗、温室花卉等，不太适用于大田作物，同地面灌相比全年可节水 70%。

3. 小管出流灌溉

小管出流灌溉以直径 4mm 的塑料管作为灌水器，以细流形式湿润土壤进行灌溉的方法。这种方式投资较低，主要用于果树的节水灌溉。

（二）农艺与生物节水技术

农艺与生物节水主要包含适水种植、蓄水保墒、生物节水、水肥一体化与培肥地力等多途径实现节水。覆盖保墒，农田覆盖可以调控土壤和作物间的水分条件，进而降低农田水分的无效蒸发，提高农业用水效率，最高可抑制蒸发达 80%。常见的覆盖保墒可以根据覆盖物的不同分为地膜覆盖、沙石覆盖、厩肥覆盖、生物覆盖、化学覆盖、秸秆覆盖、土壤覆盖等多种形式。

耕作保墒是指通过耕作措施改善土壤耕层结构，更好地纳蓄雨水，尽量减少土壤蒸发等非生产性的土壤水分消耗，可使田间耕层土壤水分提高 10% 以上，是干旱缺水地区最重要的防旱、抗旱措施。

化学节水是指利用化学物质增强土壤蓄水能力，抑制土壤水分消耗，减少植物奢侈蒸腾的节水技术。目前主要的产品有土壤结构改良剂、土壤保水剂、作物蒸腾抑制剂。土壤结构改良剂是通过化学制剂改良土壤结构来增强水分入渗、防止水土流失，土壤水入渗性提高 35% 以上。保水剂是一种超高吸水保水能力的高分子聚合物，能够吸收超过自身几十倍、几百倍的水分，等干旱时期供作物吸收利用，可减少水分蒸发 60% 以上。喷施蒸腾抑制剂可减少植株蒸腾 25% 以上。

生物节水，是一种将作物水分生理调控机制与作物高效用水技术紧密结合的节水技术，工程节水只有与生物节水结合才能真正节水。生物节水通常有三种途径：一是根据适度水分亏缺下作物可产生补偿效应的原理，建立有限水灌溉制度，通常指非充分灌溉制度、调亏灌溉制度；二是通过遗传改良培育抗旱节水新品种，提升作物本身抗旱性和水分利用效率；三是按照群体适应利用不同作物的需水特性和耗水规律进行农业水资源的优化配置，建立节水型种植体系。

水肥一体化技术是目前应用最为广泛的节水技术之一，狭义的水肥一体化技术是将肥料溶解在灌溉水中，通过灌溉管道输送给每一株作物，以满足作物正常生长；广义则是水肥同时供应以满足作物生长需求。也有人将水肥一体化技术称为灌溉施肥、水肥耦合等。

（三）农业用水管理节水技术

农业用水管理节水主要是通过作物需水状况的监测预报、节水灌溉制度制定、区域灌溉过程的优化调度、灌溉过程自动化控制、灌溉用水计量与计费和用水户参与式灌溉管理等多途径实现节水。随着农业节水理论研究的不断深入和灌溉技术水平的提高，农业节水正日趋走向精准化和可控化，以满足现代农业对灌溉系统灵活、准确、快捷的要求。智能灌溉是 20 世纪 80 年代后期伴随着一些发达国家精准农业开发而逐步兴起的现代灌溉技术。其核心是根据作物生长对水分的动态需求，借助计算机智能化决策与控制，精准地调控灌溉时间和水量，为作物提供最佳的生长环境。作为现代节水灌溉技术发展的前沿，智能灌溉的研究和应用不仅可以有效提高灌溉水利用率和作物产量与品质，还可大幅度提高化肥和农药的有效利用率，减少对农田生态系统的负面影响。农业的规模化生产以及喷微灌等先进灌水方法的推广，不仅对实施智能灌溉提出了迫切需求，也为其应用创造了条件。智能灌溉研究已成为国内外农业水土工程学科中的热点。

实现智能灌溉需要对不同领域的研究成果进行综合集成，与智能灌溉相关的理论和技术包括：作物和土壤水分监测、作物缺水诊断、天气预报，灌区配水、田间灌溉、智能化决策和控制等。相关的研究工作已经取得了许多重要的进展，为智能灌溉研究和应用奠定了基础，但在某些方面仍存在诸多的不足，成为制约智能灌溉推广应用的瓶颈，同时也是智能灌溉技术研究的重点和难点。

1. 作物缺水诊断

作物缺水诊断是智能灌溉的基础，作物受旱时会在多方面有所响应，能够反映作物是否缺水的指标很多，最传统和常用的是土壤水分指标。对土壤水分指标的测定方法和阈值研究已有较长的历史，经历了从取土烘干测定到传感器实时自动采集的过程，目前土壤水分的快速测量技术已相对比较成熟，应用较多的有中子法、γ 射线法、阻抗法、时域反射法、微波法等，还有适于大范围遥感测量的近红外法。上述测量技术大多可实现实时自动监测和数据采集，测量精度也基本能够满足智能灌溉的要求。目前研究的主要方向是提高监测设备的稳定性和对各种土壤的适应性，进一步提高测量精度并降低传感器的成本。在土壤水分指标阈值方面，虽然国内外已有大量针对不同地区和不同作物的试验研究成果，但随着作物抗逆品种的培育和调亏灌溉的应用，不同作物在各生育阶段的适宜土壤水分阈值仍然是需要研究的课题。

　　土壤水分指标反映了作物生长环境的水分状况，而作物的水分状况会在其生理过程和生态状况上更直接、快速地反映出来。因此，通过测定作物生理生态指标判定作物是否缺水会更为准确。但如何选取适宜的生理生态指标作为作物缺水诊断和灌溉决策的依据，所选指标的敏感性、稳定性和代表性，以及如何实现作物生理生态指标的自动测量等仍然是困扰人们的难题。目前研究较多的作物生理生态指标包括：茎直径变差、茎液流、光合速率、叶温和冠气温差等。茎直径微变化测量方法相对简便，对作物无破坏性，可实现连续自动监测，目前国内外均有利用茎直径变差诊断作物水分状况并进行灌溉决策的研究报道。作物冠气温差的测量既可使用手持式或定位式红外测温仪，也可从航空或卫星遥感获取信息，使该指标在区域尺度的旱情监测上更具优势。与土壤水分指标的研究相比，由于作物生理生态指标受日照、气温和风速等环境因素影响很大，指标监测的实时性、可靠性和稳定性还相对较差，因此针对不同作物确定合理的阈值范围成为目前研究的热点和难点。

　　2. 智能灌溉预报与决策

　　作物灌溉预报与决策是智能灌溉的核心。传统的灌溉预报大多基于根区土壤水平衡原理，依据实测的土壤含水量和计算的作物需水量，制定作物灌溉制度，且已开发出许多个成熟的计算模型。这种方法虽然可以很好地模拟农田土壤水分变化，计算作物需水量和灌溉需水量，制定优化的灌溉制度，但不能满足智能灌溉动态决策的要求。目前的灌溉预报模型研究有两方面的新特点：一是将天气预报作为实时灌溉预报的基础，通过解析中、短期天气预报信息预测作物耗水量，进而判定是否需要灌溉并决策相应的灌水量，以满足智能灌溉系统"动态决策、实时修正"的要求；二是将水平衡模型与作物生长模型结合，从作物生长对水分的响应机理出发预测作物需水量，使模型不仅适用于充分供水的灌溉管理，也能够对以提高水分利用效率为目标的调亏灌溉进行灌溉水量的精确调配。此类灌溉决策模型的开发和应用尚处于探索阶段。另外，以天气预报为基础的灌溉预报模型的预测精度常受制于天气预报的准确性，如降雨时间和雨量的预报精度。目前我国短期气象预报（1～3d）的准确率已基本能达到开展智能灌溉的要求，但中、长期的气象预报还存在不确定性，是影响智能灌溉预报和决策的主要制约因素。

3. 考虑空间变异性的影响

智能灌溉研究的另一个难题是如何解决空间变异性问题，农田作物的生长环境与发育状况存在着明显的空间差异，这些差异包括地势高低不平、土壤质地不同、作物疏密程度不同、作物品种或基因差别等。智能灌溉要实现"空间定位管理，按需变量投入"的目标，不仅要研究田间作物和土壤水分监测传感器的合理布设，也对田间灌溉设施和控制系统以及灌区输配水技术提出了更高的要求。

二、工业节水技术

工业用水环节主要包括生产用水和原料用水两部分。生产用水包括制造、加工、冷却、洗涤以及制备工业蒸汽等环节用水；原料用水包括食品、饮料以及酵母生产过程中要进入产品成为产品中的一部分或参与化学反应的用水。工业节水主要包括工业用水循环利用、节水工艺改进、无污染或少污染排放等技术。

（一）工业用水循环利用技术

1. 高浓缩倍率循环冷却水节水成套技术

高浓缩倍率运行的水处理化学品及在线自动监控技术，提高了水的重复利用率，减少了排污水量，进一步节约了新鲜水量。该成套技术已在天津石化乙烯厂、天津钢管公司等 30 家企业的近 50 套工业装置上得到了应用，每年节约补充水 3000 万 t 以上，减少污水排放 3000 万 t 以上，经济和环境效益十分显著。

2. 工业冷却用水无废化零排放技术

工业冷却水处理领域利用 DTRO 平板膜过滤技术、高压静电处理技术、强电磁场水处理技术、电解水处理技术，大幅度降低了化学药剂的使用量和污水排放量，达到一定的节水节能减污效果。综合离子膜电解循环水处理技术是将微电解除垢技术、离子灭藻杀菌技术与电化学除锈技术相结合，管网水中不使用任何药剂，实现工业冷却水近零排放、节水与节能效益均衡，延长管网使用寿命。适用于大型工业循环冷却水处理，如火力发电、钢厂冷轧、石化制药等领域。

3. 工业废水回用作循环冷却水补充水技术

废水经深度处理回用于循环冷却水系统的技术，集水处理药剂与水系统工况监控装置于一体，开发出工业废水回用成套工程技术。在确定废水深度处理方案的基础上，开发完成了新型的杀菌剥离剂、微生物分散剂以及配套的在线自动监控系统，解决了水系统因 COD、BOD、含盐量高而引起的腐蚀、结垢和生物黏泥问题，保证系统的正常运行。

（二）工艺节水技术

1. 纺织染色节水技术

分散染料无水连续染色技术采用低带液量循环均匀给液、针板送布、红外线预烘、封闭式高温固色等装置，能使染料的上染率大幅提升，显著降低用水量。按照工业和信息化部 2017 版《印染行业规范条件》规定，每吨织物染色综合水耗上限为 140m^3，而分散染料无水连续染色技术仅消耗液态染料含水，每吨织物染色综合水耗 0.5m^3，节水减污效果显著。

2. 矿业节水减排技术

采用纳米半导体电解技术、微孔纳米光催化技术、PE 钢化微孔膜过滤技术、超声波雾化技术与传统选矿工艺有机融合，研制成功了黄金湿法选矿节水减污新工艺。通过日处理矿石 300t（日耗水量 2400m^3）的金矿选矿厂应用，实现了选矿工艺水循环利用，尾矿达标干排（结晶水含水率小于 20%），每天节水量超过 2000m^3。

3. 钢铁行业双模法再生回用技术

采用双模法再生回用技术处理的城市污水替代新水，工业用水全部通过管网分级、闭路循环实现分质供水，在生产工序推广应用干法熄焦、干法除尘、蒸汽冷凝水回收利用、高炉冲渣水回收利用、冷轧酸碱废水及碱油废水处理回收等一大批节水新工艺，用水效率极大提高，吨钢新水消耗指标连创新低，实现废水"吃干榨净"。

4. 造纸业白水回收处理技术

白水回收处理系统包括白水塔、缓冲水塔、滤液槽、碎浆水槽等构筑物，气浮澄清器、微气浮泵、缓冲水泵、喷淋泵、碎浆泵等设备，纸机白水经过斜网过滤后，滤出的长纤维可再回收利用，网下水进入气浮系统，处理后的白水可回用到 DIP 工序，大大降低水耗。

（三）工业废水回用技术

1. 膜法钢铁冷轧乳化液废水回用技术

通过对钢铁冷轧乳化液废水性质与陶瓷膜的结构参数和表面性质关系的研究，攻克了废水处理用无机陶瓷膜材料及膜的清洗等关键技术，成功开发出处理含油废水的成套陶瓷膜技术。该技术已被武汉钢铁公司、昆明钢铁公司、马鞍山钢铁公司等 10 多家企业采用，已实现年节水近100 万 t、减少废水排放 100 万 t 的目标。

2. 膜法含镍电镀废水回用技术

运用纳滤技术和反渗透技术集成的膜技术处理含镍电镀废水，成功实现了回收硫酸镍和回用废水的"双重"目标。

3. 电厂灰水回用技术

通过对灰水比、搅拌速率及停留时间等对碳酸钙的结晶速率影响的研究，确定了最佳管前沉淀工艺。开发了在高 pH 值下仍具有优良阻垢分散性能的高效阻垢剂，研究了回水的水质对烟气的吸收效果，确定了絮凝剂和特种沉淀剂的用量、含硫烟气的洗涤等工艺条件。

4. 黏胶纤维车间空气冷却废水回用技术

黏胶纤维车间空气冷却废水回用技术解决了大规模耐有机物污染、高脱盐率、低电耗膜法处理回收黏胶废水的工艺技术难题，开发了适用于膜法处理空气冷却废水工艺的预处理和后处理技术、膜阻垢技术、膜清洗和性能恢复技术，研究、筛选了适用于处理高盐度、高微生物废水处理配套设备的材料。

5. 制革废水回用技术

制革废水回用技术优化了菌丝体表面分子印迹吸附剂的制备工艺，开发了膨胀床壳聚糖处理装置与沉淀法、生物活性污泥曝气法等组合工艺处理含铬制革废水的回用技术；中科院成都有机所，开发了清洁化脱毛浸灰、酶法皮纤维分散技术；研究了铬鞣助剂、预处理方法、高 pH 值和不浸酸铬鞣技术；优化完善了剖硝皮技术；结合添加铬吸收助剂或采用高 pH 值铬鞣，开发出高吸收铬技术。

6. 抗生素类制药废水回用技术

抗生素类制药废水回用技术采用微反应器法控制纳米颗粒的生长，

制备出对抗生素废水光催化活性很高的改性纳米二氧化硅，开发了以廉价的不锈钢基体制备可达到钛基效果的不溶性催化电极的制备方法，开发了介孔二氧化硅膜催化处理废水技术。

7. 三次采油废水回用技术

研究合成新型阳离子高分子废水处理剂（淀粉-丙烯酰胺-二甲基二烯丙基氯化铵），通过反相乳液聚合方法合成了两性聚合物（DMPS-AM），作为 HPAM 水溶液黏度的稳定剂，利用荷相反电性的表面活性剂与聚合物相互作用的原理，使三次采油废水经预处理后能直接用于油田聚合物驱油的溶液配制，而且通过添加两性共聚物，稳定了聚丙烯酰胺溶液的黏度，保证了驱油效果。

8. 膜法稀土废水回用中试技术

通过膜法铵盐废水预处理试验研究，膜法稀土废水回用中试技术攻克了除油、防垢等预处理技术难题，采用多级反渗透集成工艺，筛选出特种不锈钢材料并辅之以表面涂覆技术，解决了膜法铵盐废水处理系统设备的防腐问题。通过采用膜集成工艺和能量回收技术与装置，解决了稀土工业处理高浓度铵盐废水能耗高的问题。

（四）其他工业节水技术

1. 工业蒸汽锅炉水节水成套技术

由蒸汽发生技术、汽水平衡技术、清洗强化技术、防腐阻垢技术等集成的工业蒸汽锅炉节水成套技术，其特点是能够代替离子交换树脂，消除离子交换树脂再生废水、溶盐废水、反洗水、冲洗水排放。突破了把锅炉运行和停用分开处理的传统模式，实现锅水运行期零排污、停用期间不排污。能有效防止锅炉运行或停用期间的结垢、腐蚀，能最大限度回收凝结水。该技术实现了对锅炉的全系统监控。该技术已在廊坊热力中心、天津泰达热电公司等 10 多家企业的近 300 台蒸汽锅炉推广，每年节水 1000 万 t 以上，减少污水排放 1000 万 t 以上。

2. 海水淡化关键设备低压膜滤器和能量回收技术

海水淡化关键设备低压膜滤器和能量回收技术通过中空纤维膜纺丝配方的选择与优化、纺丝工艺条件研究，开发了具有自主知识产权的低压膜滤器装置。经现场考核，膜滤器操作压力不大于 0.4MPa、海水回收率不小于 98%；开展了阀控余压能量回收技术（尤其是正位移式）的研究，试制了处理量 $50\sim65m^3/h$ 的能量回收器样机，并配套用于天津 1000t/d 反渗透海水淡化示范装置的试验研究，试运行表明，能量回收器的能量回收率不小于 80%。上述技术指标达到了国际先进水平。

3. 煤矿井水复用技术

将矿井水经处理后用于煤矿开采的技术装备发展迅速，磁分离水处理技术、DTRO 平板膜技术、PE 钢化微孔膜过滤技术都在煤炭矿井水处理中得到应用。其中，利用 DTRO 平板膜技术与高盐浓缩和自诱导结晶技术相结合形成的"双晶种法零排放"工艺技术，实现了矿井水零排放，水处理成本大幅度降低。

三、城镇生活节水技术

在人口集中的城镇，水资源的供需矛盾正日益尖锐地表现出来。当务之急是摆脱被动局面，保持经济社会持续健康发展，科学合理地利用好有限的水资源。在城镇水资源短缺的情况下，节水成为解决水资源供需矛盾的主要途径。城镇生活用水主要分为居民生活用水和城镇公共用水两种类型。城镇生活主要通过使用节水型器具和设备、公共用水循环利用、减少供水管网跑冒滴漏等多途径实现节水。

（一）生活器具节水技术

生活器具节水技术是指满足相同的饮用、厨用、洁厕、洗浴、洗衣用水功能，较同类常规产品能减少用水量节水技术。如节水型水嘴技术具有手动或自动启闭和控制出水流量功能，使用中能实现节水效果。在厨房或浴室的水龙头加装省水垫片或压力补偿装置，这些装置可在水流上混入一点空气，从而让出水量变小，减缓出水量。节水型马桶技术在保证冲洗干净的前提下，一次冲洗量不大于 6L。另外，使用节节水型洗衣机技术能根据衣物量、脏净程度自动或手动调整用水量，达到洗净效果且耗水量低。节水型淋浴器技术是具有水温调节并能限制流量的淋浴产品。部分节水型淋浴器能增加水的压力，并使水与空气混合，有效减少出水量并能保证淋浴的喷洒范围和喷洒力度，高效节水。热水循环系统和恒温花洒的出现，也解决了花洒使用的节水难题，即在设定好指定温度之后，可直接恒温出水，避免水资源的浪费。

（二）公共用水循环利用技术

大型洗涤用水综合循环利用技术采用分批、连续式洗涤，各批次衣物在洗衣机隧道中的各洗衣仓中依次行进，完成预洗、主洗到漂洗、中和的所有洗涤程序。洗涤过程中的水，通过水箱收集、过滤、循环利用，达到节水效果。其与传统设备相比节水75%、节能50%、节约洗涤剂消耗30%。中央空调冷却水循环处理通过水泵将冷却水打进设备，带走热量，较热的水流入冷却水塔，和空气直接接触，使剩下的水温大大下降，达到空气的湿球温度，冷却过的水重新流回水泵，达到循环使用的目的。

（三）供水管网的漏损控制技术

控制管网漏损的检漏方法主要有音听检漏法、雷达测漏法、区域装表法、相关检漏法等。音听检漏法是采用音听仪器寻找漏水声，并确定漏水地点的方法。雷达测漏法是利用发射电磁波的反向收集，对地下管线进行测定，可以精确地绘制出地下管线的横断面图，并可根据水管周围的图像判断是否有漏水。区域装表法是在隔离某区域后用表通过分布测试法测出漏水量较大的范围，以便进一步确定实际漏点。相关检漏法是当前最先进最有效的一种检漏方法，特别适用于环境干扰噪声大、管道埋设太深或不适宜采用地面听漏法的区域，用相关仪可快速准确地测出地下管道漏水点的精确位置。

四、非常规水源利用技术

非常规水源是常规水源的重要补充，对于缓解水资源供需矛盾、提高区域水资源配置利用效率等方面具有重要作用。非常规水源利用技术包括再生水利用、雨水集蓄利用、海水淡化利用等。再生水利用技术是指将小区居民生活废（污）水（沐浴、盥洗、洗衣、厨房、厕所）集中处理后，达到一定的标准回用于小区的绿化浇灌、车辆冲洗、道路冲洗、家庭坐便器冲洗等，从而达到节约用水的目的。我国西南、西北等严重缺水地区通过雨水集蓄利用技术，将天然雨水进行净化消毒后使用。我国沿海严重缺水地区通过反渗透膜、电渗析等技术将海水进行淡化处理后供居民生活饮用。

（1）雨水集蓄利用，指采用人工措施直接对天然降水进行收集、存储并加以利用等全过程的总称。全国雨水集蓄利用量 8.2 亿 m^3，集蓄雨水利用分布主要分布在西北、华北半干旱缺水山区，西南石灰岩溶地区以及海岛和沿海地区。雨水集蓄利用又可以分为农村雨水集蓄利用和城市雨水集蓄利用。农村集蓄雨水，主要是指通过修建集雨场地和微型蓄雨工程收集、存储、利用天然降水的措施，主要用于解决农村居民与牲畜饮用水、补充灌溉等。城市雨水集蓄主要是通过住宅集雨设施、透水路面、生态调节池等方式实现雨水存蓄，并主要用于城市环卫、绿地灌溉、景观用水以及生活用水等，有效缓解城市水问题。海绵城市是城市雨洪管理、城市雨水集蓄的新形式，下雨时吸水、蓄水、渗水、净水，需要时将蓄存的水"释放"并利用。相比于传统城市，海绵城市强调人与自然和谐，顺应自然而不是改造自然，在保持地面径流不变的前提下进行低影响开发雨水资源，实现对原有生态的保护。雨水收集系统是建设海绵城市的重要途径，而海绵城市也被称为"低影响开发和供水系统建设"。

（2）再生水利用技术。再生水指污（废）水经过处理后满足某种用途的水质标准和使用要求的回用水。2020 年全国再生水利用量为 109.0 亿 m^3，占非常规水利用总量的 82.6%。再生水主要有农林牧渔业用水、工业用水、绿地灌溉、环境用水、道路清洗以及补充水源水等用途。永定河绿色生态走廊再生水利用工程年调水 12800 万 m^3，采用"生态补水型"的治理模式，形成由溪流串联的 6 处湖泊，面积 680hm²。溪流长 50km，水面面积 270hm²。

（3）微咸水利用技术。微咸水是指矿化度为 $2\sim5g/L$ 的地下水，2020 年总利用量达到 3.9 亿 m^3，主要分布在山东、宁夏、新疆、河北、内蒙古和陕西 6 省（自治区）。微咸水开发利用主要包括灌溉直接利用、淡化利用两种模式。沧州浅层微咸水储量丰富，资源储量 5.7 亿 m^3，可开采量 4 亿 m^3，这些水埋藏浅、易开采、成本低，但因含盐量偏高，单用微咸水灌溉很容易造成作物枯萎、土壤板结，所以开采量很小。沧州市提出了咸淡水混灌技术，目前已配套井组 3300 多处，控制灌溉面积 110 多万亩，每年可少开采深层地下淡水 6600 多万 t。

（4）海水淡化利用技术。该技术是指通过海水淡化设施和工艺处理后加以利用。2020 年全国淡化海水利用量达到 2.0 亿 m^3，主要分布在浙江、天津、山东、广东、河北和辽宁 6 个省（直辖市）。我国海水淡化利用主要包括市政供水、工业园区"点对点"供水和海岛独立供水三种模式。香港是全世界人口最稠密地区之一，供水需求量大，但在香港境内没有大湖泊和大河流，水资源短缺问题十分严重。为解决面临供水短缺问题，自 20 世纪 50 年代开始，香港政府开始推广海水冲厕，经过多年的发展，海水供应系统已经成为与淡水供水系统完全独立的水资源供应体系。香港海水冲厕处理流程由筛分离、曝气和加氯处理三阶段组成，海水冲厕的使用已经覆盖了 90% 以上的人口，冲厕用海水占香港 2020 年用水量 24%。

（5）矿坑水利用技术。矿坑水指煤矿等矿产资源开发过程中，直接利用或进行净化处理后利用的露天矿坑水、矿井水或疏干水。2020 年全国矿坑水利用量为 8.9 亿 m^3，主要分布在内蒙古、山西、河南、贵州、山东、黑龙江、安徽、江西等 12 个省（自治区）。我国矿坑水主要用于矿区自用、工业园区"点对点"供水、景观环境用水三种模式。

第三节　推　广　应　用

节水技术的推广是把节水科研成果迅速转化为生产力的重要措施，是依靠科学技术促进用水效率提升、节水型社会建设的关键环节。目前，通过制定节水技术推广相关政策、节水技术的遴选与发布，组织召开技术推介会，搭建了供需交流平台，建设节水技术推广基地，宣传推广了一大批节水新技术、新工艺、新材料、新产品，促进了新技术的转化应用，为节水型社会建设提供了技术支撑。

一、相关政策法规

为深入贯彻落实"节水优先"思路，践行国家节水行动，党中央、国务院以及各部委制定发布了一系列重大节水技术推广相关的政策法规，为我国节水型社会建设提供总体原则，实施途径，发展方向，推动手段和鼓励政策。根据发布的政策文件，可以引导节水技术研究、产业发展和节水项目投资的重点技术方向，促进节水技术的推广应用，限制和淘汰落后的高用水技术、工艺和设备，是节水技术推广的重要支撑。

1996年5月发布并于2015年8月修订的《中华人民共和国促进科技成果转化法》，旨在促进科技成果转化为现实生产力，规范科技成果转化活动，加速科学技术进步，推动经济建设和社会发展，为节水领域的科技成果转化提供了重要的法律支撑。

2012年9月，由水利部、国家质量监督检验检疫总局、全国节约用水办公室联合发布了《关于加强节水产品质量提升与普及工作的指导意见》（水资源〔2012〕407号），重点通过健全制度、完善政策、强化监管、注重推广等综合措施，加强部门联动，建立实施节水产品质量提升与推广普及长效工作机制，提升节水产品质量，规范节水产品市场，促进节水产业发展。

2012年11月，国务院办公厅印发了《国家农业节水纲要（2012—2020年）》，以改善和保障民生为宗旨，以提高农业综合生产能力为目标，以水资源高效利用为核心，严格水资源管理，优化农业生产布局，转变农业用水方式，完善农业节水机制，着力加强农业节水的综合措施，着力强化农业节水的科技支撑，着力创新农业节水工程管理体制，着力健全基层水利服务和农技推广体系，以水资源的可持续利用保障农业和经济社会的可持续发展。

2013年，为了提高工业用水效率，工业和信息化部、水利部、国家统计局、全国节约用水办公室组织编制了《重点工业行业用水效率指南》，指导工业企业开展节水对标达标，加强节水技术改造，推进节水型企业建设。

2015年5月，为落实《国务院关于实行最严格水资源管理制度的意见》（国发〔2012〕3号），加快淘汰高耗水工艺技术和落后装备，提升工业用水效率，工业和信息化部、水利部、全国节约用水办公室发布了《高耗水工艺、技术和装备淘汰目录（第一批）》的公告（2015年第31号）。

2019年4月，为贯彻落实党的十九大精神，大力推动全社会节水，全面提升水资源利用效率，形成节水型生产生活方式，保障国家水安全，促进高质量发展，国家发展改革委、水利部印发并实施了《国家节水行动方案》。《国家节水行动方案》中要求将科技创新引领作为重点行动，加快关键技术装备研发，促进节水技术转化推广，推动技术成果产业化。

2021 年 10 月，为深入贯彻习近平生态文明思想，落实《中华人民共和国国民经济和社会发展第十四个五年规划和 2035 年远景目标纲要》，持续实施国家节水行动，加快推进节水型社会建设，国家发展改革委、水利部、住房城乡建设部、工业和信息化部、农业农村部商有关部门组织编制了《"十四五"节水型社会建设规划》，《规划》中要求要将强化科技支撑作为主要任务，加强重大技术研发，将节水基础研究和应用技术创新性研究纳入国家中长期科技发展规划、生态环境科技创新专项规划等。加大推广应用力度。推进产学研用深度融合的节水技术创新体系建设。

二、国家成熟适用节水技术的遴选与发布

为深入贯彻习近平总书记"节水优先、空间均衡、系统治理、两手发力"治水思路，落实《国家节水行动方案》目标任务，加强科技创新引领，促进节水技术转化推广，建立了"政产学研用"深度融合的节水技术创新体系，以加快节水科技成果转化，推进节水技术、产品、设备使用示范基地、国家海水利用创新示范基地和节水型社会创新试点建设。鼓励通过信息化手段推广节水技术和产品，拓宽节水科技成果及先进节水技术工艺推广渠道，逐步推动节水技术成果市场化。开展国家成熟适用节水技术征集评审推广工作，有利于加速节水技术成果转化和推广应用，激发节水企业科技研发动力，全面提升我国节水科技的自主创新能力，促进用水总量和强度双控，以节水科技成果的广泛应用，有力推动节约用水取得更加显著的成效。全国节约用水办公室 2019—2021 年先后组织开展了 3 批次国家成熟适用节水技术征集发布工作，形成《国家成熟适用节水技术推广目录》（以下简称《节水目录》）。节水技术的遴选与发布的流程包括节水技术征集、申报材料的形式审查、专家评审、综合评审、目录公示、目录发布等环节。

（一）技术征集

对于所征集的节水技术，一般要求技术成熟可靠，适用性强，具有

推广价值，知识产权明晰，拥有成熟的应用实例，且带有具备资质的第三方机构出具的检测报告。由部直属有关单位，各省、自治区、直辖市水利（水务）厅（局），各计划单列市水利（水务）局，新疆生产建设兵团水利局，积极组织并集中申报本地区符合条件的节水技术；对技术持有单位申报材料的真实性进行审核，推荐效果突出的节水技术。同时鼓励有关全国性行业协会、学会等社团组织，宣传动员相关行业领域的科研院所、高校、企业等积极申报，对技术进行审核和推荐。

技术征集一般以水利部办公厅文件发出关于征集国家成熟适用节水技术推广目录的通知。2019年，全国节水办面向水利行业征集包括水循环利用、雨水集蓄利用、管网漏损检测与修复、农业用水精细化管理、用水计量与监控5大类节水技术，旨在全面加强对水资源取、用、耗、排行为的动态监管，推动用水方式由粗放向集约节约转变。2020年，全国节水办联合国家机关事务管理局面向水利行业及全国性行业协会学会，征集在各类公共机构中应用广、用水量较大的中央空调、卫生洁具、洗涤设备等方面的节水技术。2021年，全国节水办组织开展征集工业、农业、城镇生活等用水全过程的计量监测（控）技术，旨在提高计量监测能力，严格用水全过程管理，落实用水总量和强度双控。

（二）技术审查

对征集到的技术，首先由全国节水办组织科技推广中心对申报材料进行形式审查，对无推荐单位盖章或推荐单位不符合要求、非征集技术范围内、无应用单位证明、无单位资质证明等申报材料不予通过形式审查。技术遴选实行专家评审制，主要为专家分组评审和评审委员会综合评议两级评审，由全国节水办组织有关单位、行业协会承担具体评审工作，邀请相关领域专家组成评审组，按照现技术评审指标体系进行评审、评分，最终形成评审结论。

入选的节水技术应符合《节水型产品通用技术条件》（GB/T 18870—2011）、《塑料节水灌溉器材》（GB/T 19812—2017）、《节水灌溉工程技术规范》（GB/T 50363—2018）、《工业废水处理与回用技术评价导则》（GB/T 32327—2015）、《取水计量技术导则》（GB/T 28714—2012）、《合同节水管理技术通则》（GB/T 34149—2017）等相关国家标准及行业标准要求。也应符合《国家节水行动方案》《中国节水技术政策大纲》《水效领跑者引领行动实施方案》《水效标识管理办法》等相关政策规章。评审专家从技术先进性、技术成熟性、性价比、技术经济指标证明材料的客观性、推广应用情况 5 方面对申报技术进行审查与评分。根据专家评审与评分结果，评审组提出推荐列入《节水目录》的技术清单。

通过专家评审的技术提交评审委员会综合评审，评审委员结合实际，并充分考虑相关技术的应用情况，对入围节水技术进行综合评审。每位评审委员独立投票，填写《综合评审表》，形成评议结果。评审委员会提出综合评审意见，并按照每项技术得票数由高到低排序，讨论确认列入《节水目录》的技术清单。

（三）目录公示与发布

在确认列入《节水目录》的技术清单后，全国节约用水办公室在官方网站上公示《节水目录》，公示期为 7 天。在 2019—2021 年，全国节约用水办公室共发布了两批次国家成熟适用节水技术推广目录 160 项。其中 2019 年发布 96 项，2020 年发布 24 项，2021 年发布 40 项。具体发布情况见表 10-1。《国家成熟适用节水技术推广目录》已在 2019—2021 年每年由水利部以公告的形式发布，后续根据情况，成熟一批发布一批。通过目录的评审与发布，提供了供需桥梁，加快了科技成果转化应用。对入选目录的节水技术加强宣传推广，包括专门设计入选目录的技术标识，入选目录的技术持有单位按要求印制和使用标识。组织开展培训会、现场会等交流对接活动，进一步加强了技术宣传。

表 10-1　　《国家成熟适用节水技术推广目录》发布概况

2019 年		2020 年		2021 年	
水循环利用	12 项	卫生洁具	15 项	计量类	19 项
雨水集蓄利用	14 项	洗涤设备	5 项	监控类	21 项
管网漏损检测与修复	14 项	中央空调及其他	4 项		
农业用水精细化管理	29 项				
用水计量与监控	27 项				

三、国家鼓励的工业节水工艺、技术和装备目录的遴选与发布

为深入贯彻落实《国家节水行动方案》，加快工业高效节水工艺、技术和装备的推广应用，提升工业用水效率，促进工业绿色发展，工业和信息化部、水利部于 2019 年编制完成了《国家鼓励的工业节水工艺、技术和装备目录（2019 年）》，2021 年工业和信息化部、水利部编制了《国家鼓励的工业节水工艺、技术和装备目录（2021 年）》，同时该目录2019 年版废止。该目录涵盖共性通用技术、钢铁行业、石化行业等 15 大类 152 项工业节水工艺、技术和装备，将引导用水单位积极采购所列工艺、技术和装备，促进全国工业节约用水技术应用水平提升，推动用水方式由粗放向节约集约转变。本节主要对列入《国家鼓励的工业节水工艺、技术和装备目录》的节水工艺、技术和装备的评审原则与标准，评审程序，公示与发布进行介绍。

（一）评审原则与标准

由工业和信息化部、水利部组织成立评审秘书处和专家评审组。秘书处设于冶金工业规划研究院和中国水利水电科学研究院；专家评审组主要由工业和信息化部、水利部的节水专家，以及钢铁、石化化工、纺织染整、造纸、有色金属、食品、煤炭、建材、制药、皮革、电力等工业行业节水专家组成。

1. 评审原则

（1）符合国家相关政策。

（2）申报材料符合通知的基本要求。

（3）技术合理可行，成熟可靠。

（4）技术节水潜力大。

（5）技术市场需求和推广前景广。

2. 评审标准

（1）参与评审的技术与装备须符合通知规定的有关范围要求。节水工艺指少用水或不用水的新工艺、新技术，以替代现有高用水生产工艺；节水技术指工业高效用水技术，包括减量用水技术、替代用水技术、高效循环用水技术、工业废水再生回用技术、废水零排放技术、海水利用

技术、海水淡化技术、非常规水利用技术、管网检测漏技术、节水监测技术，以及高效工业水处理技术和高效工业节水管理技术等；节水装备指工业节水及水处理循环利用专用设备、监测装置、专用材料等。

（2）满足通知规定的推荐类别要求。按工艺技术装备所处阶段，分为研发类、产业化示范类和推广应用类。

1）研发类。指通过技术研发、技术引进、集成创新等方式，实现重大技术突破，已有阶段性成果，节水效果明显，知识产权明晰，并经用户初步验证的工艺、技术和装备。

2）产业化示范类。指技术基本成熟、知识产权明晰、节水效果显著、推广应用前景广阔、已具备应用基础条件但尚未实现产业化的重大关键技术、工艺和装备。

3）推广应用类。指技术成熟、装备性能稳定、节水效果好、经济和社会效益显著，目前已有成功应用案例，技术普及率相对较低，但已实现产业化生产的工艺、技术和装备。

（二）评审程序

1. 初审阶段

省级主管部门按照通知要求，对申报材料进行初审并签署具体推荐意见。

2. 复审阶段

（1）评审秘书处组织汇总初审推荐工业节水工艺、技术和装备申报材料。在工业和信息化部及水利部指导下，评审秘书处对各省级主管部门，以及中央企业集团、全国行业协会推荐的申报材料进行汇总分类，对申报的工业节水工艺、技术和装备等分地区分行业系统整理汇总，完成目录清单等建档工作。

审查申报材料推荐范围、申报材料等是否符合通知要求，申报材料不完整的，联系推荐或申报单位落实和补充，若仍不符合通知要求，则做无效处理。

（2）评审小组对初审推荐工业节水工艺、技术和装备申报材料进行复审。

1）申报材料完整性审查。审查申报材料内容是否完整，内容不完整的，联系推荐部门落实，若仍不能满足要求，则申报材料无效。

2）基本类别符合性审查。审查申报内容是否符合评审标准规定的基本要求，不符合要求的申报材料，不能进入复审初评。

3）组织评审和筛选。评审组由 12～15 位专家组成，成立 4～5 个专家评审小组，申报材料按行业分类评审，每个行业专家评审小组人员不少于 3 人，人数为奇数。按照行业类别，对需要评审的申报材料进行适当分类。秘书处组织相关评审专家预审。组织专家评审会，评审专家依据行业发展情况及节水水平，对节水工艺、技术、装备申报材料真实性、可行性及可操作性进行判断，按照通知有关要求，评审筛选工业节水工艺、技术和装备，并形成专家意见，专家汇总签署专家评审意见表。

4）编写综合评审报告。秘书处对评审专家意见进行汇总，形成综合评审报告，初步形成 2021 年国家鼓励的工业节水工艺、技术和装备目录。

3. 现场调研阶段

（1）选择初步进入 2021 年国家重大节水工艺、技术、装备目录的工业节水工艺、技术、装备进行实地现场调研。

按行业分组进行现场调研：①核实工艺技术线路、节水效果、适用范围、普及情况；②现场调研过程要有影像资料留存。

（2）现场调研有重大异议的，现场调研专家小组签署意见。

（3）形成现场调研报告，根据现场调研情况对目录初稿进行修改。

（三）公示和发布

工业和信息化部、水利部在官方网站公示，公示无异议的节水工艺、技术和装备，由工业和信息化部、水利部、全国节水办公室联合公告。

（四）节水技术推广支撑平台

1. 节水技术推介交流平台

党的十八大以来，在水利部有关司局的指导下，水利部科技推广中心组织各类技术推介活动 200 余场次。其中，国际水利先进技术（产品）推介会已连续召开十七届，累计推介国内外先进技术成果 2500 余项，成为水利行业跟踪了解国内外先进技术的重要渠道、供需对接的互动平台和水利科技推广的重要品牌。节水技术是推介会的重要推介内容，每年向社会遴选发布水利先进实用技术重点推广指导目录，向基层单位发布

《水利实用技术信息》，有力促进了先进实用技术的推广运用。

同时，在水利科技成果信息平台、中国水利科技推广网、水利科技推广平台微信公众号开设节水技术专栏，面向社会共享、宣传、展示成熟适用节水技术信息，搭建技术供给方、需求方、管理方三方互动交流平台。技术专栏以图文、视频方式发布技术名称、技术简介、主要技术指标、适用范围、典型案例及持有单位信息，为有关单位技术引进和推广应用提供了权威参考，提升了全国节约用水技术应用水平。

2.技术推广基地

全面深化技术推广试点示范与推广基地建设。配合国家重点研发计划实施，组织建立国家级节水型社会创新示范区 4 处。在技术需求迫切、节水技术特色明显的典型流域或区域，依托水利行业现有平台和资源、高等院校、科研机构和地方政府，通过水利技术示范项目支持，开展先进适用技术集成应用和示范展示，建成了一批试点示范工程和推广基地，形成可复制、可推广的技术模式。

例如，水利部科技推广中心农业高效节水与智慧灌溉推广基地推行"智灌农夫"计划，通过线上教学交流＋专家示范讲座＋"手把手"指导的实践模式，开展技术推广与人才技能培训，积极推进高效节水灌溉与农艺栽培、农业智能控制、农业机械耕作和系统装置管理与拆装的融合与集成。水利部科技推广中心河西走廊特色种植业高效节水灌溉设施科技推广基地，多年来针对本地区水资源严重短缺、生态恶化等问题，组织开展了以"DY-500微压滴灌系统"和"DY-D型水动活塞叠片式自洁净过滤装置"水利科技成果应用于特色种植业灌溉研究工作，在河西走廊疏勒河、黑河、石羊河等区域完成了 30 余万亩特色种植高效节水技术集成与示范推广，辐射带动 100 万亩高效节水灌溉面积，为缓解本地区水资源供需矛盾、改善生态环境积累了较强的技术、人才、管理经验，把甘肃河西走廊建设成了全省乃至全国节水型农业和现代高效农业的推广基地。

3.节水技术科普宣传活动

采取各种有效形式，大力开展节水技术科普宣传，加快节水技术的推广。作为全国科普日发起部门之一，水利部在全国科普日活动期间，通过水利主场活动、水利微视频展播、科普讲解大赛、水利科普"五进"活动、举办科普讲座、组织参观水利优秀科技成果等途径普及水科学知识，传播科学精神，提升公民节水护水意识和全民水科学素养。

例如，"节水在身边"全国短视频大赛已打造成节水推广与宣传的知名品牌，大赛由全国节约用水办公室、水利部国际合作与科技司、中国科协科普部共同指导，中国水利学会、中国水利水电出版传媒集团、水利部宣传教育中心、水利部节约用水促进中心、水利部科技推广中心5家单位联合主办，目前已举办三届，第三届"节水在身边"全国短视频大赛，于2022年3月25日启动，至7月31日结束，大赛围绕"积极践行《公民节约用水行为规范》"主题，通过抖音平台面向全国公开征集作品。赛事受到社会广泛关注和欢迎，作品总播放量达到16.3亿次，征集作品超52万部。

第四节 实 践 进 展

党的二十大报告明确指出要坚持科技引领、创新驱动，提高科技成果转化和产业化水平。本节通过对9个精选的节水科技成果产业化案例梳理（分别来自3个大类节水技术领域农业，工业以及城镇生活），诠释节水科技成果技术原理、特点、成果转移转化的全过程，促进科技成果产业化及其应用。这些节水技术产品生产量大，应用案例多，通过案例解析，阐明只有企业将节水科技成果与工程建设领域应用结合起来，才能完成产业链从无到有、从弱到强的全过程，才能最终体现知识产权的真正价值，并以此获得更多的社会回报，推动节水科技成果产业化快速发展。

一、大型喷灌机变量灌溉技术

（一）技术简介

该技术以实现大尺度农田适时适量适位精准化、智慧化灌溉管理为目标，硬件上通过在喷灌机上安装变量供水装置、定位器和控制器，软件上通过安装变量灌溉控制系统和决策支持系统，利用脉冲宽度调制法调节喷头的开合时间比和喷灌机行走速度实现变量灌水。决策支持系统以物联网技术、云服务技术、大数据等核心技术为基础，集数据采集、处理分析、图形绘制、预报预警、智能决策等功能为一体，涵盖了基于土壤持水能力的静态分区、基于喷灌机机载式红外温度传感器系统的动态分区、基于无人机热成像系统的动态分区三种方法，及其变量灌溉处方图生成技术，实现了田间不同水分亏缺观测设备配置情况和场景的变量灌溉技术应用（见图 10-1）。

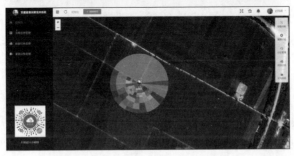

图 10-1　圆形喷灌机变量灌溉控制系统和决策支持系统

（二）主要性能指标

（1）最大喷头控制数量：200 个。

（2）电磁阀脉冲周期：10~60s。

（3）电磁阀占空比：0~100%。

（4）系统响应时间：<5s。

（三）技术特色

1. 适用范围

适用于大型喷灌机灌溉的区域。

2. 技术特点

成本低，优化了土壤水分传感器和喷灌机机载式红外温度传感器布设方法；标准化，综合考虑喷头类型和管理区内灌水均匀性，构建了适用于点、线、面三种类型传感器监测系统的变量灌溉管理区划分方法；智慧化，综合考虑土壤-作物-大气连续体内多源信息开发变量灌溉管理决策支持系统，并实现数据的自动采集、分析与处理；操作简便，将决策支持系统与控制系统无缝连接，基本满足了变量灌溉管理的一键式操作。

3. 应用成本

以 4 跨圆形喷灌机工程为例，变量灌溉控制系统和决策支持系统总投入为 1450 元/亩。

（四）成果转化案例

变量灌溉控制系统于 2013 年安装于河北省涿州市东城坊镇农业科技示范园区，用于冬小麦、夏玉米的喷灌灌溉管理。与常规喷灌相比，变量灌溉管理后冬小麦节水 31%，水分利用效率提高 6%；夏玉米节水 40%，水分利用效率提高 27%。

（五）推广应用情况

目前已在北京大兴、北京顺义、河北涿州、河北大曹庄圆形喷灌机上得到应用，取得了良好的节水、增产、增收效益。

二、黄河水滴灌技术

（一）技术简介

该技术以控制黄河细颗粒黏性泥沙在滴灌系统内的输移过程为目标，

采用"逆向设计"方法，首先最大限度上利用成本最低的泥沙调控方法，即充分利用灌水器本身的自排沙能力及周期性毛管冲洗，使绝大多数泥沙排出滴灌系统，在此基础上明确了进入毛管的泥沙粒径和浓度阈值，探究过滤器系列装备对于泥沙的截留能力，提出过滤器入口的泥沙粒径与浓度控制阈值，进而提出了沉沙池系统设计标准。而在泥沙调控中采用"正向施工"模式，优化沉沙池、过滤器、灌水器等关键设备/设施的布置形式及最优设计参数，提出各关键设备/设施的最优运行方法及毛管冲洗模式，充分提升每一级的泥沙调控能力，降低系统的修建及运行成本（见图10-2）。通过反向设计、正向施工相结合，彻底改变了传统的高成本泥沙沉滤处理模式，使泥沙的沉降效率显著增加。

图 10-2 黄河水滴灌技术泥沙逐级调控模式

（二）主要性能指标

（1）粒径控制阈值：灌水器中值敏感粒径小于 $20\mu m$；毛管冲洗中值粒径控制阈值小于 $21\mu m$；过滤器出流中值粒径控制阈值小于 $22\mu m$；沉沙池出流中值粒径控制阈值小于 $23\mu m$；去除效率 $88\%\sim95\%$；安全运行时间大于 420h；泥沙调控成本 $10\sim15$ 元/（亩·a）。

（2）毛管冲洗：冲洗频率 64h/次；冲洗流速 0.4m/s。

（3）过滤器拦沙：滤料粒径 $0.9\sim1.3$mm；过滤流速 0.017m/s。

（4）沉沙池沉沙：蜂窝状斜管长度 $85\sim115$cm，与水流方向夹角 $60°$。

（三）技术特色

1. 适用范围

沿黄河流域、新疆等适宜推广高含沙水滴灌技术的区域。

271

2. 技术特点

成本低，优先采用灌水器结构优化与毛管冲洗低成本技术排出绝大多数泥沙，其余部分利用过滤器和沉沙池拦截过滤；占地面积小，改变了传统修建大型沉淀过滤设施的模式，占地面积缩减到 20% 以下；去除效率高，优化传统沉沙池、过滤器及灌水器结构，去除效率大于 88%。

3. 应用成本

泥沙调控成本由 40~60 元/(亩・a) 降低至 10~15 元/(亩・a)。

（四）成果转化案例

案例 1：自 2008 年起应用于景泰县神农生态农业发展有限公司枣树、苹果、梨树滴灌，2012 年进行系统改造，累计示范面积 24.0 万亩，水源全部采用黄河水，该系统泥沙去除率达 95% 以上，截至目前，该引黄滴灌系统目前已经安全运行 10 年以上，每年累计节约清水超过 1000 万 m^3，年新增利润 3000 余万元。

案例 2：自 2010 年起应用于甘肃兰州市南北两山青海云杉、侧柏等绿化植物滴灌，累计示范面积 21.4 万亩，全部利用的是黄河水，系统目前依然安全运行，每年节水 500 万 m^3 以上，使得兰州市绿色景观效果明显提升。

（五）推广应用情况

目前已在沿黄流域甘肃兰州、宁夏中卫、内蒙古磴口等在 30 余处引黄滴灌工程上得到应用，取得了良好的节水、增产、增收效益。

三、基于光谱信息的作物用水诊断及优化调控

（一）技术简介

以作物植株水分含量、土壤水分含量、植株叶绿素含量、作物叶面积指数、作物生物量及产量的星机地联合监测技术为理论基础，集成了作物灌溉制度优化与土壤水量平衡中长期预报技术，实现规模化作物缺水诊断及优化调控，在大幅度提高作物灌溉用水效率情况下，为区域粮食安全与灌区水资源持续有效利用提供技术支撑。

（二）主要性能指标

（1）作物植株水分含量、土壤水分含量、植株叶绿素含量、作物叶

面积指数、作物生物量与产量等指标的光谱监测精度达 80% 以上。

（2）灌区节水量提高 10%～15%，水分生产率提高 5% 以上。

（三）技术特色

1. 适用范围

适用于规模化小麦、玉米、水稻、大豆、棉花等主要农作物灌溉用水优化调控。通过构建作物高通量表型的光谱监测模型，实现了各主要作物高通量表型信息的规模化无损监测，结合中长期作物计划湿润层土壤含水量预测成果及各作物不同生育期适宜水分下限，为规模化复杂下垫面作物用水优化调控提供了解决方案。

2. 技术特点

采用经验统计模型与机理模型相结合方法，实现了在跨生育时段、跨年及复杂下垫面等情况下光谱监测稳定及高精度，作物高通量表型信息监测精度达 80% 以上，实现了规模化复杂下垫面作物高通量表型信息的快速无损监测与诊断；以规模化高通量表型信息监测为基础，解决了规模化复杂下垫面土壤含量、叶面积指数及生物量等水分特性参量的自反馈修正难题，确保在耦合水量平衡模型中作物水分特性参量模拟精准，叶面积指数与生物量模拟精度达 80% 以上，为规模化作物用水优化调控提供了基础数据支撑，灌区节水量提高 10%～15%，作物水分生产率提高 5% 以上。

（四）成果转化案例

本技术依托中国水利水电科学研究院，2018—2021 年应用于华北冬小麦灌溉用水诊断与优化调控中，对北京大兴区冬小麦植株含水量、土壤水分含量、植株叶绿素、作物叶面积指数、作物生物量及产量进行连续多年监测；以星机地监测的作物高通量表型信息为基础数据支撑，选择在中国水利水电科学院大兴节水灌溉试验站开展基于中长期天气预报信息的冬小麦灌溉制度优化管理实践，与该地区现状灌溉制度相比，本技术大幅度减少了灌溉用水量，节水量提高 20%，作物水分生产率提高了 9%，结合自动化灌溉技术还能够大幅度减少人工投入。

（五）推广应用情况

选择北方资源型缺水地区对该技术进行推广应用，农业节水效果较好，节水量在 15％以上，水分生产率提高 8％，为资源型缺水灌区粮食稳产与用水总量控制相协调等提供了可借鉴的解决方案。

四、分散染料无水连续染色技术

（一）技术简介

该技术采用低带液量循环均匀给液、针板送布、红外线预烘、封闭式高温固色等装置，能使染料的上染率大幅度提升，显著降低用水量。具有无废水固废逸散或排放、节约用地和能源低等特点，可实现连续化生产（见图 10－3）。

图 10－3　无水印染连续染色设备

（二）主要性能指标

该项技术仅消耗液态染料用水，每吨织物染色综合水耗 $0.5m^3$，远小于工业和信息化部 2017 版《印染行业规范条件》规定的每吨织物染色综合水耗上限 $140m^3$。

（三）技术特色

1. 适用范围

适用于纺织品印染行业涤纶织物的染色生产，基本解决了染色生产的高水耗和工业废水问题。

2. 技术特点

采用核心工艺，将传统染色工艺改为极简的连续染色工艺，染色过程中用水量降低 99％，并实现零废水排放，同时设备占地面积节约 45％，工艺流程缩短 50％，降低运行成本 30％；研发专用染料，独创了低分散剂用量、高溶胀性能的液体分散染料配方，降低分散剂用量 50％，染料的上染率提高了 30％；研发了低带液量染料施加装置、连续封闭式无逸散焙蒸装置等关键装备，实现了节约能耗 30％，减少二氧化碳排放量不小于 90％。

（四）成果转化案例

案例 1：全套无水印染连续染色设备在江苏苏州迪利安环保科技有限公司推广应用，该公司位于苏州市吴江区，距太湖 3km，属于污染源重点整治区域，由于其生产过程没有污水排放，顺利通过了当地环保部门的验收，且运行良好。

案例 2：土耳其某公司应用此技术，除了更换颜色时需要清洗设备外，完全没有产生废水，并且清洗设备的废水可以用来调制黑色的染料，不会浪费，与传统工艺相比新鲜水取用量减少 99％，节能 30％，运行成本降低 30％。

（五）推广应用情况

该技术已在国内外推广应用，设备运行良好，用水量减少 99％，基本上无污水排放，达到节能减排的同时，生产产品质量完全符合要求。

五、基于分区计量的漏损监控技术

（一）技术简介

基于 GIS 数据，快速分析区域边界与管网的切割点，配合水流方向、切断管段的管径材质等，形成布点方案。基于大数据分析，有效预测用水量并与实际情况对比，实现异常用水的快速发现与定位。通过将整个供水系统分为多个独立计量区域，使进入该区域的流量能够准确计量，配套对应的报警方案及策略，快速确认和检测爆管和漏损的存在。通过累计流量、真实漏损计算值、营销收费水量等数据，制定科学的漏损控制策略。

（二）主要性能指标

支持不少于 5000 人的在线使用人数；支持 7×24h 不间断运行；用户查询响应时间不超过 2s。

(三) 技术特色

1. 适用范围

可应用于有漏损控制或节水需求的各大小供水企业、高校、企事业单位、园区等,节水服务公司也可选择应用,同时还能联合其他智慧水务相关厂家进行应用集成。

2. 技术特点

采用分布式建设模式,就地收集蓄存雨水,消纳地表径流洪水,实现蓄水防涝;具有良好的蓄存自净化功能,水质主要指标可达到Ⅲ类地表水标准,可用于绿化灌溉、景观补水及洗车循环利用等;同步实现风积砂资源化利用和雨洪资源化利用。

(四) 成果转化案例

滦州市自来水公司应用。以表计相对完整的小区进行该技术试点,通过分区计量管控软件,快速实现分区规划,辅助管网部门更好地开展检漏工作,通过大数据分析,及时了解漏损原因,实现漏损点快速定位,控漏及节水效果较好。项目实施后,整体漏损率从原来的 17% 下降到 12%,同时可加速爆管和新增漏损发现率,减少漏水时长。

六、供水管网渗漏报警平台

(一) 技术简介

该平台通过安装在供水管网上的探漏仪采集管道振动数据,并将数据传输到分析平台,通过人工智能技术,分析管道漏损状态,发现异常自动报警,同时通过终端设备进行可视化呈现。具有低成本、自供电、无人值守、数据无线自动远距离传输等特点。适用于用水人口基数大、用水量高、地下管网长度较长的封闭的大型的园区或独立用水计量区域。

(二) 主要性能指标

(1) 硬件指标:可探测范围 $0\sim150\mathrm{m}$;地下 $-15\sim70℃$ 能正常工作;探漏仪传感灵敏度不低于 $1400\mathrm{pC/(m \cdot s^{-2})}$。

(2) 软件指标:管网漏水报警;漏点记录,展示漏点出现时间、地点、漏损情况及修复情况。

（三）技术特色

1. 适用范围

适用于用水人口基数大、用水量高、地下管网长度较长的封闭的大型的园区或独立用水计量区域。

2. 技术特点

克服人工探漏弊端，实现地下供水管网"无人值守"，智能高效率探漏；人工智能大数据技术，实时漏损报警，漏损探测精准度高；GIS平台，可视化地下管网漏损系统，管理更便捷。

3. 应用成本

典型规模下的单价10万元/km，典型规模约10km；运行费用约1.8万元。

（四）成果转化案例

案例1：厦门大学项目。实施地点：厦门大学思明校区；区域特点：管网建成时间较长，历史漏损率高；实施内容及规模：2015年开建，在厦门大学思明校区地下供水管网上安装289个智能探漏仪，共检测管网长度19.7km，建成学校供水管网渗漏报警平台。实施成效：截至目前，平台监测并经确认的漏水点81个，年节水超过50万t。

案例2：北京交通大学项目。实施地点：北京交通大学校园；区域特点：管网建成时间较长，历史漏损率高；实施内容及规模：2016年开建，分3期，共监测地下供水管网长度21.9km，监测点位安装管网探漏仪257个，自组LoRa通信基站6套，基本实现了校园供水管网监测的全覆盖，建成校园供水管网渗漏报警平台；实施成效：共监测并确认的漏水点107个，累计节水量达150万t。

（五）推广应用情况

已在全国30余家单位得到了应用，包括北京大学等众高校以及地方三甲医院、国家武警部队等，广受好评。

七、卫生洁具导流-混气-感应控制节水技术

（一）技术简介

（1）导流导压技术，采用喷射虹吸式装置，强势冲能设计，改变传

统的冲水方式，一次彻底冲洗。

（2）导压合力置换技术，对坐便器结构优化，使坐便器冲洗时的水流势能更好地转化为动能，提高洗刷功能并达到节水效果。

（3）感应控制技术，在小便器陶瓷体背侧的上下端分别设置电容感应片，同时检测人体在感应区域内持续停留时间以及排尿口处电容量发生的阈值变化情况，控制电磁阀排出便前喷雾水和便后颗粒水，达到节水效果。

（4）无级调节混水阀和空气混合水流发泡技术，注入空气使水流有发泡的效果，增加水的冲刷力，有效减少用水量。

（5）出水可调切换开关与无级调流量阀体技术、三功能可调切换水道系统，通过同时将流量阀和调温阀设置于龙头主体的通水管道中，实现温度流量的精确调节。

（二）主要性能指标

（1）坐便器平均用水量：优化冲洗系统结构，平均冲洗用水量小于4L；冲洗能力：PP球排放达到不小于95个；颗粒排放不大于25颗；球平均传输距离不小于12m。

（2）蹲便器平均用水量小于4.8L。

（3）小便器平均用水量小于0.5L。

（4）水嘴流量不大于4.5L/min；流量均匀性：ΔF 不大于0.1L/s。

（5）淋浴器流量不大于4.5L/min；流量均匀性：ΔF 不大于0.1L/s。

（三）技术特色

1. 适用范围

（1）导流导压技术、导压合力置换技术适用于坐便器产品。

（2）导流导压技术适用于蹲便器产品。

（3）感应控制技术适用于小便器产品。

（4）无级调节混合阀和空气混合水流发泡技术、出水可调切换开关与无级调流量阀体技术、三功能可调切换水道系统，适用于水嘴、淋浴器产品。

2. 技术特点

导流台与导水圈、管道分流装置、导压排水阀等，导水圈中只需少量补水就能填满，从而将水箱内的水位压力传导到洗刷孔，提高水势能和动能之间的转化效率，总体上可减少用水量，并实现良好的冲污效果；采用了感应节水控制系统、带记忆功能的双开关龙头、空气混合水流发泡技术的淋浴龙头等，节水效果好。

3. 应用成本

运维成本低。

（四）成果转化案例

国家级重点民生保障工程：云南昭通安置房项目，合同金额超 1100 万元，坐便器、蹲便器、小便器、淋浴龙头、面盆龙头等超过 7000 套，从交付产品至今，无报修。

（五）推广应用案例

应用于多个工程：黄山、乌镇国家级 AAAAA 景区；上海华山医院、上海瑞金医院；上海交大、武汉大学、中国科技大学、中国地质大学；机场、高铁站等。以 2019 年工程渠道销量为例：坐便器 29.5 万套，蹲便器 8 万套，小便器 10 万套，大花洒 12.7 万套，龙头 58.8 万套。

八、隧道式连续大型洗涤机组洗涤全过程集成控制技术

（一）技术简介

该技术实现了将装载、称重、洗涤、脱水、烘干等洗涤全过程集成控制，同时结合洗涤水回收利用技术、下传输自动传送主笼结构及高效节能脱水、烘干系统，提高了洗涤效率，有效降低洗涤行业的能耗和污染。该技术突破了连续式大型洗涤机组的主要核心问题，包括节能逆流漂洗、洗涤水处理回用、在线监测及集成控制、洗涤主笼结构设计及关键部件制造等，有效解决了洗涤行业低效率、高能耗、高排放、高运行成本等难题，改变了我国工业洗涤行业传统单机分散作业模式，实现了节能环保、集成化、高效率的行业发展目标。

（二）主要性能指标

经国家轻工业服装洗涤机械质量监督检测中心检测，所检测项目符合《工业洗涤机械的安全要求 第 1 部分：通用要求》（GB 25115.1—

279

2010/ISO 10472－1：1997)、《工业洗涤机械的安全要求　第3部分：隧道式洗涤机组和相关机械》（GB 25115.3—2010/ISO 10472－3：1997)、《工业烘干机》（QB/T 2330—2017)、《隧道式洗涤机组》（QB/T 5125—2017）规定的要求。

（三）技术特色

1. 适用范围

适用于铁路、航空、医院、酒店、宾馆、洗衣厂等行业的布草洗涤。

2. 技术特点

研发的逆流漂洗及洗涤水处理回用集成技术，实现了布草连续洗涤、系统集成控制以及洗涤过程中漂洗水、过清水、压榨水的循环利用，可节水72%，节电28%，节约蒸汽43%，洗涤周期缩短64%。

3. 应用成本

运维成本低。例如：一条12仓段的隧道式洗涤机组，洗涤量为1500kg/h，每天至少洗涤15t。通过连续洗涤方式替代单机洗涤，水消耗可从25L/kg布草降低至7L/kg，电消耗可从0.074kWh/kg布草降低至0.053kWh/kg，蒸汽消耗可从4.24kg降低至2.43kg，产量从200kg/h提升到1500kg/h。

（四）成果转化案例

样板工程：2018年初向泰州市峰润洗涤服务有限公司出售洗衣龙2条（见图10-4)，于2018年4月安装调试完毕，现运行正常，并达到预期效果和相关指标。该洗衣厂占地面积20亩，建筑面积12亩，设备及基建等相关运行成本投入总计约3000万元，年销售额约2400万元，该工程

图10-4　节水型洗衣龙

可节水 6300t/a。该工程以高质量、高标准、短期交货、全面服务的一流水平得到了用户的好评和称赞。

（五）推广应用情况

产品自 2012 年投放市场以来，因其自动化程度高、洗涤烘干效果好、耗能低，安全可靠性强等诸多优点而深受用户青睐，推广应用工程实例 213 个，已销售 268 套隧道式连续大型洗涤机组。

九、中央空调冷却水自动运维管理控制技术

（一）技术简介

该技术采用中央空调冷却水自动运维管理设备，向冷却水系统投加化学药剂，解决系统存在的硬垢、腐蚀和菌藻类问题。在中央空调冷却水换热系统增设在线胶球自动除污系统，解决水侧沉积的软泥和软垢问题，从而达到系统无垢化高效运行。该技术实现以下效益：增加系统换热效率，降低能源消耗，节约运行成本；延缓系统腐蚀，延长系统设备的使用寿命；降低系统设备故障，减少系统设备运行维护费用；降低系统排污量和耗水量，节约水费。中央空调冷却水自动运维管理设备生产线见图 10-5。

图 10-5　中央空调冷却水自动运维管理设备生产线

（二）主要性能指标

符合《工业循环冷却水处理设计规范》（GB/T 50050—2007）、《空调系统水质》（GB/T 29044—2012）、《环境保护产品技术要求水处理用加药

装置》（HJ/T 369—2007）、《民用建筑供暖通风与空气调节设计规范》（GB 50738—2012）、《水冷冷水机组管壳式冷凝器胶球自动在线清洗装置》（JB/T 11133—2011）、《中央空调在线物理清洗设备》（JG/T 361—2012）有关要求。

（三）技术特色

1. 适用范围

适用于所有水冷式中央空调水系统及部分工业循环水系统，溴化锂、电制冷等中央空调设备冷却水系统，工业生产管壳式水冷系统。

2. 技术特点

优质的环保药剂能够控制系统结垢，缓解系统腐蚀，独创的自动运维管理设备可实现系统无人化管理，控制系统浓缩倍数，在线水质监测，结合云平台后端管理系统，在线胶球除污设备实现了系统无垢化运行。

3. 应用成本

运维成本低。

（四）成果转化案例

案例1：新疆信友奇台电厂2×660MW发电机组工程表凝式间接空冷系统项目，荣膺第17届工博会银奖。

案例2：双良节能对钢结构间冷塔技术进行了深度升级，独创了烟塔合一的间冷钢塔，凭借这一创新技术，一举中标了世界首套两机一塔、烟塔合一钢结构间接空冷陕能集团麟游2×350MW EPC项目。

案例3：两座塔高175m，底部直径152m，出口直径102m，中国第一、世界最高最大的全钢结构间接空冷塔EPC项目正在新疆建造。

（五）推广应用情况

推广应用工程实例数50个，已销售81套中央空调冷却水自动运维管理设备。

【思考题】

1. 我国农业、工业以及城乡生活主要节水技术有哪些？与国际先进节水技术相比，我国节水技术的主要差距存在于哪里？最紧迫的领域在哪里？

2. 思考我国需要在哪些方面采取措施，可以促进节水科技的创新与应用？

3. 如何创新节水技术推广平台建设使我国先进的节水技术得以大力度地宣传推广，实现成果的充分转化与广泛应用？

第十一章 节水宣传教育

【本章概述】

节水宣传教育是引导社会公众转变用水观念、增强节水意识、树立良好文明风尚的重要举措。本章介绍了节水宣传教育的背景意义，内容和方式以及近年来节水宣传教育实践等。

第一节 背景意义

党的十八大以来，习近平总书记提出"节水优先、空间均衡、系统治理、两手发力"治水思路，要求从观念、意识、措施等各方面都要把节水放在优先位置，强调要大力宣传节水和洁水观念，树立节约用水就是保护生态、保护水源就是保护家园的意识。党的十九大报告提出实施国家节水行动，党的二十大报告强调实施全面节约战略、推进各类资源节约集约利用，《中共中央办公厅、国务院办公厅关于全面加强资源节约工作的意见》要求加强水资源节约高效利用、提升全社会节水意识，节水上升为党和国家的重要战略部署。

节约用水贯穿经济社会发展全过程、各领域，是涉及千家万户的社会性工作、系统性工程，需要全社会成员共同行动、群策群力。近年来，通过水情教育、节水科普宣传，全民节水意识明显提高。但与高质量发展和现代化建设的要求相比，全社会的节水观念还不牢，节水意识还不强，节水知识与技能掌握还不够，人人参与、人人受益的文明风尚尚未形成，迫切需要全面系统地强化新形势下节水宣传教育工作，推进节水宣传教育理念、内容和方式创新，更好地体现时代性、把握规律性、富于创造性，助推形成节水型生产生活方式，促进绿色发展。

第二节　内容和方式

一、重点内容

（1）宣传解读节水方针政策。学习宣传习近平总书记关于节水重要讲话指示批示精神，广泛报道党中央、国务院有关节水重大决策部署。加强全面节约战略、国家节水行动、节水型社会建设、黄河流域深度节水控水行动、南水北调受水区全面节水、非常规水源利用等节水重大行动的宣传。做好节水重大政策、法规、制度、标准、规划的新闻发布和深度解读，加强宣传普及和跟踪报道，积极宣传节水服务保障民生方面的政策举措。

（2）广泛普及节水理念知识。持续加大我国基本水情宣传教育力度，积极传播节水和洁水观念，倡导"节水即减排""节水即治污"等理念，全面增强全社会水忧患意识、水危机意识、水安全意识。聚焦公众生产生活中各类用水场所、各个用水环节和各种用水行为，通俗地向全民宣传普及节水知识和技巧，推广《公民节约用水行为规范》，引领公众养成良好用水习惯，培育节水文化和道德文明。加大节约光荣、浪费可耻理念的宣传报道力度，弘扬先进典型，曝光浪费现象，宣讲处罚措施。

（3）推介展示节水工艺技术。公开发布国家鼓励使用的节水工艺、技术、装备目录，开展线上线下技术交流、观摩和展示，加强节水创新示范基地建设，大力宣传推广成熟适用节水技术，重点宣传用水精准计量、水资源高效循环利用、精准节水灌溉控制、管网漏损监测智能化、非常规水源利用等关键技术。加大对节水技术产品推广应用的宣传力度，支持举办节水技术产品展销会、交易会、博览会等展会活动。

（4）宣传报道节水经验成效。持续采访报道全国各地在用水总量强度双控、农业节水、工业节水、城镇生活节水、公共机构节水、非常规水源利用等方面的经验和成效，特别是在强化节水管理手段、创新管理方式、建立激励约束机制等方面的有效做法。宣传推广节水载体创建先进经验模式，积极吸收借鉴国外先进节水管理经验，示范带动各行业领

285

域节水。深入挖掘重大活动、重要事件和典型人物背后的节水故事，宣传发生在群众身边的公民节水生动事例，引导公众积极参与节水实践。

二、主要方式

（1）夯实主流媒体宣传阵地。发挥主流媒体的导向作用，中央和地方主流媒体把节水列入年度公益宣传计划，定期刊播节约用水公益广告。在行业媒体开辟节水专栏，跟踪报道节水工作动态。策划节水主题新闻采访，联合新闻媒体举行节水系列专题访谈，组织媒体采访团深入基层一线开展系列采访报道，挖掘各地节水典型案例。

（2）构建融媒体宣传矩阵。主动适应"互联网＋"发展趋势和分众化、差异化的传播趋势，构建报刊、广播、电视等传统媒体与互联网、手机、数字电视等新媒体深度融合的节水宣传矩阵，形成线上、线下全景式立体化传播的"融媒体＋节水"宣传模式，实现重大信息传播同频共振。集中力量做强做优做大节水政务新媒体主账号，办好节水门户网站，开通主要社交媒体节水官方账号，保证信息发布时效和内容质量。

（3）抓好精准化现场宣传教育。发挥现场"面对面"宣传教育活动针对性强、互动性好的优势，采用主题宣讲、咨询解答、知识竞赛、展览展示、文艺演出、沉浸体验、体育竞赛等群众喜闻乐见的形式，深入基层一线开展节水宣传教育和志愿服务活动。结合重要时间、重点行动、重大事件，举办节水新闻发布会、节水主题展览和专项推广活动。加大节水知识技能培训和经验技术交流力度，提高社会公众节水实践能力。

（4）打造节水宣传教育品牌活动。结合世界水日、中国水周、城市节水宣传周、全国科普日、全国科技活动周等重要节点，策划开展形式多样、各具特色的节水主题活动，办好全国节水创新发展大会，规范举办中国节水论坛，推动节水载体建设，开展工业园区、企业废水循环利用试点示范，推进"节水中国 你我同行"联合行动，举办全国节约用水知识大赛，组织"节水中国行"主题采访，开展县委书记谈节水活动等，集中力量打造具有全国或区域影响力的品牌活动，辐射带动社会各界踊跃开展节水活动。各地结合实际，开展具有地方和民族特色的节水宣传教育活动。

（5）拓展节水宣传教育载体。倾力打造节水科普云展馆，编著通俗易懂的节水系列科普书籍，通过互联网权威发布节水科普词条。组织拍摄全国节水专题宣传片，制作或征集节水主题海报、口袋书、短视频、微动画等宣传品。健全节水信息报送制度，定期编发节水信息专报。推动节水与中华优秀传统文化、革命文化和社会主义先进文化有机结合，编著节水主题网络文学、动漫、有声读物等文学作品，引导市场主体生产销售节水文创产品，鼓励创作水危机题材的电子游戏和电影、戏剧、音乐、舞蹈、绘画、雕刻等，将节水元素融入文艺精品，增强节水宣传教育内容载体亲和力。依托具备条件的涉水工程、设施、场所和节水载体，建设一批节水教育社会实践基地和科普场馆，发挥水博物馆、水科技馆、水文化馆、重大水利工程、水利遗产的水情教育作用，为社会公众学习体验节水文化提供窗口平台。

三、主要面向人群

（1）党员干部。开展节水宣传进机关活动，组织建设节水型单位（机关）。推动将节水纳入各级党校（行政学院）和各类干部教育培训院校教学计划，提倡领导干部带头宣讲节水，使各级干部进一步树立节水护水观念，增强水忧患意识和水危机意识。编制节水教育培训教材，加强干部职工节水业务培训，结合精神文明建设，引导党政机关干部职工树立节水意识，发挥良好示范带头作用。

（2）在校学生。开展节水宣传进校园活动，组织建设节水型单位（学校）。将节水纳入中小学教育教学活动安排，根据不同阶段学生年龄特点和接受能力，加强节水理念知识普及，培养良好的用水行为习惯。推进水资源节约与保护学科建设，加强高校节水相关专业人才培养，推进节水职业教育发展。鼓励在校学生积极参与节水社会实践活动，组建青少年节水护水志愿服务队，教育引导中小学生和学龄前儿童弘扬节水美德，从小养成节水好习惯。

（3）用水大户。开展节水宣传进企业、进灌区活动，以高耗水工业和服务业为重点组织建设节水型企业，深入推进节水型灌区建设。将节水纳入相关职业教育培训课程体系，组织开展针对重点用水单位负责人、水务经理和管水员的节水公益培训。深入企业、灌区等用水大户开展节水政策技术讲座，大力宣传推广节水减排、节水增效的先进管理经验、成熟适用技术和惠企利企政策，引导其落实用水定额和计划用水管理要求，履行节约用水社会责任。倡导用水大户自主开展"我讲节水"等宣讲活动。

（4）城市居民。开展节水宣传进社区活动，组织建设节水型小区。围绕城镇节水降损，联合城市街道和社区管理机构加强节水宣传和节水型生活用水器具推广，制作发放简明易懂的居民生活节水指南，向社区居民科普生活节水常识，传授节约用水小窍门，宣讲阶梯水价、水效标识、节水器具补贴等政策，激励引导居民购买或换装节水器具。国家节水型城市发挥示范引领作用。

（5）农村居民。开展节水宣传进农村活动，组织建设节水型村庄。推动乡镇政府履行主体责任，发挥农村各类基层组织作用，将节约用水写入村规民约，通过进村入户、广播会、村级动员会、党员座谈会等方式，向农村居民宣传节水方针政策，科普节水减排理念和生活节水常识。举办农业节水知识技能培训班，编发农业农村节水科普读物，传授渠道防渗、管道输水、喷灌、滴灌等节水灌溉技术，以及水肥一体化、覆盖保墒等农业节水技术。

四、宣传教育机制

（1）建立协调联动机制。发挥节约用水协调机制作用，各部门及群团组织加强协作，发挥部门职能作用，推进媒体资源共享，使节水宣传教育有效覆盖各用水行业和领域。加大对各类社会组织举办节水公益活动的支持力度，发挥科技协会、志愿者协会的示范引导作用等，督促重点用水行业协会加强行业自律管理。

（2）健全公众参与机制。加强节水政务信息公开，扩大公开范围，畅通公众监督、舆论监督渠道。拓宽公众参与途径，鼓励开展用水管理岗位创建活动，发掘群众身边的节水先进人物事迹，支持志愿者、社区工作者开展节水宣传教育工作，激发社会各界关注节水、宣传节水的热情。完善公众参与制度，探索以公众需求为导向的"订单式"宣传教育机制，通过群众点单方式制作有针对性的宣教产品。

（3）完善常态长效机制。推动把节水作为生态文明建设、精神文明创建以及国民素质教育的重要内容，纳入国家和地方宣传工作计划，使节水宣传教育融入群众日常学习、生产和生活。推广全国统一使用的节水标志、吉祥物、主题歌曲和行为规范，提升节水宣传教育标准化水平。探索组建由节水有关专家和管理人员组成的节水讲师团，实行宣讲内容与形式"课堂化"，设立巡回宣讲"移动课堂"。加大政府购买节水宣传教育公共服务力度，培育专业化的第三方服务市场。

第三节　实　践　进　展

一、重点举措

近年来，水利部持续加大节水宣传教育力度，与有关部门、中央媒体和地方水利部门密切协作，面向全社会开展节水公益宣传和科普教育活动，各地对节水重要性的认识不断提高，公众节水观念意识不断增强，全社会爱护水、节约水的良好风尚正逐步形成。

一是组织主流媒体加强节水宣传。开展"节水中国行""水生态文明建设"等系列主题深度采访报道，《人民日报》、新华社等中央媒体每年发布节水相关报道 100 篇以上，今日头条、澎湃新闻等新闻客户端发稿1000 多篇，水利行业媒体和省级媒体每年发布 6000 篇以上，央视多频道连续多年播出节水公益广告，使公众对节约用水常听常看、耳濡目染。高质量办好全国节水办官网、官微和"节水中国"网站等宣传门户，组织各部门、各地、各流域报送节水信息，畅通新闻素材供给渠道。

二是联合多部门开展节水宣传。与中宣部、中央文明办、教育部等印发《"十四五"全国水情教育规划》《公民节约用水行为规范》《关于开展节约用水主题宣传教育活动的通知》等重要文件，深入开展节水宣传教育、节水科普行动，10 部门联合开展行为规范宣传普及活动，连续多年举办全国科普日节水科普展，在中职教育、高职专科、高职本科增设节水相关专业，在职业分类大典中设立"节水工程技术人员"新职业，持续推动将节水融入百姓日常工作生活。

三是办好节水宣传品牌活动。连续举办全国节水创新发展大会、中国节水论坛，持续开展县委书记谈节水活动，组织各地中小学评选节水大使。举办全国节约用水知识大赛，2019年、2021年两届大赛答题分别达到557万人次、2482万人次。举办"节水中国　你我同行"联合行动、"节水在身边"短视频征集活动，单次活动相关话题在短视频平台播放量屡屡突破10亿次，在社会掀起一波接一波宣传热潮。

四是发动全社会广泛参与节水实践。结合世界水日、中国水周等时间节点，持续全面推动节水宣传进机关、进校园、进社区、进企业、进农村活动，全国每年开展节水宣传"五进"活动超过3000批次，依托国家级、省级、市级水情教育基地开展节水科普教育，建设了一批节水教育社会实践基地和节水科普场馆，每年接待参观者超千万人次，使节水宣传教育日益深入群众。

五是建立常态长效宣教机制。联合中央精神文明建设办公室、国家发展改革委、教育部、工业和信息化部、住房城乡建设部、农业农村部、广电总局、国管局、共青团中央、中国科协等10部门印发《关于加强节水宣传教育的指导意见》，着力构建节水大宣教工作格局。创造发布全国节水标识、全国节水吉祥物"霖霖"形象、全国节水主题歌曲《节水中国》。建立全国节约用水信息专报机制，按月印发《全国节约用水信息专报》，促进各地相关部门节水信息交流。

二、典型案例

（一）发布《公民节约用水行为规范》并广泛宣传

为增强全民节约用水意识，引领公民践行节约用水责任，推动形成节水型生产生活方式，保障国家水安全，促进高质量发展，2021年12月9日，水利部、中央文明办、国家发展改革委、教育部、工业和信息化部、住房城乡建设部、农业农村部、国管局、共青团中央、全国妇联10部门联合发布《公民节约用水行为规范》（以下简称《行为规范》），从"了解水情状况，树立节水观念""掌握节水方法，养成节水习惯""弘扬节水美德，参与节水实践"3个方面对公众的节水意识、用水行为、节水义务提出了朴素具体的要求。《行为规范》着力聚焦节水细节，注重培养节水习惯，尤其是考虑到全国各地地理气候条件、生活习惯大不相同，南北方、东西部以及城市、乡村在用水观念和用水习惯上存在着显著差异。《行为规范》从多数人的用水习惯出发，将节水责任、节水义务与公众日常的实际用水情况相结合，注重实施的可行性，保证措施的朴实性和可操作性。如《行为规范》中提出了不用长流水解冻食材、正确使用坐便器大小水按钮等诸多细致、可行的节水建议。以此推动全社会养成节约用水习惯，逐步形成节水型生产生活方式。

为向社会公众深入普及《行为规范》，提升全民节水意识，2022年，水利部、中央文明办、国家发展改革委、教育部、工业和信息化部、住房城乡建设部、农业农村部、国管局、共青团中央、全国妇联等10部门联合举办了《行为规范》主题宣传活动。活动以"积极践行《公民节约用水行为规范》"为主题，于"中国水周"期间在全国各地集中开展并贯穿全年，活动内容包括举办活动启动仪式、举办专项联合行动、开展系列宣传普及活动等。各级水利、文明办、发展改革、教育、工信、住建、农业农村、机关事务、共青团、妇联等部门按照活动安排，全面做好组织推动和宣传实施工作，广泛发动志愿者和社会公众参与，取得良好宣传效果。活动期间，10部门联合举办了活动启动仪式，通过现场或直播方式观看启动仪式人数达11万人次；开展2022年"节水中国　你我同行"联合行动专项活动，各地各单位在"节水中国"网站活动专区发布节水活动5664个，观众点赞量超过3亿人次；举办第三届"节水在身边"短视频大赛，参赛作品达52万部，抖音平台大赛话题播放量达16亿次；在"学习强国"平台推出《行为规范》专项答题，参与达3138万人次。各地推动《行为规范》宣传进机关、进校园、进企业、进社区、进农村，共开展节水宣传"五进"活动近8000个。

公民节约用水行为规范

第一条　了解水情状况，树立节水观念。懂得水是万物之母、生命之源，知道水是战略性经济资源、控制性生态要素，明白节水即开源增效、节水即减排降损；了解当地水情水价，关注家庭用水节水。提升节水文明素养，履行节水责任义务；强化节水观念意识，争当节水模范表率；以节约用水为荣，以浪费用水为耻。

第二条　掌握节水方法，养成节水习惯。按需取用饮用水，带走未尽瓶装水；洗漱间隙关闭水龙头，合理控制水量和时间；洗衣机清洗衣物宜集中，小件少量物品宜用手洗；清洗餐具前擦去油污，不用长流水解冻食材；正确使用大小水按钮，不把垃圾扔进坐便器；洗车宜用回收水，控制水量和频次；浇灌绿植要适量，多用喷灌和滴灌。适量使用洗涤用品，减少冲淋清洗水量；家中常备盛水桶，浴前冷水要收集；暖瓶剩水不放弃，其他剩水再利用；优先选用节水型产品，关注水效标识与等级；检查家庭供用水设施，更换已淘汰用水器具。

第三条　弘扬节水美德，参与节水实践。宣传节水洁水理念，传播节水经验知识；倡导节水惜水行为，营造节水护水风尚。志愿参与节水活动，制止用水不良现象；发现水管漏水，及时报修；发现水表损坏，及时报告；发现水龙头未关紧，及时关闭；发现浪费水行为，及时劝阻。

（二）建立全国节约用水信息专报机制

为贯彻落实习近平总书记"节水优先、空间均衡、系统治理、两手发力"治水思路，大力推动实施国家节水行动的，落实节约用水工作部际协调机制会议精神，2022年4月15日，《全国节约用水信息专报》（以下简称《专报》）第1期印发（见图11-1）。《专报》旨在及时反映全国节水工作动态，促进各部门各地区信息交流，推动节约用水工作全面深入开展。《专报》围绕节约用水工作的重要政策、重点行动、重大活动与重要成效进行编排，开设"中央精神""部委（行业）动态""地方实践"等专栏，其中，"中央精神"专栏主要介绍中央领导同志关于节水工作的最新重要讲话指示批示精神和中央有关节水的重大战略；"部委（行业）动态"主要反映各部门各行业节水工作最新动态；"地方实践"主要报道各地节水工作进展与经验。《专报》原则上每月编制一期，发送范围包括节约用水工作部际协调机制成员单位，各省（自治区、直辖市）人民政府办公厅、新疆生产建设兵团办公厅，水利部领导、各总师以及部机关各司局和部直属各单位，各省级水行政主管部门。截至2023年7月，《专报》已经累计发刊16期共197篇文章。

全国节约用水信息专报

第 1 期

（总第 1 期）

全国节约用水办公室　　　　　　　　　　2022 年 4 月 15 日

　　编者按：为贯彻落实习近平总书记提出的"节水优先"方针和中央节水重大决策部署，实施国家节水行动，根据 2022 年节约用水工作部际协调机制全体会议精神，全国节约用水办公室即日起编制《全国节约用水信息专报》，旨在及时反映全国节水工作动态，促进各部门各地区信息交流，推动节约用水工作全面深入开展。

　　专报内容拟围绕节约用水工作的重要政策、重点行动、重大活动与重要成效进行编排，开设"中央精神""部委（行业）动态""地方实践"等专栏。欢迎大家积极报送反映本部门本地区节水工作重要进展的信息以及提出对专报编制的改进建议。

—1—

图 11-1　全国节约用水信息专报

（三）举办全国节水创新发展大会

2022 年 11 月 17 日，全国节约用水办公室、广东省水利厅、深圳市人民政府联合主办，广东省节约用水办公室、深圳市水务局、广东省水利水电科学研究院承办，首届全国节水创新发展大会通过"线上＋线下"形式在北京、深圳两地成功举办。大会以"节水优先、产业驱动、绿色发展"为主题，旨在总结贯彻"节水优先、空间均衡、系统治理、两手发力"治水思路取得的成效及经验，分享节水最佳实践，学习国内外先进节水理念、技术和产品，研讨节水产业重点发展方向，加速推进节水型社会建设。大会在第二十四届高交会平台下设全国节水高新技术成果展，首届展会参展企业达 46 家，项目现场签约金额 9.5 亿元。

（四）举办全国节约用水知识大赛

全国节约用水办公室联合有关部门在 2019 年、2021 年和 2023 年举

293

办了三届全国节约用水知识大赛，通过开展集知识性、实用性、趣味性、科普性于一体的竞赛方式，进一步普及节约用水知识，引导社会公众参与，寓教于赛，以赛促学，进一步增强社会公众的节水意识和能力，推动节水型社会建设。大赛期间，全国节水办出版《节约用水知识读本》，编制大赛题库，向社会公众普及中国基本水情、节水基本知识、国外节水经验做法、节约用水行为规范等，重点让公众了解什么是节水、为何要节水、怎么节水；线上在水利部官网大赛专题和大赛抖音账号上，每天推出10道练习题，持续更新30天。大赛得到社会广泛关注，《科技日报》、《农民日报》、人民网、澎湃新闻、搜狐网等多家媒体进行宣传报道。

（五）开展"节水中国 你我同行"联合行动

"节水中国 你我同行"联合行动由全国节水办主办、中国水利报社具体承办，自2021年起每年举办一届，活动旨在发动各地各行业开展丰富多彩、各具特色的节水宣传系列活动，并通过网络空间扩大活动影响力，营造节水护水的良好氛围。联合行动在全国范围内以跨地区、跨层级、跨行业、线上线下联动的方式开展，活动期间在"节水中国"网开设联合行动网络专区，为全国各地节水部门交流展示提供平台，根据每年的世界水日、中国水周主题，制作形式多样的宣传产品。联合行动得到了社会各界的广泛参与，2022年活动启动仪式通过抖音短视频平台同步直播，观看人数达到11.1万次，《人民日报》、新华社、央视、《科技日报》、《中国水利报》等媒体进行了现场采访报道；全国5528家单位组织《公民节约用水行为规范》主题宣传活动5664个，"节水中国"网站网络专区点赞量超过3亿人次，快手"节水中国 你我同行"话题视频总播放量达21.5亿次，"学习强国"平台推出的专项答题参与达3138万人次。

（六）举办"节水在身边"短视频大赛

"节水在身边"短视频大赛由全国节约用水办公室、水利部国际合作与科技司作为指导单位，中国水利学会、中国水利水电出版传媒集团、水利部宣传教育中心、水利部节约用水促进中心、水利部水利风景区建设与管理领导小组办公室、水利部科技推广中心联合主办。2020年，首届大赛在各方共同努力下，征集参赛作品5.2万部，视频累计播放量2.2亿次。2021年，第二届大赛围绕"节约用水"主题，面向全国公开征集作品，赛事受到社会广泛关注和欢迎，快手平台播放量达到2.4亿，共收到1.2万份作品。2022年，第三届"节水在身边"短视频征集活动是《公民节约用水行为规范》主题宣传活动内容之一，最终征集作品超52万部，抖音短视频平台话题播放总量达到16.3亿次，活动受到社会广泛关注和欢迎。

（七）开展节水宣传"五进"活动

全国节水办每年组织各地开展节约用水进机关、进学校、进企业、进社区、进乡村"五进"宣传活动，持续推动节水宣传教育走进群众日常生产生活、贴近基层一线。节水宣传进机关，组织机关干部职工学习党中央、国务院关于节水的指示要求和《公民节约用水行为规范》，引导机关干部职工增强节水意识，养成节水习惯，大力营造机关人人参与节水的良好氛围。节水宣传进学校，组织各学校通过张贴宣传画、召开主题班会等形式，引导师生养成科学用水好习惯，带领学生树立良好的节水意识，养成良好的节水习惯。节水宣传进企业，深入企业发放节水宣传资料，为企业职工科普节水政策、知识、方法，鼓励引导企业积极开展节水技术改造，增强珍惜水、爱护水的责任感和使命感。节水宣传进社区，通过设立宣传咨询台、悬挂横幅、摆放知识展板、发放宣传手册、免费换装节水器具等形式，深入社区向居民宣传节约用水的意义、家庭节水小窍门、水资源保护相关法律法规等，并现场解答群众疑问，引导社区居民珍惜水资源、养成节水良好习惯。节水宣传进农村，压实乡镇（街道）水资源节约保护主体责任，向农村居民宣传节水方针政策，举办农业节水知识技能培训班，带动了百姓由"被动节水"向"主动节水"转变。据统计，2022年全国各地开展节水宣传"五进"活动3.4万次。

（八）举办中阿博览会水资源论坛

2021年8月18日，以"数字赋能水资源节约集约安全利用"为主题的水资源论坛在宁夏银川举办。这是水资源论坛首次被纳入中国—阿拉伯国家博览会，对于深化扩大中阿之间在水资源领域的交流合作，携手共建"绿色丝绸之路"具有重要意义。此次论坛以数字治水创新发展为重点，采取"线上＋线下，线上为主"的模式，旨在借助第五届中阿博览会的有利契机，传播中国治水理念，推动国际涉水领域学术交流合作，争取将论坛打造成节水与数字治水成果的展示平台、中国水利面向"一带一路"沿线国家的展示窗口和具有重要国际影响力的水事活动品牌。

【思考题】

如何创新节水宣传形式，进一步发挥宣传教育在节水工作中的重要作用，让"节水 惜水 爱水"的观念深入人心？

第十二章 节水监督管理与考核

【本章概述】

2012 年，国务院印发了《关于实行最严格水资源管理制度的意见》（国发〔2012〕3 号），实施最严格水资源管理制度考核，节水考核是重要内容；2014 年，习近平总书记在关于保障国家水安全的重要讲话中提出"把节水纳入严重缺水地区的政绩考核"；2019 年，经中央深改委审议通过的《国家节水行动方案》印发，要求"强化节水监督考核，严重缺水地区要将节水作为约束性指标纳入政绩考核"；2020 年，《中共中央关于制定国民经济和社会发展第十四个五年规划和二〇三五年远景目标的建议》要求"实施国家节水行动，建立水资源刚性约束制度"。近年来，水利部监督司会同全国节约用水办公室组织开展了一系列节约用水监管工作，通过开展大规模暗访督查和集中整治行动，发现和解决了问题，促进了节约用水工作的提升。本章介绍了节水监督考核的背景、组织实施、地方节水考核开展及重点监控用水单位监督管理等方面情况。

第一节 基 本 概 况

一、工作背景

（一）"3·14"讲话的要求

习近平总书记在"3·14"讲话中明确提出把节水纳入严重缺水地区的政绩考核。指出"在我们这种体制下，政绩考核还是必需的有效的，关键是考核内容要科学。我看要像节能那样把节水作为约束性指标纳入政绩考核，非此不足以扼制拿水不当回事的观念和行为。如果全国尚不具备条件，可否在严重缺水地区先试行，促使这些地区像抓节能减排那样抓好节水。"

（二）《国家节水行动方案》的要求

《国家节水行动方案》要求强化节水监督考核，明确"逐步建立节水目标责任制，将水资源节约和保护的主要指标纳入经济社会发展综合评价体系，实行最严格水资源管理制度考核。完善监督考核工作机制，强化部门协作，严格节水责任追究。严重缺水地区要将节水作为约束性指标纳入政绩考核。到 2020 年，建立国家和省级水资源督察和责任追究制度"。

《国家节水行动方案》要求强化节水监督管理。明确"严格实行计划用水监督管理。对重点地区、领域、行业、产品进行专项监督检查。实行用水报告制度，鼓励年用水总量超过 10 万 m^3 的企业或园区设立水务经理。建立倒逼机制，将用水户违规记录纳入全国统一的信用信息共享平台。到 2020 年，建立国家、省、市三级重点监控用水单位名录。到 2022 年，将年用水量 50 万 m^3 以上的工业和服务业用水单位全部纳入重点监控用水单位名录"。

（三）事中事后监管的要求

2019 年，国务院印发《国务院关于加强和规范事中事后监管的指导意见》（国发〔2019〕18 号），明确监管对象和范围，要求"严格按照法律法规和'三定'规定明确的监管职责和监管事项，依法对市场主体进行监管，做到监管全覆盖，杜绝监管盲区和真空"。2021 年，水利部办公厅印发《水利部办公厅关于印发加强和规范水利部本级、流域管理机构监管事项工作方案的通知》（办政法〔2021〕278 号），明确全国节水办负责对用水单位或个人节约用水行为的监管。

节约用水监督管理与考核工作是贯彻习近平总书记重要指示，落实《国家节水行动方案》和国务院关于加强和规范事中事后监管制度意见的具体要求。

二、组织实施

（一）监督体制

水利部统筹协调、组织指导全国节约用水监督工作，全国节约用水办公室负责具体实施。水利部节约用水促进中心协助全国节约用水办公室组织开展监督，承担节约用水监督具体工作和专项检查、重点督查任务。流域管理机构根据职责和授权，负责指定范围内的节约用水监督工作。地方各级水行政主管部门按照管理权限，负责本行政区域内的节约用水监督工作。

（二）监督职责

1. 全国节约用水办公室监督职责

（1）组织起草节约用水监督规章制度。

（2）组织节约用水监督，规划节约用水监督重点任务。

（3）组织开展实行最严格水资源管理制度考核节约用水部分考核。

（4）制定节约用水监督计划。

（5）研究监督检查发现的重大问题。

（6）研究监督检查发现问题的整改及责任追究。

（7）指导节约用水监督队伍建设。

（8）其他监督职责。

2. 水利部有关司局监督职责

（1）按照各自职责承担业务范围内的节约用水监督工作。

（2）组织指导开展监督检查和问题整改。

3. 节水中心监督职责

（1）起草、拟订节约用水监督规章制度。

（2）协助组织节约用水监督，拟订节约用水监督重点任务。

（3）协助开展实行最严格水资源管理制度考核节约用水部分的考核。

（4）拟订节约用水监督计划。

（5）负责重点监控用水单位名录管理及问题分析。

（6）对监督检查发现的重大问题提出建议。

（7）对监督检查发现问题提出整改及责任追究建议。

（8）开展节约用水监督工作抽查、专项飞检和重点督查。

（9）负责节约用水监督队伍建设具体工作。

（10）其他监督工作。

4. 流域管理机构监督职责

（1）负责指定范围内节约用水监督工作。

（2）配合全国节水办开展节约用水专项监督检查。

（3）配合全国节水办开展实行最严格水资源管理制度考核节约用水部分考核。

（4）核查问题整改情况。

（5）其他监督工作。

5. 地方各级水行政主管部门监督职责

（1）负责组织本辖区内的节约用水监督工作。

（2）对本级存在的问题进行整改。

（3）督促有关部门、用水单位落实问题整改。

（4）加强对重点监控用水单位的监督管理。

（5）组织指导本级和下级节约用水监督队伍建设。

（6）其他监督工作。

开展节约用水监督检查工作应组建督查组，实行组长负责制。督查组由承担节水监督职责的单位派出，成员由若干工作人员和技术专家组成。督查组具体执行监督检查任务，对发现的问题进行核实取证、分析判断，提出整改意见建议，形成督查报告。

督查组派出单位要对监督检查成果负责，务求事实清楚、定性准确，并及时汇总，按照要求提交相应主管部门。

三、节水考核开展情况

当前政绩考核主要分为两大类：一类由业务部门牵头实施，如最严格水资源管理制度考核，考核结果交由干部主管部门，作为对各省（自治区、直辖市）人民政府主要负责人和领导班子综合考核评价的重要依据；另一类由组织部门牵头实施，如高质量发展综合绩效评价。

（一）节水是最严格水资源管理制度考核的重要内容

2013年起，水利部会同国家发展改革委等9部门对各省、自治区、直辖市人民政府，实行最严格水资源管理制度考核，节水一直是其中的重要内容。近几年，为进一步贯彻落实中央对节水的有关要求，节水在最严格水资源管理制度考核中的比重不断提高。2020 年度，节约用水相关考核指标分值为北方 33 分、南方 30 分，分别占总分的 33%、30%。其中，目标完成情况 9～12 分（北方 12 分、南方 9 分），考核万元国内生产总值用水量、万元工业增加值用水量和农田灌溉水有效利用系数的目标完成情况；制度建设和措施落实情况 21 分，考核国家节水行动方案实施、用水强度控制、节约用水攻坚战推进、节约用水监管、节水型社会建设、非常规水源利用和节水宣传教育等节水制度措施落实情况。

1. 考核组织

水利部会同国家发展改革委、工业和信息化部、财政部、自然资源部、生态环境部、住房和城乡建设部、农业部、国家统计局等部门组成实行最严格水资源管理制度考核工作组（以下简称考核工作组），负责具体组织实施对各省、自治区、直辖市节水考核，形成年度或期末考核报告。考核工作组办公室（以下简称考核办）设在水利部，承担考核工作组的日常工作。

2. 考核程序

（1）发布年度考核工作通知。水利部商考核工作组各成员单位，于考核期内各年度 1 月发布年度考核工作通知，明确对上一年度或期末考核工作的具体安排。

（2）省级政府自查。各省级行政区人民政府组织开展自查，形成自查报告，于每年 3 月底前报国务院，并抄送水利部等考核工作组成员单位。

省级水行政主管部门会同相关部门将用于自查报告复核的相关技术资料同时报送水利部。

（3）核查和抽查。受考核工作组委托，考核办组织对省级行政区人民政府上报的自查报告和相关的技术资料进行真实性、准确性和合理性检验及核算分析。

在资料核查的基础上，考核工作组对各省级行政区进行重点抽查和现场检查。重点抽查内容包括对省级行政区人民政府上报的相关技术资料现场核对以及对重点用水户取用水量、用水效率、水功能区水质状况等进行实地检查。

(4) 形成考核报告。考核办综合自查、核查和重点抽查结果，提出各省级行政区年度或期末考核评分和等级建议，形成年度或期末考核报告，经考核工作组审定后，由水利部在每年 6 月底前上报国务院。

3. 考核评分

考核评定采用评分法。

(1) 年度考核评分。各年度考核得分为目标完成、制度建设、措施落实和其他情况分值之和，其他情况作为加分事项和"一票否决"事项。

(2) 期末考核评分。期末考核总分由各年度考核平均得分（不包括期末年）和期末年考核得分加权，分值保留整数。其中年度考核平均得分权重占 50%，期末年考核得分占 50%。计算公式为：期末考核总分＝各年度考核平均得分×50%＋期末年考核得分×50%。

(3) 考核等级确定。根据年度或期末考核的评分结果划分为优秀、良好、合格、不合格四个等级。

4. 考核结果使用

(1) 考核结果公告与使用。月年度、期末考核结果经国务院审定后向社会公告，并交由干部主管部门，作为对各省级行政区人民政府主要负责人和领导班子综合考核评价的重要依据。

(2) 奖励与表彰。对期末考核结果为优秀的省级行政区人民政府，国务院予以通报表扬，有关部门在相关项目安排上优先予以考虑。对在水资源节约、保护和管理中取得显著成绩的单位和个人，按照国家有关规定给予表彰奖励。

(3) 整改检查。年度或期末考核结果不合格的省级行政区人民政府，要在考核结果公告后 1 个月内，向国务院作出书面报告，提出限期整改措施，同时抄送水利部等考核工作组成员单位。

整改期间，按照《考核办法》相关规定执行。

(4) 追究责任。对整改不到位的，由相关部门依法依纪追究该地区有关责任人员的责任；对在考核工作中有瞒报、谎报、漏报等弄虚作假行为的地区，予以通报批评，对有关责任人员依法依纪追究责任。

（二）节水指标纳入高质量发展综合绩效评价体系

党的十八大以来，党中央对高质量发展绩效考核提出了新要求。

2020年，中办、国办印发《高质量发展综合绩效评价办法》，明确在国家层面实施高质量发展综合绩效评价。同年10月，中组部印发《关于改进推动高质量发展的政绩考核的通知》，要求聚焦推动高质量发展优化政绩考核内容指标，明确指出高质量发展综合绩效评价是地方政绩考核的重要组成部分。

为强化新形势下的节水考核，水利部积极与中组部、国家发展改革委、国家统计局沟通协调，将节水主要指标（单位地区生产总值用水量）纳入了高质量发展综合绩效评价体系。

第二节　监督管理

通过开展节约用水监督管理与考核工作，发现了一些节约用水领域存在的突出问题，节水监管硬约束作用逐步强化，各级水行政主管部门节水管理工作逐步规范严格，用水单位的用水行为更加规范。

一、节水监督管理的主要内容

（一）节约用水监督主要事项

节约用水监督主要事项包括：国家节水行动方案实施、用水强度控制、节水型社会建设、重点监控用水单位监督管理、用水定额管理、计划用水管理、节水监督管理、节水宣传教育、其他节约用水重大决策部署、重点工作任务落实情况等，以及用水单位的节约用水情况。

（二）节约用水监督主要内容

1. 国家节水行动方案实施监督主要内容

建立省级节约用水工作协调机制。包括机制建立情况，协调解决节水工作中的重大问题情况；省级节水行动方案中各项措施的落实情况。

2. 用水强度控制监督主要内容

年度用水总量是否超出控制指标；年度用水效率降幅是否达到年度目标值；用水强度控制落实情况，包括省、市、县三级行政区域用水强度控制指标体系分解及执行情况。

3. 节水型社会建设监督主要内容

县域节水型社会达标建设年度目标任务完成情况。包括各省（自治区、直辖市）县域节水型社会达标建设实施计划明确的年度目标任务完成情况；节水法规和规划等制定出台情况。包括省级节水法规规章等制定和执行情况，以及省级节水规划制定情况；公共机构节水型单位建设情况；节水型学校建设情况；节水型企业建设情况，包括火电、钢铁、纺织、造纸、石化和化工等高耗水行业节水型企业建设情况；节水型小区建设情况；节水型灌区建设情况；节水载体建设信息登记管理情况；非常规水源利用情况（纳入水资源统一配置情况）。

4. 重点监控用水单位监督管理主要内容

重点监控用水单位名录管理情况；用水计量和监控情况；推进用水在线监控情况；计划用水管理和用水定额执行情况；用水统计和数据报送情况；水平衡测试和节水措施落实情况；节水型单位建设情况。

5. 用水定额管理监督主要内容

按照省级用水定额评估意见等要求的整改情况；省级用水定额制定及修订情况；省级用水定额的应用执行情况（在取水许可、建设项目水资源论证、规划和建设项目节水评价、计划用水管理中用水定额的应用情况）。

6. 计划用水管理监督主要内容

年度用水计划下达是否规范（下达文件是否符合有关规定）；纳入取水许可管理的用水户，对比检查许可量和计划量情况（是否存在流于形式的情况）；用水定额作为下达用水计划主要依据情况；未纳入取水许可管理的用水户，计划用水审批量和实际用水量的对比检查（水源、水量等）；公共管网内非居民用水户纳入计划用水管理情况（是否有制度规定，纳入比例）；纳入计划用水管理的用水单位数量，及实际与下达年度用水计划的单位占比；用水单位超计划、超定额处罚［加价收费（税）］情况。

7. 节水管理监督主要内容

节水监督检查情况。包括节水监督检查年度措施落实、年度节水重点任务自查和抽查发现问题整改落实等情况；重点监控用水单位用水情况，包括国家、省、市三级重点监控用水单位名录建设及用水情况；规划和建设项目节水评价工作开展情况，包括规划和建设项目节水评价制度落实情况，项目登记和台账建立情况；节水设施"三同时"制度落实情况；公共供水管网漏损控制情况；各地政府将节水纳入政绩考核情况；严重缺水地区将节水作为约束性指标纳入政绩考核情况，包括节水指标作为约束性指标纳入市、县级行政区政绩考核情况；问题整改情况；由水利部针对监督发现的主要问题下发的"一省一单"的整改落实情况。

8. 节水宣传教育监督主要内容

组织推动节水主题宣传教育活动情况；节水宣传教育措施制定和落实情况，在关键节点节水形势宣传情况；节水进机关、进校园、进小区等宣传教育活动开展情况。

9. 其他节约用水管理重大决策部署、重点工作任务落实情况等

10. 用水单位节约用水监督主要内容

计划用水制度执行情况；用水定额标准执行情况；节约用水管理情况；非常规水源利用情况；用水计量设施建设与运行管理情况；节约用水宣传教育工作开展情况。

二、节水考核主要内容

2020 年度，节约用水相关考核指标分值为北方 33 分、南方 30 分，分别占总分的 33％、30％。其中，目标完成情况 9～12 分（北方 12 分、南方 9 分），考核万元国内生产总值用水量、万元工业增加值用水量和农田灌溉水有效利用系数的目标完成情况；制度建设和措施落实情况 21 分，考核国家节水行动方案实施、用水强度控制、节约用水攻坚战推进、节约用水监管、节水型社会建设、非常规水源利用和节水宣传教育等节水制度措施落实情况（见表 12-1）。

（一）目标完成情况（北方 12 分、南方 9 分）

1. 万元国内生产总值用水量降幅年度目标完成情况

考核省级行政区 2020 年度万元国内生产总值用水量降幅达到年度目标值的情况，南方地区 3 分，北方地区 4 分。其中，国内生产总值采用统计部门提供的相关数据，用水总量按照水资源公报口径核算，扣除河湖生态补水量和 98.5％的火（核）电直流冷却用水量。

表 12 - 1 2020 年度（"十三五"末）实行最严格水资源管理制度考核赋分细则（节约用水管理部分）

类别	考核指标或项目	分值	考核内容	考核方式	赋分细则
目标完成情况	用水效率控制目标（南方地区 9 分，北方地区 12 分）	9～12	万元国内生产总值用水量降幅完成情况，南方地区 3 分、北方地区 4 分	自查/核查	省级行政区 2021 年度万元国内生产总值用水量降幅达到年度目标值者，南方地区得 3 分、北方地区得 4 分。国内生产总值采用统计部门提供的相关数据。用水总量按照水资源公报口径核算，扣除河湖生态补水量和 98.5% 的火（核）电直流冷却用水量
			万元工业增加值用水量降幅完成情况，南方地区 3 分、北方地区 4 分		省级行政区 2021 年度万元工业增加值用水量降幅达到年度目标值者，南方地区得 3 分、北方地区得 4 分。工业增加值采用统计部门提供的相关数据。工业用水量按照水资源公报口径核算，扣除 98.5% 的火（核）电直流冷却用水量
			农田灌溉水有效利用系数年度目标完成情况，南方地区 3 分、北方地区 4 分		（1）工作开展情况，0.5 分。根据《农田灌溉水有效利用系数测算分析工作考评办法》（办农水〔2015〕196 号），考评结果 80 分（含）～100 分得 0.5 分；70 分（含）～80 分得 0.3 分；60 分（含）～70 分得 0.2 分；60 分以下得 0 分。（2）目标完成情况，2.5 分（南方地区）、3.5 分（北方地区）。省级行政区年度农田灌溉水有效利用系数达到本省前 3 年平均值及其以上得 2.5 分（南方地区）、3.5 分（北方地区）；低于前 3 年平均值得 0 分

续表

类别	考核指标或项目	分值	考 核 内 容	考核方式	赋 分 细 则
节约用水管理	国家节水行动方案推进	2	（1）省级节水行动方案确定的2020年各项目标任务完成情况。1分　（2）建立省级节约用水工作协调机制，协调解决节水工作中的重大问题情况。1分	自查/核查	（1）省级节水行动方案确定的2020年各项目标任务未完成的，扣0.5分，扣完为止。　（2）建立省级节约用水工作协调机制，得0.4分，否则不得分；协调解决节水工作中的重大问题，得0.6分，否则不得分。未建立省级节水工作协调机制，该项不得分
	用水强度控制实施	2	计划用水管理情况。包括用水户用水计划下达及执行情况，水资源超载地区（参照全国水资源承载能力评价结果）年对年用水量1万m³及以上工业企业用水计划全覆盖管理情况。1分	四不两直	计划用水覆盖率1分，抽查发现应下达用水计划而未下达的用水单位，每发现1家扣0.2分，扣完为止。水资源超载地区（参照全国水资源承载能力评价结果）年对年用水量1万m³及以上的工业企业用水计划管理实现全覆盖，该项不得分
			城市公共供水管网改造及漏损率下降情况。1分	自查/核查	按照要求开展城市公共供水管网改造，城市公共供水管网漏损率低于10%的省（自治区、直辖市），得1分，每高1个百分点，扣0.2分，扣完为止
	节约用水攻坚战	6.5	用水定额制修订及执行情况。包括省级用水定额制修订情况、用水单位定额执行情况。2分	四不两直	用水定额执行情况2分，每发现1家超定额用水的，扣0.2分，扣完为止。未按照省级用水定额评估意见全面进行整改的，该项不得分

续表

类别	考核指标或项目	分值	考　核　内　容	考核方式	赋　分　细　则
节约用水管理	节约用水攻坚战	6.5	节水评价开展情况。包括节水评价登记台账建立情况、节水评价规划或建设项目登记情况。2分	自查/抽查	规范建立节水评价登记台账2分、省级水行政主管部门未按要求建立节水评价登记台账的，该项未得分；存在应登记而未登记的规划或建设项目的，每发现1个单位扣0.2分、扣完为止
			节水型高校建设情况。包括节水型高校建设目标完成情况。1.5分	四不两直	完成本省高校用水情况调查工作、得0.5分，否则不得分。节水型高校建设达成率达到10%、得1分、未完成的按建设达成比例赋分
			水利行业节水机关建设情况。包括市、县两级节水机关建设目标完成情况。1分	自查/核查	完成市级节水机关建设年度目标任务、得0.6分、完成县级节水机关建设年度目标任务、得0.4分、未完成的分别按建设达成比例赋分
	节约用水监管	3	节水监督检查情况。包括省级节水监督检查年度计划方案制定实施情况、节水监督检查发现问题整改落实情况。1分	自查/核查	制定节约用水监督检查方案、得0.2分、否则不得分；组织开展以钢铁、宾馆、高校为重点的监督检查、得0.8分、否则不得分；未完成水利部节水监督检查发现问题同每个问题未整改落实、扣0.1分、扣完为止
			重点监控用水单位的监控情况。包括省、市两级重点监控用水单位名录建设情况、国家级重点监控用水单位数据信息核查情况。1分	四不两直	建立省级重点监控用水单位名录、得0.3分、否则不得分；建立市级重点监控用水单位名录、得0.3分、每发现1个未按要求建立市级重点监控用水单位名录的市、扣0.1分、扣完为止；完成国家级重点监控用水单位信息报送的、得0.4分、未完成的按报送比例赋分。每发现1个单位与报部信息不符的、扣0.1分、扣完为止。未完成省级名录中的单位主要用水信息与报部信息不符的、扣0.1分、扣完为止

续表

类别	考核指标或项目	分值	考核内容	考核方式	赋分细则
节约用水管理	节约用水监管	3	节水纳入政绩考核情况。包括严重缺水地区将节水作为约束性指标纳入政绩考核情况，其他地区将节水考核纳入市、县级政府政绩考核情况。1分。	自查/核查	严重缺水地区将节水作为约束性指标纳入政府政绩考核体系，得1分，否则不得分；其他地区将节水纳入市、县政府政绩考核体系，得1分，否则不得分
			县域节水型社会达标建设目标任务完成情况。包括各省（自治区、直辖市）完成节水型社会达标建设实施计划明确的年度目标任务完成情况。2分。	四不两直	完成"北方各省（自治区、直辖市）40%以上县（区）、南方各省（自治区、直辖市）20%以上县（区）"目标完成社会达标建设县（区）数量按比例赋分。截止2020年完成县域节水型社会达标建设县（区）数量按水利部公告数和2020年省级公示数之和计算
	节水型社会建设	3.5	(1) 综合性节水法规和出台财政支持政策等制定和执行情况，以及省级节水财政政策制定情况。0.5分。 (2) 节水型企业建设情况。包括钢铁、火电、纺织、造纸、石化和化工等规模以上高耗水行业节水型企业建设情况。0.5分。 (3) 节水型灌区建设情况。包括大中型灌区中投资计划完成情况，节水型灌区水效领跑者遴选申报工作情况。0.5分	自查/核查	出台省级节水法规规章，得0.3分，否则不得分；出台促进节水的财政补贴奖励政策等文件并实施的，得0.2分，否则不得分 按规模以上高耗水行业节水型企业建成率分档赋分：100%，得0.5分，90%以上100%以下（以上包括本数，下同），得0.45分；80%以上90%以下，得0.4分；以此类推。如无上述高耗水行业（自治区、直辖市），本项直接得分 完成大中型灌区续建配套年度中央投资计划的90%，得0.4分，否则不得分；直接投资到位的省份，未下达灌区水效开展组织申报工作的，得0.1分，否则不得分

类别	考核指标或项目	分值	考 核 内 容	考核方式	赋 分 细 则
节约用水管理	非常规水源利用情况	1.5	（1）将非常规水源纳入水资源统一配置情况。0.5分。 （2）非常规水源利用量较上年增加或当年用水量占比情况。0.5分。 （3）再生水利用率情况。0.5分	自查/核查	制定非常规水源开发利用相关规划或政策措施的，得0.5分，否则不得分 严重缺水地区非常规水源利用量较上一年度增加0.5亿m³以上，其他地区非常规水源利用量较上一年度增加0.1亿m³以上，或非常规水源利用量占用水总量的比例高于10%，得0.5分，否则不得分 辖区内缺水城市再生水利用率平均达到20%以上，京津冀地区再生水利用率平均达到30%以上，其他地区再生水利用率平均达到5%以上，得0.5分，每降低1个百分点，扣0.1分，扣完为止
	节水宣传教育	2.5	（1）在省级及以上报纸、电视台、电台等媒体开展节水专题宣传教育活动情况。1分。 （2）在学校开展节约用水主题宣传教育活动情况和落实情况，在关键节点节水形势宣传情况。0.5分。	自查/核查	在省级以上报纸、电视台、电台或门户网站对节水重点业务工作推进情况开展专项宣传报道，取得明显效果的，得1分，否则不得分 面向省内中小学开展节约用水主题宣传教育，并取得一定成效的，得1分，否则不得分 省级部门制定并发文落实节水宣传教育计划、方案或措施的，得0.2分，否则不得分；开展节水科普活动的，得0.1分，否则不得分；开展节水宣传教育活动有亮点或重点开展3次及以上的，得0.2分，否则不得分

310

2. 万元工业增加值用水量降幅年度目标完成情况

考核省级行政区 2020 年度万元工业增加值用水量降幅达到年度目标值的情况，南方地区 3 分，北方地区 4 分。其中，工业增加值采用统计部门提供的相关数据。工业用水量按照水资源公报口径核算，扣除 98.5% 的火（核）电直流冷却用水量。

3. 农田灌溉水有效利用系数年度目标完成情况

考核省级行政区年度农田灌溉水有效利用系数达到本省前 3 年平均值及其以上的情况，南方地区 3 分、北方地区 4 分。

（二）节约用水管理（21分）

1. 国家节水行动方案推进情况（2分）

一是考核省级节水行动方案确定的 2020 年各项目标任务完成情况（1分），每发现一项未完成的，扣 0.5 分，扣完为止。二是考核建立省级节约用水工作协调机制，协调解决节水工作中的重大问题情况（1分），建立省级节约用水工作协调机制，得 0.4 分，否则不得分；协调机制研究解决节水工作中的重大问题，得 0.6 分，否则不得分。未建立省级节水工作协调机制，该项不得分。

2. 用水强度控制实施情况（2分）

一是考核计划用水管理情况（1分），包括用水户用水计划下达及执行情况，水资源超载地区（参照全国水资源承载能力评价结果）年用水量 1 万 m³ 及以上工业企业用水计划全覆盖管理情况。抽查发现应下达用水计划而未下达的用水单位，每发现 1 家扣 0.2 分，扣完为止。水资源超载地区（参照全国水资源承载能力评价结果）未对年用水量 1 万 m³ 及以上的工业企业用水计划管理实现全覆盖的，该项不得分。二是考核城市公共供水管网改造及漏损率下降情况（1分），按照要求开展城市公共供水管网改造，城市公共供水管网漏损率低于 10% 的省（自治区、直辖市），得 1 分，每高 1 个百分点，扣 0.2 分，扣完为止。

3. 节约用水攻坚战（6.5分）

一是考核用水定额制修订及执行情况（2分），包括省级用水定额制修订情况，用水单位定额执行情况。每发现 1 家超定额用水的，扣 0.2 分，扣完为止。未按照省级用水定额评估意见全面进行整改的，该项不得分。

二是考核节水评价开展情况（2分）。包括节水评价登记台账建立情况，节水评价规划或建设项目登记情况。省级水行政主管部门未按要求建立节水评价登记台账的，该项不得分；存在应登记而未登记的规划或建设项目的，每发现1个扣0.2分，扣完为止。

三是考核节水型高校建设情况（1.5分）。完成本省高校用水情况调查工作，得0.5分，否则不得分；节水型高校建成率达到10%，得1分，未完成的按建成比例赋分。

四是考核水利行业节水机关建设情况（1分）。完成市级节水机关建设年度目标任务，得0.6分，完成县级节水机关建设年度目标任务，得0.4分，未完成的分别按建成比例赋分。

4. 节约用水监管（3分）

一是考核节水监督检查情况（1分）。包括省级节水监督检查年度计划方案制定实施情况，节水监督检查发现问题整改落实情况。制定节约用水监督检查方案，得0.2分，否则不得分；组织开展以钢铁、宾馆、高校为重点的监督检查，得0.8分，否则不得分。未完成水利部节水监督检查发现问题整改落实的，每发现1个问题未整改落实，扣0.1分，扣完为止。

二是考核重点监控用水单位的监控情况（1分）。建立省级重点监控用水单位名录，得0.3分，否则不得分；建立市级重点监控用水单位名录，得0.3分，每发现1个未按要求建立市级重点监控用水单位名录的市，扣0.1分，扣完为止；完成国家级重点监控用水单位信息报送的，得0.4分，未完成的按报送比例赋分。每发现1个国家级名录中的单位主要用水信息与报部信息不符的，扣0.1分，扣完为止。

三是考核节水纳入政绩考核情况（1分）。严重缺水地区将节水作为约束性指标纳入政府政绩考核体系，得1分，否则不得分；其他地区将节水纳入市、县政府政绩考核体系，得1分，否则不得分。

5. 节水型社会建设（3.5分）

一是考核县域节水型社会达标建设目标任务完成情况（2分）。完成"北方各省（自治区、直辖市）40%以上县（区）级行政区，南方各省（自治区、直辖市）20%以上县（区）级行政区建成县域节水型社会达标建设县（区）"目标任务情况，按建成比例赋分。截至 2020 年完成县域节水型社会达标建设县（区）数量按水利部公告数和 2020 年省级公示数之和计算。

二是考核综合性节水法规和出台财政支持政策等制定执行情况（0.5分）。出台省级节水法规规章，得 0.3 分，否则不得分；出台促进节水的财政补贴奖励政策等支持文件并实施的，得 0.2 分，否则不得分。

三是考核节水型企业建设情况（0.5 分）。按规模以上高耗水行业节水型企业建成率分档赋分：100%，得 0.5 分；90% 以上 100% 以下（以上包括本数，下同），得 0.45 分；80% 以上 90% 以下，得 0.4 分；以此类推。如无上述高耗水行业的省（自治区、直辖市），本项直接得分。

6. 非常规水源利用情况（1.5 分）

一是考核将非常规水源纳入水资源统一配置情况（0.5 分）。制定非常规水源开发利用相关规划或政策措施的，得 0.5 分，否则不得分。

二是考核非常规水源利用量较上年增加或占当年用水总量比例情况（0.5 分），严重缺水地区非常规水源利用量较上一年度增加 0.5 亿 m^3 以上，其他地区非常规水源利用量较上一年度增加 0.1 亿 m^3 以上，或非常规水源利用量占用水总量的比例高于 10%，得 0.5 分，否则不得分。

三是考核再生水利用率情况（0.5 分），辖区内缺水城市再生水利用率平均达到 20% 以上，京津冀地区再生水利用率平均达到 30% 以上，其他地区再生水利用率平均达到 5% 以上，得 0.5 分，每降低 1 个百分点，扣 0.1 分，扣完为止。

7. 节水宣传教育（2.5 分）

一是考核在省级及以上报纸、电视台、电台等媒体开展节水专题宣传情况（1 分）。在省级以上报纸、电视台、电台或门户网站对节水重点业务工作推进情况开展专题报道、专项宣传活动，取得明显效果的，得 1分，否则不得分。

二是考核在学校开展节约用水主题宣传教育活动情况（1 分）。面向省内中小学开展节约用水主题宣传教育，并取得一定成效的，得 1 分，否则不得分。

三是考核节水宣传教育措施制定和落实情况，在关键节点节水形势宣传情况（0.5分）。省级部门制定并发文落实节水宣传教育计划、方案或措施的，得0.2分，否则不得分；开展节水科普活动的，得0.1分，否则不得分；开展节水宣传教育活动有亮点或开展3次及以上的，得0.2分，否则不得分。

三、节水监督管理与考核的成效

节水监督管理与考核实施以来，坚持节水优先，实行水资源消耗总量和强度双控，提高节水意识，健全节水政策，提升设施能力，促进技术创新，强化监督管理，初步形成了政府推动、市场调节、公众参与的节水运行机制，全社会水资源利用效率持续提升（见图12-1），节水型社会建设取得显著成绩，完成了"十三五"规划确定的主要目标任务。

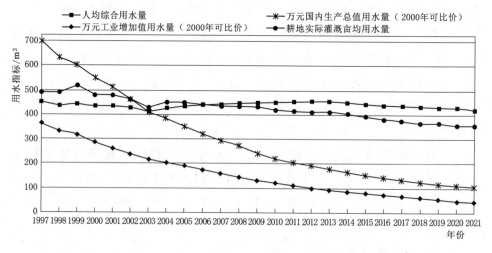

图 12-1　1997—2021 年全国主要用水指标变化图

"十三五"时期，我国万元国内生产总值用水量、万元工业增加值用水量分别下降28％、39.6％，农田灌溉水有效利用系数由0.536提高到0.565，城市公共供水管网漏损率降低至10％左右，全国用水总量总体维持在6100亿 m³ 以内。

与此同时，节水监督发现了一些典型问题，这些问题主要集中在水行政主管部门履职尽责方面存在的问题和用水单位用水行为方面存在的问题两方面,通过印发"一省一单"整改问题清单,促进了节约用水工作的整体提升。

(一)水行政主管部门

1. 用水总量、用水强度未有效控制

黄河流域某县区 2018 年超指标用水,2018 年该县区分配用水总量控制指标 2.00 亿 m^3,实际用水量 2.06 亿 m^3,超过分配水量 600 万 m^3。

2. 重点监控用水单位应纳未纳

某华北地下水超采治理区年用水量超过 1 万 m^3 的工业企业,未按照规定纳入重点监控用水单位名录。

黄河流域某严重缺水地区某钢铁公司 2020 年用水量 431 万 m^3,超过年用水量 50 万 m^3 的标准要求,未按照规定纳入重点监控用水单位名录。

长江流域某县市 7 家工业企业 2019 年用水量分别为 130.85 万 m^3、84.73 万 m^3、76.65 万 m^3、62.81 万 m^3、61.49 万 m^3、57.70 万 m^3、67.04 万 m^3,未按照规定纳入重点监控用水单位名录。

3. 用水定额执行不严格

(1)未按照用水定额核定用水计划。黄河流域某严重缺水地区某钢铁生产企业,在申请 2020 年用水计划时按照年产量 1560 万 t、吨钢取水量 3.12 m^3/t 进行申请,申请计划用水 11800 万 m^3,申请的计划用水量与取水许可水量一致。按照 1560 万 t 产量、吨钢取水量 3.12 m^3/t 计算,应批复水量为 7488 万 m^3,当地水行政主管部门实际批复计划水量 11800 万 m^3,未按照用水定额来核定用水计划,超批水量为 4312 万 m^3。

(2)水资源论证未正确使用用水定额。黄河流域某省区某医院申请办理取水许可,水资源论证报告使用《建筑给排水设计规范》定额计算水量,未使用该省区行业用水定额中的居民生活用水定额作为核算用水量依据,用水定额使用错误。

(3)用水定额先进值应用未用。西北某严重缺水地区,新改扩建项目水资源论证、节水评价未使用用水定额先进值。

4. 未开展节水评价工作

黄河流域某严重缺水地区某市下辖的 3 个区(县)未按要求开展节水评价工作,未建立相关的节水评价制度。

5. 计划用水制度未有效实施

（1）未对超计划（定额）用水单位予以处理。南方某地市 2019 年、2020 年均未对超计划用水单位予以处理，2019 年某水泥厂超计划用水 0.98 万 m^3，2020 年某建材生产企业超计划用水 26.52 万 m^3，均未采取超计划用水累进加价等措施。

（2）计划用水制度实行不严格。2019 年，对黄河流域某省区的 5 个县进行监督检查，5 个县均未对纳入取水许可管理之外的用水户实行计划用水管理。2021 年，对黄河流域某省区的 5 个县进行监督检查，5 个县均未实现年用水量 1 万 m^3 及以上工业、服务业企业纳入计划用水管理全覆盖。

（二）用水单位

1. 超定额用水

黄河流域某严重缺水地区某高校 2019 年、2020 年连续两年超定额用水。2019 年、2020 年用水量分别为 2159891m^3 和 1970392m^3，2019 年、2020 年非住宿生分别为 2885 人和 3000 人，住宿生分别为 25115 人和 25100 人，教职工分别为 3450 人和 3550 人，计算人均用水量分别为 81.87m^3/（人·a）和 74.64m^3/（人·a），该省区高校用水定额为 45m^3/（人·a），实际用水情况远超用水定额要求。

京津冀某严重缺水地区某宾馆 2019 年、2020 年连续两年超定额用水。2019 年床位数 940 张，床位出租率 55%，实际用水量 21.99 万 m^3，年单位床位用水量为 425m^3/（床·a）；2020 年床位数 940 张，床位出租率 33%，实际用水量 16 万 m^3，年单位床位用水量为 515.8m^3/（床·a）。两年用水均超国家定额和当地定额的要求。

2. 超计划用水

黄河流域某严重缺水地区某钢铁公司 2019 年取水许可量为 52 万 m^3，用水计划下达水量 120 万 m^3，实际取水量为 101.7343 万 m^3，2019 年超许可用水；2020 年取水许可量为 100 万 m^3，用水计划下达水量 80 万 m^3，实际取水量为 81.02 万 m^3，2020 年超计划用水。

黄河流域某省区某中学 2019 年下达年计划用水量 1 万 m^3，实际用水量 3.7014 万 m^3；2020 年下达年计划用水量 1 万 m^3，实际用水量 2.5676 万 m^3，连续两年超计划用水。

3. 用水计划执行不严格

北方某省区某重点监控用水单位月计划用水量未在管理机关备案。

京津冀某严重缺水地区某重点监控用水单位用水计划总量仅分解到季度，无月计划用水量。

4. 使用非节水器具

2020年，京津冀某严重缺水地区的5所学校使用国家明令淘汰的用水器具。

5. 使用自来水进行景观绿化

2020年，黄河流域某省区12家宾馆存在使用自来水进行景观绿化的情况。

第三节 重点监控用水单位

一、工作要求

为深入贯彻节水优先方针，加快落实党的十八届五中全会提出的实行水资源消耗总量和强度双控行动，按照实行最严格水资源管理制度和水污染防治行动计划的工作要求，2016年4月，水利部印发了《关于加强重点监控用水单位监督管理工作的通知》（水资源〔2016〕1号），就建立重点监控用水单位名录，加强取用水单位监督管理工作提出了要求，并公布了国家重点监控用水单位名录（第一批），共800家单位。文件强调重点监控用水单位监督管理以提高用水效率和控制用水总量为核心，以名录确定的取用水单位监管为重点，充分利用国家和地方水资源管理系统，强化取用水计量监控，完善取用水统计体系，加快实现取用水管理信息化、现代化，为最严格水资源管理制度考核、水资源消耗总量和强度双控提供技术依据和基础支撑。

2019年7月，水利部办公厅印发了《关于建立和完善重点监控用水单位名录的通知》（办节约〔2019〕151号），组织建立和完善重点监控用水单位名录，加强节约用水监督管理。文件对纳入名录范围、分级管理原则以及有关工作要求进行了规定。

2020 年 7 月，水利部印发了《关于公布国家级重点监控用水单位名录的通知》（水节约〔2020〕154 号），公布了国家级重点监控用水单位名录，并就有关工作提出了要求。

二、名录建设

（一）纳入名录范围

将年用水量 50 万 m³ 及以上的全部工业和服务业用水单位，具有专业管理机构的大型、5 万亩以上重点中型灌区，华北地下水超采治理区年用水量 1 万 m³ 及以上的全部工业企业用水单位纳入名录范围。

（二）分级管理原则

重点监控用水单位名录实行国家级名录和省、市级名录分级管理的原则。

国家级重点监控用水单位名录由各省级水行政主管部门按照相关要求报送，由水利部审核确定并进行公布。

省、市级名录由各省级水行政主管部门按照用水规模顺序，依据各地实际情况和监督管理要求，自行确定省、市两级重点监控用水单位名录分级管理原则，将国家级名录以外的其他用水单位全部纳入省、市两级名录。省、市两级名录确定后，由相应的水行政主管部门进行公布，并向上一级水行政主管部门备案。

（三）名录建设成果

国家级重点监控用水单位名录以盯紧重要用水行业、突出重点用水单位为原则，2020 年 7 月，经各地上报、水利部部复核，确定 1489 个用水单位纳入国家级重点监控用水单位名录，包括钢铁、石化化工等高耗水工业单位 821 个，高校、宾馆等高耗水服务业单位 288 个，大中型农业灌区 380 个，2018 年实际总用水量达 1200 多亿 m³，占全国总用水量的 20％左右。

三、监督管理要求

《水利部关于公布国家级重点监控用水单位名录的通知》（水节约〔2020〕154 号）就推进重点监控用水单位名录工作提出了具体要求。

（一）建立省、市两级名录

各省级水行政主管部门要按照分级管理原则，组织建立完善省、市两级重点监控用水单位名录，省、市两级名录确定后，由相应的水行政主管部门进行公布，并向上一级水行政主管部门备案。

（二）严格节约用水管理

地方各级水行政主管部门要对重点监控用水单位严格实行计划用水管理，使用用水定额核定用水计划，发挥用水定额的刚性约束和引导作用。实行用水报告制度，鼓励年用水总量超过 10 万 m^3 的企业设立水务经理。

（三）加强监督检查

水利部将制定重点监控用水单位管理办法，定期开展专项监督检查。地方各级水行政主管部门要会同有关部门根据职责分工，加强重点监控用水单位节水管理和日常监管，督促其严格执行节约用水有关规定，落实各项节水措施。

（四）强化用水监控

地方各级水行政主管部门要督促重点监控用水单位强化用水计量监控，推进用水在线监控。各省级水行政主管部门负责组织填报国家级重点监控用水单位的年计划用水量、实际用水量等相关监控信息，并于下一年度 3 月底前通过国家水资源信息管理系统节约用水管理数据平台填报。

（五）强化用水单位节水管理

地方各级水行政主管部门要引导重点监控用水单位建立节水管理制度，明确节水目标责任，提高节水水平和用水效率，争当本行业水效"领跑者"，发挥节水示范带动作用，为实现水资源节约集约利用、推进高质量发展作出更大贡献。

第四节 节 水 考 核

一、最严格水资源管理制度考核

根据国家实行最严格水资源管理制度考核有关要求，各省、自治区、直辖市均制定了本行政区域内实行最严格水资源管理制度考核办法，并逐级开展考核。各地节约用水相关考核指标涵盖了用水效率控制和农业、工业、城镇生活等领域节水制度建设和措施落实情况。各地节水指标所占比重大部分在 30% 左右，其中，北京、山西、宁夏、上海、浙江、重庆 6 个省份在 40% 以上。

（一）考核组织

根据国家实行最严格水资源管理制度有关要求，各省（自治区、直辖市）也对市、县开展了最严格水资源管理制度考核。其中，黑龙江、广东、四川、云南、甘肃 5 个省由省级党委政府组织考核，北京、天津等 26 个省（自治区、直辖市）由政府相关部门组织考核（见表 12-2）。

表 12-2　　　　　　　　各地考核组织方式情况表

考核方式	省级党委政府（办公厅）组织	政府相关部门组织
省级行政区	黑龙江、广东、四川、云南、甘肃	北京、天津、河北、山西、内蒙古、辽宁、吉林、上海、江苏、浙江、安徽、福建、江西、山东、河南、湖北、湖南、广西、海南、重庆、西藏、陕西、贵州、青海、宁夏、新疆
合计	5 个	26 个

（二）考核内容

参照国家实行最严格水资源管理制度考核内容和模式，各地节约用水相关考核内容和指标涵盖了水资源开发利用控制、用水效率控制以及工业、农业、城镇等用水领域。其中，北京市根据各区不同功能定位和实际情况，分首都功能核心区、城市功能拓展区、城市发展区、生态涵养发展区四类分别设置了节水考核指标和权重标准。宁夏回族自治区结合实际，对节水考核指标进行了进一步细化，设置了工业用水重复率、再生水回用率、节水型企业覆盖率等 12 项定量指标及 16 项定性指标。

从指标权重看，各地节水指标所占分值大部分在 40% 左右，其中北

京、上海、湖南、重庆、宁夏 5 个省（自治区、直辖市）所占分值在
50% 以上，山东、西藏、云南 3 个省（自治区）所占分值在 30% 以下
（见表 12-3）。

表 12-3　　　　　　　　各地节水指标权重统计表

分值	分值占总分50%及以上	分值占总分30%～50%	分值占总分30%以下
省级 行政区	北京、上海、重庆、 湖南、宁夏	天津、河北、山西、内蒙古、 辽宁、吉林、黑龙江、江苏、浙 江、安徽、福建、江西、河南、 湖北、广东、广西、海南、四 川、陕西、甘肃、贵州、青海、 新疆	山东、西藏、云南
合计	5 个	23 个	3 个

（三）考核方式

各地考核工作一般采用年度和期末考核相结合的方式进行，五年为
一个考核期。考核程序通常包括自查、核查、重点抽查、现场检查，以
及听取汇报、查阅资料等，考核工作组对各级人民政府的自查报告进行
核查，并组织开展重点抽查和现场检查，认定考核等次，形成年度或期
末考核报告，每年定期将考核报告上报省（自治区、直辖市）政府，经
省（自治区、直辖市）人民政府审定后向社会公布。

（四）考核结果应用

在考核结果运用方面，各地通行的做法是将考核结果经省级党委
政府审定后予以通报，作为干部综合考核评价的依据，其中，辽宁、
上海、新疆将考核结果纳入了各级领导班子和领导干部工作绩效考核
体系（见表 12-4）。宁夏每年与地级市签订《最严格水资源管理和节
水型社会建设目标责任书》，并出台了《宁夏节约用水奖惩暂行办法》
《自治区对市县水资源税奖补办法》等文件，明确对考核获得优秀等
次的地级市进行奖励；浙江、湖南将考核结果与水利资金安排、财政
补助等挂钩。

表 12-4　　　　　　　　　各地考核结果应用表

考核应用	作为干部考核评价重要依据	纳入党政领导班子年度绩效考核
省级行政区	北京、天津、河北、山西、内蒙古、吉林、黑龙江、江苏、浙江、安徽、福建、江西、山东、河南、湖北、湖南、广东、广西、海南、重庆、四川、西藏、陕西、甘肃、贵州、云南、青海、宁夏	辽宁、上海、新疆
合计	28 个	3 个

二、综合绩效考核

近年来，北京等 28 个省份（除辽宁、陕西、甘肃 3 省）先后将节水纳入了地方政府综合绩效考核或经济社会发展综合绩效考核评价体系（见表 12-5）。据统计，各地考核指标主要包括万元 GDP 用水量（24 个省份）、万元工业增加值用水量（11 个省份）、农田灌溉水有效利用系数（14 个省份）、节水重点工作落实（5 个省份）等，所占比重在 0.1%～3%之间。

表 12-5　　　　　　各地把节水纳入政绩考核形式统计表

类别	纳入政府综合绩效考核	纳入经济社会发展综合绩效考核（评价）
省级行政区	北京、山西、内蒙古、吉林、上海、安徽、福建、湖北、重庆、四川、云南、青海、宁夏、新疆	天津、河北、黑龙江、江苏、浙江、江西、山东、河南、湖南、广东、广西、海南、贵州、西藏
合计	14 个	14 个

（一）考核名称

考核名称主要分两类：一类是"政府目标责任（绩效）考核"，包括北京、河北、山西、湖北、吉林、浙江、安徽、福建、青海、宁夏。如北京为"纳入市政府绩效管理专项考核"，山西为"纳入政府目标责任考核"，安徽为"各市政府目标管理绩效考核"等。另一类是"经济社会发展综合考核（测评）"，包括内蒙古、江苏、江西、山东、海南、重庆、贵州。如江苏为"纳入高质量发展监测评价考核",海南为"纳入市县发展综合考核评价"等。

（二）考核内容

大多数省份考核内容主要集中在用水总量、万元 GDP 用水量降幅、万元工业增加值用水量、农田灌溉水有效利用系数等 1～4 个关键指标上，所占分值为 0.2%～10%，其中河北 10%、山东 7%、内蒙古 6.7%、北京 3%～5%，其余 13 个省份在 3% 及以下。近期河北积极推动将节水纳入地方政绩考核工作，明确将用水总量和用水效率控制目标、用水强度控制实施、节约用水攻坚战、节水监管、节水型社会建设、节水宣传教育等六方面内容纳入考核。

（三）考核结果应用

在考核结果运用方面，各地均将考核结果纳入各级党政领导班子年度绩效考核。如北京将考核结果报市绩效办，作为市人民政府对区人民政府绩效考核评分的组成；安徽将考核结果排名前 7 位的市人民政府，由省人民政府予以通报表扬并奖励，排名后 3 位的市人民政府由省人民政府予以约谈，并将考核结果纳入省管领导班子和领导干部考核；江西每年对考核结果进行通报，并纳入市、县党委政绩考核。

【思考题】

1. 节水监督管理在组织形式、监督检查范围、监督检查结果的应用等方面可以开展哪些探索，以进一步提高监督管理的成效。

2. 为了保证节水考核结果的客观、真实，更好促进节约用水工作水平的提高，节约用水考核指标是否可以进一步优化？哪些指标可以纳入到考核当中？考核工作的方式方法有无改进的空间？